王小章 著

道德的转型

道德社会学的探索

THE TRANSFORMATION OF MORALITY

A MORAL SOCIOLOGICAL EXPLORATION

社会科学文献出版社
SOCIAL SCIENCES ACADEMIC PRESS (CHINA)

目 录

引　言
重新思量那被遗忘的"穆姑娘"

1923 年，在科学与人生观的论战中，吴稚晖曾经说：

> 我们中国已迎受到两位先生——"赛先生"、"台（德）先
> 生"——迎之固极是矣。但现在清清楚楚，还少私德的迎受。……这
> 是什么东西呢？就是可以迎他来做我们孔圣人续弦的周婆的，叫做
> "穆勒尔"（Moral）姑娘的便是。……迎受了穆姑娘治内，赛先生请
> 他兴学理财，台（德）先生请他经国惠民，如此，庶几全盘承受。如
> 此，专心在第一路上，向前进，开步走，是为正理。①

吴稚晖的意思很明白：为了中国的进步或者说现代化，除了需要请来
"赛先生"（科学）和"德先生"（民主），我们还需要请来并拥抱"穆姑
娘"（道德）。如果说，中国的文化传统中缺乏科学的精神和民主的意识，
因而需要外请"赛先生""德先生"这两位"洋先生"，那么"道德"无
疑是中国古已有之，且是许多充满文化自信的中国人心目中的骄傲，何以
也要外请"穆姑娘"这位"洋小姐"？答案只能是，中国传统的道德已经
不适应新时代、新世界的需要。

实际上，在"五四"之前，与"穆姑娘"相关的道德伦理革命一直是

---

① 吴稚晖：《一个新信仰的宇宙观及人生观》，载张君劢、丁文江等《科学与人生观》，山
东人民出版社，1997，第 411~412 页。

新文化运动的一个核心主题。但是，在后来关于"五四"新文化运动的记忆和书写中，主角似乎只剩下了"赛先生"和"德先生"这两位先生，至于这位"穆姑娘"，则连配角都算不上，几乎完全淡出了人们的记忆和视野。为什么？

道德伦理革命的一个核心主题是冲破传统伦理道德的束缚，追求个人幸福和个性解放，或者说，弘扬一种"个人主义"的伦理。有人就从这个主题出发，联系中国传统文化的特质和近代以来的中国历史，来分析"穆姑娘"之所以淡出、消亡的原因。比如历史学者杨念群就指出，"穆姑娘"之所以重要，乃在于她带来了"个人主义"，而"穆姑娘"之所以被淡忘，也在于她带来了"个人主义"。

> "个人主义"在五四以后的舆论场中遭遇冷落并慢慢销声匿迹，大致不出两个原因：一是中国古典认知体系本身就不具备以个人为本位的思想。"个人主义"是纯粹的西方舶来品，尽管时人在转译过程中对其含义不断做出修正，以尽量适应中国传统的思维习惯，但其西方思想的本义却明显悖离中国人的处事原则，终究难逃水土不服、昙花一现的命运。二是在建立现代民族国家的过程中，中国几乎时时刻刻受到外来压迫的威胁，始终在世界格局中处于弱势地位，被肢解瓜分的恐惧感一直盘旋在近代知识分子的脑际，成为挥之不去的阴影，这种持续的心理焦灼势必影响他们对西方思想输入的选择取向。"个人主义"鼓吹个人解放虽然对年轻人拥有巨大的感召力，却最终难敌"集团主义"在图强御侮方面焕发出的强大凝聚力量。①

也就是说，"穆姑娘"这位"洋小姐"的个人主义取向一方面不符合中国传统的道德伦理，另一方面不符合在民族危亡的危机面前图强救亡的

---

① 参见杨念群《五四的另一面："社会"观念的形成与新型组织的诞生》，上海人民出版社，2019，第138页。类似的观点也可参见鲁萍《"德先生"和"赛先生"之外的关怀——从"穆姑娘"的提出看新文化运动时期道德革命的走向》，《历史研究》2006年第1期。

需要，实际上也即李泽厚先生所说的"'启蒙'压倒救亡"①。

但是，从今天的角度和立场去看，这两个方面或许确实说明了"穆姑娘"在"五四"以后的舆论场中"遭遇冷落并慢慢销声匿迹"的原因，却不能成为她继续受冷落的理由。第二个方面的原因自不用说，至于第一个方面，说一种新道德不符合旧道德所以不被接受也许从社会心理上说得通，但从理论上讲则并不成立。如上所说，正是因为旧道德不复适应新时代、新世界的需要，我们才需要去迎受与旧道德不同的新道德。道德要适应的是现实的人和社会，而不是另一种道德。

更何况，新文化运动的道德伦理革命除了包含倡导个人独立、个性解放的"个人主义"这一主题外，还包含另一个批判传统中国人之私性、倡导社会公德的主题。② 或者说，从道德伦理的角度，真正健全的"个人主义"，本身就是在现代社会群己权界清晰、公域私域分明的前提下，包括了私德和公德两个方面。实际上，在提出要"迎受穆姑娘"时，吴稚晖虽然将"穆姑娘"在名分上归入"私德"的范畴（而将政治上的"民主"归为公德），但如果参照梁启超之"人人独善其身者谓之私德，人人相善其群者谓之公德"③ 这一更为人所广泛接受的划分，则吴稚晖的这种归类是不准确的，因为其具体内容既包括亲人相待之道、社会交往之礼，也包括个人饮食之仪、卫生之习，还包括公共场所的行为规范以及临危临急时先人后己之襟度，④ 因此，"穆姑娘"实际上既包括了"私德"，也包括了"公德"，是现代意义上的个人道德，或者说，是最终将通过社会成员之个体行为体现出来的现代道德。⑤

如果"迎受穆姑娘"意味着因应现代社会的需要而重塑中国人的道

---

① 李泽厚：《中国现代思想史论》，东方出版社，1987，第 7 ~ 49 页。
② 如果联系社会结构演变来分析，实际上"个人主义"主题与公德主题乃是密切相关的，见本书第五章。
③ 梁启超：《中国人的启蒙》，中国工人出版社，2016，第 30 页。
④ 吴稚晖：《一个新信仰的宇宙观及人生观》，载张君劢、丁文江等《科学与人生观》，第 412 页。
⑤ 道德规范是外在的，但它的有效性，最终只能通过社会成员个体的道德行为体现出来。参见本书第一、二章相关内容。

德，那么，面对今日社会转型过程中中国社会的诸多"道德失范"现象，我们无疑需要重新思量这位长久受到冷落的"穆姑娘"。

当然，这番"重新思量"，不能停留在对旧道德的批判抨击和对新道德的赞美呼吁上，也不能仅仅着眼于"应然"的价值关切而停留在纯粹规范性的思辨上。今天的"重新思量"必须联系现代化客观进程中无法逆转的社会结构转型以及相应的社会生活的变革，把对于道德的规范性关切与经验性的考察分析结合起来，也即，对道德的思量，需要一种道德社会学的视角，对"穆姑娘"的迎受，需要一种"赛先生"的精神。

第一章

道德现象的社会学探索

对于道德现象思考的历史几乎跟人类有文字记载的历史一样长，而道德社会学迄今不过一百多年的历史。不过，相比于伦理学、道德哲学等，道德社会学对道德现象的考察研究有自己特定的思维方式，这种特定的思维方式首先体现在它对研究对象的确定上。

第一节　"道德事实"的确定

什么是道德？最常见、最朴素的理解，是把道德看作一种行为规范。比如，《新华字典》就把道德定义为"人们共同生活及其行为的准则、规范"①。这可能是对道德最简单的界定。从《新华字典》的主要使用者是正在接受"规矩教化"的中小学生特别是小学生这一角度来看，它采取这样的界定应该可以理解。不过，尽管准则、规范对于道德而言无疑属于核心的内涵，但是并不能涵盖道德的全部意涵。举个简单的例子，我们常常会根据我们通过某种方式所了解到的某个人的思想、动机或具体行为表现而说他"道德"或"不道德"。这表明，道德不仅仅在于外在于人的规范、准则，还在于内在于并表现于人的思想、心态、行为，而且，一个人的思

---

① 《新华字典》（第11版），商务印书馆，2011，第93页。

想、心态、行为的"道德性"，并不完全取决于它们是否以及在多大程度上合乎当下社会的道德"规范"或"准则"，在当下社会既定的"准则""规范"之上或之外，还有着一种与"道德"相联系的"价值"（想想那些以巨大的道德勇气冲破旧伦理的人）。更进一步说，从上面这个简单的例子还可以看出，道德也不仅仅在于规范、准则以及人的思想、心态和行为，还体现在"我们"对他人行为的"道德反应"或"道德评价"。显然，一个社会的道德状况，不仅仅体现在其道德规范、道德准则，也体现在社会成员普遍的现实道德行为和道德反应中。因此，仅仅从"准则""规范"的角度来理解道德显然过于狭隘。《现代汉语规范词典》对于"道德"的定义就不像《新华字典》那么简单了：道德是"一种社会意识形态，是调整人与人之间、个人与社会之间关系的行为规范的总和。以真诚与虚伪、善与恶、正义与非正义、公正与偏私等观念来衡量和评价人们的思想、行动。通过各种形式的教育和社会舆论力量，使人们逐渐形成一定的信念、习惯、传统而发生作用"①。对道德的这一定义或者说解释（查阅互联网，诸如"百度百科"等对于道德的界定和解释基本与此大同小异），就既包括规范、准则的要素，也涵盖道德行为、道德价值观念（真诚、善、正义、公正等）、道德反应（道德评价、道德舆论）、道德的形成与作用等方面，换言之，是把道德理解为一种复合性的社会现象。

把道德当作一种复合性的社会现象，或者，用道德社会学的主要奠基者涂尔干的话来说，把道德作为一种复合性的"社会事实"来看待，正是道德社会学研究考察分析道德的基本立场或者说出发点，也是它不同于道德哲学之道德思辨的一个重要方面，尽管不同的研究者，甚至同一研究者在不同的场合，对于道德现象的具体切入点也各不相同。

道德社会学把自己的研究对象确定为道德事实，并认为它与道德事实的关系，就像天文学与天文事实、物理学与物理事实的关系一样。那么，

① 李行健主编《现代汉语规范词典》（缩印本），外语教学与研究出版社、语文出版社，2005，第275页。

作为一种"社会事实"，即作为"能从外部给予个人以约束的"，"普遍存在于该社会各处并具有其固有存在"的"行为方式"，①"道德事实"之独特性是什么？在《道德事实的确定》一文中，涂尔干同样肯定道德准则、规范的重要性，指出：所有道德呈现给我们的，总是一个行为规范系统，这个道德规范被赋予一种使人们必须服从它们的特殊权威，由此形成人们的义务观念，义务性是道德的第一个主要特征。不过，涂尔干进一步又认为，义务性并没有穷尽道德现象的全部特征，因为，仅仅遵照命令去行动而不考虑行动的内容，行为者尚不是一个能动者，要成为一个"行为的能动者"，行为就必须在某种程度上唤起行为者的感受，并以某种可求的方式呈现给我们，因此，义务或责任只是从道德中抽象出来的一个特征，与行为的主动性、自觉性相联系的某种程度上的"可求性"是道德的另一个特征，这种道德的可求性，就是我们通常所说的善。②当然，道德的义务性和道德的可求性即善不是单纯地彼此并列而无干的，而是相互参融的，"当我们满怀热情地去执行道德行为时，我们会感到我们支配和超越了我们自身，如果没有对紧张和自我约束的体验，这一切就不会发生。我们感到我们违反了我们存在的一部分。所以，我们必须接受幸福论的某些成分，人们也可以证明可求性和快乐渗透在义务之中。我们会在完成规范……所规定的道德行为时发现其中的魅力。在履行我们的责任时，我们可以体会到一种自成一类的快乐。善的观念与责任和义务的观念相交会，它们反过来也会融入到善的观念中"③。质言之，可求性可以是义务性对行为者个体渗透濡化的结果，也可以是行为者个体固有之善良本性——也即涂尔干"人性之两重性"中的社会性④——与义务性的共鸣。

这样，涂尔干为道德社会学描绘了道德事实的两个特征：义务性和可求性。如果允许对涂尔干的观点做一点重构性的诠释，那么我们可以认

---

① 涂尔干（该书译作"E. 迪尔凯姆"）：《社会学方法的准则》，狄玉明译，商务印书馆，1995，第34页。

② 涂尔干：《社会学与哲学》，梁栋译，上海人民出版社，2002，第38~39页。

③ 涂尔干：《社会学与哲学》，第38~39、48~49页。

④ 涂尔干：《乱伦禁忌及其起源》，汲喆、付德根、渠东译，上海人民出版社，2003，第231~246页。

为，他实际上通过这两个特征向我们提示了道德事实的两个层面：义务性作为一种外在强制力更直接地联系或对应着外在社会对人的道德要求，即外在客观的道德规范和准则；可求性作为道德行为的内在驱动力更直接地联系着作为自觉能动者的道德行为者的道德意识、道德观念道德行为。不过，如果道德事实只是构成于这两个层面，那么，至少在描述性而非解释性、分析性的层面上，道德社会学的研究对象实际上还没有真正超越道德哲学的思考。我们知道，道德法则或律令以及作为道德性存在的人的德性，同样是道德哲学的基本思考对象，区别也只在于不同的论者对于道德规范、道德行为是突出义务性，还是突出可求性而已。因此，要使道德社会学的对象与道德哲学的思考对象更加直观地区别开来，还需要对真实存在和表现于现实社会中的道德事实做出进一步的辨识，或者说，还需要辨识道德事实的另一个层面。实际上，义务性和可求性本来也只是涂尔干认为道德事实有别于其他事实的两个突出特征，而并非欲以此描述道德事实的全部构成。[①] 着眼于道德事实的构成，我们还应关注涂尔干在"认识和区分道德事实"时说到的"一种反应机制"[②]，即公众从共同的、非个人的标准对于行为者之行为的道德反应。如前所述，所有道德呈现给我们的，总是一个行为规范系统，但是，行为技术——比如如何以适当的行为方式使自己不受病毒感染——也呈现为一种行为的规范准则，那么，道德规范和行为技术的规范如何区别开来呢？涂尔干认为可以通过考察"违反"规范的后果产生方式来加以辨识。违反规范通常会产生不快的后果，但是，违反技术性规范导致的不快后果是行为本身的性质自动产生的，比如不遵守防病毒的恰当行为方式的结果自然就是感染疾病，而违反道德规范的行为所导致的不快后果却不是行为本身的性质自动产生的，而是因为行为违背了禁令而引发了社会的"制裁"，这种制裁来源于社会公众或具体的制

---

① 在严格的意义上，道德事实的构成要素应与涂尔干在《道德教育》中所述的"道德的要素"区别开来。"道德的要素"意指一种行为若是属于"道德行为"而非其他性质的行为，则必须具备哪些要素；道德事实的构成要素则意指道德现象作为一种外在的、对个体具有约束力的客观社会事实，是由哪些方面的要素或条件所构成的。

② 涂尔干：《社会学与哲学》，第45页。

裁执行者对于行为的道德反应，即违背道德规范的行为会受到道德谴责和羞辱，合乎道德规范的行为则会得到赞扬和荣誉。这种道德反应——包括来自普通公众的和来自公认的道德权威的——构成了道德舆论、道德压力。道德舆论、道德压力构成了道德事实的第三个层面，可以说，也是最直观地显示出道德事实作为社会事实之社会性的层面。

如此，真实地存在、表现于特定的具体现实社会之中的"既定的（未经增减的）道德实在"①，即道德事实，其构成包含着三个在现实运行中相互关联的层面：外在于社会成员个体的、客观的道德规范、准则，个体的与道德规范符合程度不同的道德意识、道德心理特别是现实的道德行为，以及社会公众针对道德行为做出的反应即道德舆论、道德压力。它们共同构成了道德社会学研究的复合性社会现象。当然，如上所述，每一个不同的研究者，甚至同一研究者在具体不同的探究题目中，对于道德现象的具体切入点也是各不相同的。

第二节　现代性变迁的道德效应

把道德当作真实地存在、表现于特定的具体现实社会之中的"既定的"（未经增减的）复合性的社会现象来看待，意味着道德社会学必须也必然联系现实世界中具体的社会结构以及相应的社会生活形态来考察、分析、认识道德现象。而这又进一步意味着，要从"历史变迁"而非"永恒绝对"的角度来审视、考量道德现象②，因为，具体的社会结构和相应的社会生活形态在历史的进程中不断地改变着。当然，这并不是说要否定许许多多的道德哲学家所论证肯定，并且我们在自己的生命中也能感悟到的那种"永恒绝对"的道德法则的存在，但是，作为复合性的社会现象、作为"社会事实"的道德，无论如何都是随着具体社会结构和社会生活形态

---

① 涂尔干：《社会学与哲学》，第82页。

② 即使通常被与"永恒绝对"联系在一起"普遍性道德"，其产生形成以及在现实中的运行作用，也需要联系历史性的条件来认识，参见本书第三章。

的变迁而变迁的。实际上，如同社会学本身从根本上讲是对现代性变迁的知识反应，[①] 社会学对于道德现象的关切同样源于这一变迁，质言之，是对这一变迁所引发的道德裂变的知识反应。

在现代性发端的西方社会，现代性变迁所引发的道德效应之最直接、最集中的体现，就是宗教的式微所导致的道德裂变。这不难理解。传统上，西方人的道德观念主要建基于对上帝的敬畏之心。由于在现实的道德规范背后有上帝充当最终的价值源泉，因而具有神圣性，人们对之有敬之心；由于灵魂终将要接受末日的审判，因而有畏之情。正是这种敬畏，使得人们自觉地恪守着现实中的各种道德规范、准则、戒律，而不敢稍起狎侮之意。换言之，长久以来，西方人就是从上帝那里引申出了自己的"你应该""你不该"，即自己的道德行为和社会的道德秩序。而一旦施予这种道德核准的上帝"死去"，基督教的道德秩序也就失去了价值依托，也就将随之走向终结。[②] 道德规范不再神圣、不再具有正当性。人们长期以来出于对上帝的敬畏而压抑克制着的各种冲动、情欲，此时便蠢蠢欲动。就像陀思妥耶夫斯基说的那样："如果上帝不存在，则百无禁忌。"而与此同时，各种形式的道德相对主义、道德机会主义也将纷纷出笼。从法国大革命到第一次世界大战，欧洲的历史从某种意义上就见证了这种状况。1917年，面对第一次世界大战中满目疮痍的欧洲世界，舍勒（M. Scheler）悲凉地指出，"基督教的伦理思想在欧洲已经不再是主导的精神力量了。……这个道德力量已经不复为领导欧洲公众和文化生活的生龙活虎的潜能了。而且这并不是说，实际上基督教的规则已经被逾越及其被逾越的程度问题。……这主要是指基督教的准则、理想、标准本身，看它们如何凭藉良心的激情而产生效果，此外还指那些不仅在判断中得到承认，而且也在行动着的价值取舍的规则。在欧洲，这些价值已经不再在内心统辖人们的灵

---

① 王小章：《经典社会理论与现代性》，社会科学文献出版社，2006，第11页。
② 根源于德国神学家朋霍费尔（D. Bonhoeffer）的"上帝之死"派神学或曰"世俗神学"认为，上帝死了，只剩道德。但如果仔细分析考察一下，就可发现，在这派神学中，上帝其实未死。参见何光沪《上帝死了，只剩道德吗?》，载《基督教文化评论》编委会编《基督教文化评论》第二辑，贵州人民出版社，1990。

魂的核心，也不再引导那个见诸作品、形式、各种机构、风尚道德中的'客观精神'，也不再赋予这个精神以内在动力"，"在这里，只有一件事主宰着一切：这就是血淋淋的成功。不论是道德的、法律的标准，但凡可以叫做观念、标准的一切——据说曾一度统治一切人类关系——只是为他们的利益和本能俯首帖耳效尽犬马之劳的大棒、刀剑、武器，只是成功的伴生现象，是假面具；人类集体的自私自利之心，就是装出一副道貌岸然的面孔躲藏在这些现象背后"。① 实际上，不仅舍勒，早在1848年，马克思和恩格斯在《共产党宣言》中就对现代社会（资本主义社会）的道德情态做出了在精神实质上与舍勒异曲同工的描述："资产阶级在它已经取得了统治的地方把一切封建的、宗法的和田园诗般的关系都破坏了。它无情地斩断了把人们束缚于天然尊长的形形色色的封建羁绊，它使人和人之间除了赤裸裸的利害关系，除了冷酷无情的'现金交易'，就再也没有任何别的联系了。它把宗教虔诚、骑士热忱、小市民伤感这些情感的神圣发作，淹没在利己主义打算的冰水之中。它把人的尊严变成了交换价值，用一种没有良心的贸易自由代替了无数特许的和自力挣得的自由。总而言之，它用公开的、无耻的、直接的、露骨的剥削代替了由宗教幻想和政治幻想掩盖着的剥削。……一切神圣的东西都被亵渎了。"② 而用马克斯·韦伯的话来说，则是，在这个冷冰冰的理性资本主义社会，道德只不过是为自己的需要、欲望、行为、处境辩护的借口，成了"招之即来、挥之即去"的"计程车"，③ 也即，"道德"不再是对"道德"的坚守、弘扬，而是对"不道德"的开脱与辩解。

　　西方社会中由宗教的式微或者说"上帝之死"导致的道德裂变，反映了道德现象中的一个根本性问题，即价值与直接约束人们行为的道德规范、准则之间的关系。之所以说这是道德的一个根本性问题，是因为它直

---

① 舍勒：《基督教的爱理念与当今世界》，李伯杰译，载刘小枫主编《20世纪西方宗教哲学文选》（下卷），杨德友、董友等译，上海三联书店，1991，第1072、1082页。

② 马克思、恩格斯：《共产党宣言》，载《马克思恩格斯文集》（第2卷），人民出版社，2009，第33～35页。

③ 韦伯：《学术与政治》，冯克利译，生活·读书·新知三联书店，1998，第113页。

接联系着现实世界中之道德规范、准则的正当性问题，联系着这种规范、准则对人们行为的内在约束力问题，进而也联系着公众对道德行为的社会反应。一种规范、准则对社会成员的作用效力若想不仅仅停留于外在的强制力，而转化为人们自觉甚至不自觉的自我约束、自我规范，关键在于它在人们心灵中所具有的正当性。而正当性则源于人们对规范的认受（这种认受可以是自觉的，也可以是无意识的），在传统社会，归根结底源于人们共同接受、认可、追求的价值（比如真实有效的共同的宗教信仰），即规范承载、兑现了这种价值，或者规范本身直接就是人们共同认可、接受的价值。① 一旦规范、准则与价值之间的这种连接或同一转变为断裂脱节，也就失去了其正当性而成为没有生命的躯壳，从而失去对人们行为的内在约束力。这时，个体行为者在做出违背规范、准则的行为时，不仅不会有内疚感、负罪感，而且还会轻而易举地为自己招来一辆韦伯所说的那种"计程车"。而同样对这种规范、准则的正当性、合理性不再信奉的社会公众，对于这种背离的行为也不会产生多少愤慨之情，要么视而不见，要么在漠然中听之任之。于是越轨、背离的行为在社会中就会日益泛滥。可以说，"如果上帝不存在，则百无禁忌"正是西方社会在现代性变迁中所出现的这种情态的写照。不过，需要指出的是，当我们从这样一种一般的价值与规范的关系，而不是特定的西方人的上帝与世俗道德准则的关系来观察，这种情态就并不仅仅限于西方社会，在现代转型的过程中，中国社会也同样出现了类似的情形。比如说，传统的中国人一直来之所以谨遵恪守"礼教"，所谓非礼勿视，非礼勿听，非礼勿言，非礼勿动，就在于传统中国人相信，"礼教"体现、承载了人区别于禽兽的"人之为人"的价值，体现了"爱人"的"仁心"。而一旦这种自觉认知或不自觉的、不言而喻的默会，为"礼教吃人"的洞察所击穿，素来受人敬重的礼教也就面临被

---

① 在现代政治学理论中，正当性被认为有规范性（制度、规范、行为等合乎更高的价值）和经验性（制度、规范、行为得到所施用对象的一致接受）两种来源，但源自经验性的正当性，归根结底最终还是离不开某种最基础的价值共识的存在，比如投票或协商决定要不要制定或通过某条规则，其前提是所有人都一致认同应该以这种和平的方式来确立规则，而不是以暴力的方式来解决。

抛弃的命运，或者，只残留了强制而失去内在的心悦诚服。换言之，它将从人们的心灵中由在场转为退场缺席，这种缺席，实际上也就是涂尔干所说的"失范"的本质。规范、准则与价值的结合或同一，进而规范的正当性，不是一成不变的，在历史变迁的进程中，原先支撑着规范之正当性的社会价值观——包括内容和表现形式——会变化乃至消失，"上帝"会消遁，曾经为"君子"所敬畏的"天命""大人""圣人之言"会隐没。这是现代性变革中道德裂变或者说道德危机中的一个根本性的问题，实际上，也是对道德现象的社会学考察所首先面对的核心问题。而就传统道德规范之正当性和相应的对人们行为之内在约束力的消退（虽然在不同的社会中有不同的具体表现，但却是现代转型过程中具有普遍性的现象）而言，道德社会学对于这一问题的考察分析则无疑也是现代性思考的一部分，虽然发端于西方社会，却具有超越于西方社会的意义。

不过，既然道德社会学发端于西方，我们还是先回到西方社会。如上所说，在西方社会，现代性变迁所引发的道德效应集中体现为宗教的式微或者说"上帝之死"所导致的道德正当性危机，于是，传统道德规范之正当性和相应的对人们行为之内在约束力消退的问题，也就成为长久以来作为西方人共同价值信仰、给了西方人一个关于世界的解释和生命的意义与目标的宗教何以会衰落的问题（在此，道德社会学的旨趣和宗教社会学的旨趣汇合到一处。或者说，对于传统上道德与宗教紧紧连在一起的西方社会来说，讨论现代性转型进程中宗教的处境与讨论现代性进程中传统道德的处境实际上是一回事，至少不完全是两回事）。而对这个问题的一个通常的"解释"，是将此与近代理性主义的扩张相联系。自笛卡尔提出"我思故我在"肇始，近代理性主义发端，人们逐渐产生了"对人类理性的一种夸大了的信仰，或者说这样一种信念：认为全部现实从原则上讲，都能够为人类心灵所理解，世界上不存在任何必然发生的神秘而难以理解的事物"[1]。这种对于人类自身理性能力的信仰在法国启蒙思想家那里达到顶点，它构成了其进步信念的基础。启蒙时代又称理性时代，理性成了判断

---

① 迈克尔·曼主编《国际社会学百科全书》，袁亚愚等译，四川人民出版社，1989，第556页。

一切事物的尺度，也是现代性方案所倚仗的主要手段和工具。而作为这种理性信仰的另一面，则是对"非理性""反理性"的宗教信仰的排斥和鄙弃。换言之，理性主义阔步前进的过程，就是宗教信仰步步衰退的过程；现代性方案展开的过程，也就是宗教式微的过程。人类理性取代了上帝，理性审判代替了宗教审判，理性逐步地取得了终极权威的地位，而"上帝"则被拉下了神坛。不过，这种联系近代"理性主义"对宗教衰落的"解释"，从社会学的立场看，与其说是"解释"，不如说只是一个"描述"。"理性主义"又是缘何而起呢？更何况，究竟是"理性主义"导致了宗教式微，还是反过来，是宗教的式微助长了理性主义？当然，更多的人肯定会认为这是一个彼此交织的过程。但是，即使对于这个彼此交织的过程，从社会学的立场出发，人们也不能仅仅停留于把"理性主义"作为一种"理性的"哲学观念、把宗教信仰作为"非理性"的迷信而来抽象地描述两者之间此消彼长的关系，而应该着眼于"理性"和"宗教"在人们现实生活中的实践意义，联系现实社会中结构化、制度化生活实践的具体演变来分析、解释或者说让人们理解这个关系或进程。于是，在社会学家韦伯那里，作为哲学观念的"理性主义"，变为现实历史进程中人们社会实践、社会制度、组织结构的"理性化"，在笛卡尔式的理性主义者那里主要被当作认识论意义上之"愚昧的迷信"的宗教，则变成人们现实实践的一种普遍性的内在驱力。大体上，我们可以这样来简单地概括韦伯在《新教伦理与资本主义精神》中对于近代西方社会之"理性化"与"宗教"，进而与道德精神的关系进程的分析，清教徒的一种具有价值合理性、具有鲜明道德意涵的有关彼岸的"伦理预言的精神力量"[①]（"预选说""天职观"），在近代西方的特定历史中推动催生了具有工具合理性的世俗生活秩序的彻底合理化（"笛卡尔的'我思故我在'被同时代的清教徒接了过来，从伦理角度重新加以解释"[②]），随后，在历史的演进过程中工具理性走上了僵硬的例行化、制度化的道路而不再需要具有价值合理性的特定宗教信仰的驱动和牵引，

---

① 韦伯：《儒教与道教》，王容芬译，商务印书馆，1995，第15页。
② 韦伯：《新教伦理与资本主义精神》，于晓、陈维纲等译，生活·读书·新知三联书店，1987，第90页。

"上帝"于是慢慢"死去",至少作为一种普遍、共同的信仰,作为曾经"像燎原烈火一般,燃遍巨大的共同体,将他们凝聚在一起"的"终极的、最高贵的价值,从公共生活中销声匿迹"①了,而工具理性本身,则在制度化、例行化的进程中逐渐成为一种自主的而不是受控于人的力量,成为一只"铁的牢笼"以"不可抗拒的力量"控制了人本身。②对于这些"曾经渴望成为职业人"的清教徒的后代,当其在职业行为中完全困于这"铁的牢笼"之中时,面对的是没有价值依归但精确到几乎要规定每一个动作的职业操作规范和准则;而当其在"八小时之外"时,则又常常身不由己地陷入没有超越性意义、没有道德伦理意涵的纵欲消费。质言之,"理性化"最终造成了这样一种道德效应,原本承载着充沛的伦理意涵的世俗职业生活,乃至整个世俗生活,都失去了道德正当性,"专家没有灵魂,纵欲者没有心肝"③。在韦伯看来,这是物化的"工具理性"对"人格"尊严或人性尊严的损害和宰制。

韦伯关于工具理性"例行化""制度化"的阐释意味着如今"依赖于机器的基础"而大获全胜且已然在现实世俗社会扎根的"资本主义"本身已不再需要宗教以及相应的伦理精神来支持和推动它的运行。而马克思、恩格斯则更进一步,他们认为,资本主义或者说资产阶级社会一开始就是从摆脱宗教和传统道德起步的,或者说,资产阶级社会的运行法则与传统宗教以及与之紧密联系的传统道德从根本上格格不入、背道而驰,因此,资产阶级社会的发生、发展必然导致这种宗教和道德的破产。我们都熟悉马克思的名言:"宗教里的苦难既是现实的苦难的表现,又是对这种现实的苦难的抗议。宗教是被压迫生灵的叹息,是无情世界的情感,正像它是无精神活力的制度的精神一样。宗教是人民的鸦片。废除作为人民的虚幻幸福的宗教,就是要求人民的现实幸福。要求抛弃关于人民处境的幻觉,就是要求抛弃那需要幻觉的处境。"④

---

① 韦伯:《学术与政治》,第 48 页。
② 王小章:《现代性自我如何可能:齐美尔与韦伯的比较》,《社会学研究》2004 年第 5 期。
③ 韦伯:《新教伦理与资本主义精神》,第 143 页。
④ 马克思:《〈黑格尔法哲学批判〉导言》,载《马克思恩格斯文集》(第 1 卷),人民出版社,2009,第 4 页。

通过改变那需要幻觉的人的处境来改变关于人的处境的幻觉，无非就是说，作为意识形态的宗教，以及相应的道德，其根源和基础在于现实世界的社会经济关系。当现实世界的社会经济关系改变的时候，宗教以及相应的道德就绝不可能原封不动。马克思、恩格斯在行文中常常将宗教与道德连用，虽然在规范性的意义上，他们似乎认同康德、费希特、斯宾诺莎这些道德领域内的思想巨人，认为"道德的基础是人类精神的自律，而宗教的基础则是人类精神的他律"，但在实际的历史经验的层面上，则肯定两者之间的紧密关联，"道地的基督教立法者不可能承认道德是一种本身神圣的独立领域，因为他们把道德的内在的普遍本质说成是宗教的附属物"。① 不过，他们分析指出，这种将特定的道德藏身在普遍性宗教面纱之下的宗教道德形态，无论其内容还是形式，都是具体的历史性现象，质言之，它只能在个人只是"一定的狭隘人群的附属物"、只是"共同体的财产"② 的传统"共同体"社会（当然，如马克思、恩格斯所认为的，这种传统"共同体"和资产阶级的"国家"一样，是"虚假的共同体"③）中才有可能维系，当这种传统"共同体"被资本主义所瓦解冲垮，利益一致的模糊面纱被资产阶级社会全面渗透的交换关系中个人与个人、阶级与阶级之间现实的利益分化、利益冲突无情撕下，这种掩藏在宗教普遍性形式下的传统道德形态在感性具体的现实社会生活中就再也不灵了。这也就是马克思、恩格斯在《共产党宣言》中所说的资产阶级"把宗教虔诚、骑士热忱、小市民伤感这些情感的神圣发作，淹没在利己主义打算的冰水之中"④。在这个社会中，真正现实地起着作用的"宗教"和"德性"，唯有"拜物教"和"利己主义"。当然，作为阶级社会，资产阶级社会并未"抛弃那需要幻觉的处境"，作为统治阶级的资产阶级依然有"把特殊利益

① 马克思：《评普鲁士最近的书报检查令》，载《马克思恩格斯全集》（第1卷）（第2版），人民出版社，1995，第119页。
② 马克思：《1857—1858年经济学手稿》，载《马克思恩格斯文集》（第8卷），人民出版社，2009，第5、147页。
③ 马克思、恩格斯：《德意志意识形态》，载《马克思恩格斯文集》（第1卷），第571页。
④ 马克思、恩格斯：《共产党宣言》，载《马克思恩格斯文集》（第2卷），第34页。

说成是普遍利益"① 的需要，因此，就像它要制造其他各种形式的意识形态一样，它有时同样也还会乞灵于宗教道德，但这种道德，在感性的现实世界中，是无效的。"为了要人改邪归正，就使他脱离感性的外部世界，强制他沉没于自己的抽象的内心世界——弄瞎眼睛，这是基督教的教义中所得出的必然结论；因为根据基督教的教义，充分地实现这种分离，使人完全和世界隔绝并集中精力于自己的唯灵论的'我'，这就是真正的德行"，而只要这种与感性的现实世界的"隔绝"不再，那么，"道德就是'行动上的软弱无力'。它一和恶习斗争，就遭到失败"。② 在《英国工人阶级状况》中，恩格斯还以充分的事实宣布了与宗教教育结合在一起的道德教育的失败与破产。因为这种道德教育，根本不可能贯彻落实到感性的现实生活实践中去。③ 它只是资产阶级的一种道德说教，而试图以道德说教"去消除他们本身的行为所必然带来的后果"，是"荒谬可笑和卑鄙无耻"的。④

马克思（和恩格斯）与韦伯，尽管观念和方法论立场截然不同，但在阐释现代性转型的道德效应时都联系现代资本主义的发展来分析，只不过韦伯关注或偏重的是现代资本主义的技术性层面即"理性化"所带来的影响，马克思关注的是现代资本主义的社会性层面即人与人关系，特别是阶级关系的变化所造成的后果。而就关注现代性转型过程中人与人关系的变化带来的道德效应而言，马克思和韦伯之外的另一位重要的经典社会学家、道德社会学的主要奠基者涂尔干更加接近于马克思，两者所不同之处在于这种人与人关系变化的动力来源：马克思所强调的是资本主义的经济关系或者说生产关系，涂尔干着眼的是劳动分工的推进，或者说，马克思将现代性主要定位于作为一种社会结构和社会制度的资本主义，涂尔干则将现代性的定位首先放在分工的精细化。在《职业伦理与公民道德》中，

① 马克思、恩格斯：《德意志意识形态》，载《马克思恩格斯文集》（第 1 卷），第 553 页。
② 马克思、恩格斯：《神圣家族》，载《马克思恩格斯全集》（第 2 卷），人民出版社，1957，第 228、255 页。
③ 恩格斯：《英国工人阶级状况》，载《马克思恩格斯文集》（第 1 卷），第 427～430 页。
④ 恩格斯：《致奥古斯特·倍倍儿》，载《马克思恩格斯全集》（第 35 卷），人民出版社，1971，第 451 页。

涂尔干开宗明义地指出了"道德和权利科学"也即道德社会学要研究的两个基本问题：第一，在历史的进程中，那些具有"制裁作用的行为规范"是如何确立的，形成这些规范的原因是什么，它们服务于哪些有用的目的；第二，它们在社会中是如何运作的，换言之，个体是如何应用它们的（只要想到社会公众的道德反应是影响"它们在社会中是如何运作的"一个基本方面，则这两个问题显然对应着上一节所述的作为复合性社会现象的"社会事实"的三个层面）。① 大体上，我们可以这样来简要地概述涂尔干的道德社会学对于现代性转型之道德效应的分析。"每个社会都是道德的社会"，即任何正常有序的社会都必须由作为"集体意识"（"社会成员平均具有的信仰和感情的总和"②）的道德来维系，任何单纯凭借强制力维持的所谓秩序"总归是临时性的"、不持久的。从根本上讲，人们的各种无限的、相互冲突的欲望"只能靠他们所遵从的道德来遏止。……社会之所以存在，就是要……把强力法则归属于更高的法则"③，即归属于作为社会成员共同信仰和情操的道德法则。而失范的本质，就是道德在人们心灵中的缺席，而这，正是现代社会的主要问题。问题是，曾经在人们心灵中充分在场的道德今天为什么会缺席？对此，涂尔干从物质论和观念论的双重视角④出发，认为有效的道德或集体意识总是对应于、匹配于特定社会的形态结构，但有效的道德或集体意识并不是直接派生于、从属于社会的形态结构，即观念不能化约为物质存在，道德不能化约为社会的形态结构。也就是说，一种能够有效地维系特定社会的秩序和整合的道德只有在与该社会的形态结构相匹配、相适应的情况下才能继续存在，才能作为一种道德精神力量内化于社会成员的个人意识之中，成为其自我反思、自我调节、自我规范所依托参照的准绳。当结构形态发生改变时，人们的道德意识就会发生变化，原先的道德或集体意识就会失去其效用，新结构形态

---

① 涂尔干：《职业伦理与公民道德》，渠东、付德根译，上海人民出版社，2001，第 3 页。
② 涂尔干：《社会分工论》（第二版），渠东译，生活·读书·新知三联书店，2000，第 42 页。
③ 涂尔干：《社会分工论》（第二版），"第二版序言"第 15 页。
④ 渠敬东：《涂尔干的遗产：现代社会及其可能性》，《社会学研究》1999 年第 1 期。

的社会需要新的道德来维系。但是，新的道德或集体意识并不会由新产生的结构自然而然地产生，道德或集体意识并不是社会结构的函数，因为集体意识并不是直接派生于、从属于社会的形态结构的。因此，在社会处于从一种结构形态向另一种结构形态转变的过渡阶段时，最容易出现道德缺席的情形。根据社会分工程度的不同，涂尔干将社会结构形态划分为分工不发达的前现代社会即他所称的"环节社会"（segmental society）和分工高度发达的现代社会即"分化社会"（differentiated society）。在环节社会，分工的不发达造成社会成员及其生活具有高度的同质性以及社会本身的封闭性。这种结构形态促进形成了与之相应的道德或集体意识的一系列特征：它覆盖整个社会及其所有成员；社会成员对它深深地信奉，这种信奉带有强烈的感情色彩（这集中反映在这种社会中的镇压性法律中）；它是极端刚性的，不给个体留下灵活机动的余地；它的内容也即它的表现形态通常具有宗教特征，从而被赋予了神圣的色彩。但是，由于社会总量和社会密度增加的压力，社会分工以其必然的趋势向前发展。现代社会高度发达的分工大大增加了社会各组成因素之间、个体之间的异质性。异质性必然会突出社会成员的个人人格、个人意识："个人人格在社会生活中必然会成为更加重要的要素。个人所获得的这种重要地位，不仅表现在个人的个别意识在绝对意义上有所增加，也表现在它比共同意识更加发达。个人意识越来越摆脱了集体意识的羁绊，而集体意识最初所具有的控制和决定行为的权力也正在消失殆尽。"[1] 原先与分工不发达的同质性社会相应的那种强烈的、刚性的、能够涵盖所有社会成员的个体意识的集体意识或道德形态在分工发达的异质性社会中已难以为继了，这集中地体现在现代世界中的宗教衰落。但是，"每个社会都是道德的社会"，都需要道德的约束和维系。如果分工的发展瓦解了传统的道德而没有新的相应的道德形成，那么，作为个体就可能出现"贪婪自上而下地发展，不知何处才是止境"[2]的状况，那些完全自利的、唯我主义的各方之间即使发生联系，所形成的

---

[1] 涂尔干：《社会分工论》（第二版），第128页。

[2] 涂尔干（该书译作"埃米尔·迪尔凯姆"）：《自杀论》，冯韵文译，商务印书馆，1996，第237页。

关系也只能是冲突、强制、屈从的关系，而不是真正意义上的社会团结。但问题的关键恰恰就在于这种为维系分工发达的异质性社会的团结、整合、秩序所必需的道德并不是会随着分工的发展、新的社会结构形态的诞生而自然而然地、必然地出现，当两者发生脱节时，就会出现道德的缺席和整合的危机。在《社会分工论》的最后，涂尔干写道："转眼之间，我们的社会结构竟然发生了如此深刻的变化。这些变化超出了环节类型以外，其速度之快、比例之大在历史上也是绝无仅有的。与这种社会类型相适应的道德逐渐丧失了自己的影响力，而新的道德还没有迅速成长起来，我们的意识最终留下了一片空白，我们的信仰也陷入了混乱状态。传统失势了。个人判断从集体判断的羁绊中逃脱出来了……某些道德因素已经不可补救地动摇了，而我们所需要的道德还在襁褓之中。"①

至此，我们以简单到不能再简单的方式叙说了韦伯、马克思、涂尔干有关现代性转型对于道德之深刻影响的论说，实际上，可以说几乎每一个经典时期的社会学家都论及过这种影响，但是毕竟这三位是公认的现代社会学之最重要的奠基者，他们的思想深刻地影响形塑了现代社会学的基本形貌，从他们关于这一问题的论说，可以窥见社会学对于这个问题的基本反应。在本书后面的有关阐述中可以看到，后来的学者在一些相关问题上的观点，大都是对他们的继承阐发，抑或是基于与他们的对话而生发，总之都无法完全绕过他们。

第三节　重塑现代社会和生活的道德基础

当涂尔干说"我们所需要的道德还在襁褓之中"时，显然，其关切已从现代性转型对传统道德的冲击瓦解转到了为现代社会寻求道德基础上。实际上，这才是道德社会学的归宿。我们已无可回避、无可逆转地置身于现代社会，对于那已经逝去的、人类曾经似乎拥有的"共同体"以及相应

---

① 涂尔干：《社会分工论》（第二版），第 366~367 页。

的道德伦理生活有那么一丝缅怀、一丝留恋，这种浪漫主义的情怀也许可以理解，但是，更为务实、更为重要而紧迫的任务是客观地把握和联系我们置身于其中的这个现代社会和生活的基本特征，而为这个社会寻求和塑造其正常运行所需要的道德基础，也为置身于这个社会之中的我们自己重塑生活的伦理意涵和行动的道德准则与价值。

不妨还是以韦伯、马克思、涂尔干这三位最重要的经典社会学家为例来看看社会学在这一层面上的思考。

1. 韦伯

在为现代社会和现代人的生活重寻道德基础和伦理意涵方面，韦伯的思想显得相对复杂，需要从多个层面来拆解阐释。首先是他为现代理性资本主义，进而也是为深深陷入这一理性机器之中的现代职业人重寻道德伦理上的正当性的努力。这里涉及对其《新教伦理与资本主义精神》这一经典研究的双向解读。长久以来，学界主要从新教伦理如何促成了"资本主义精神"这一角度来理解韦伯的这项研究，从总体上看，这种理解应该说并没有什么问题。不过，在肯定这一点的同时，我们不能忽略了蕴含在韦伯论题中的另一面相。为现代理性资本主义精神寻找宗教伦理上的起源，从另一角度看，实则也就是揭示现代理性资本主义所承载的，至少是曾经承载的伦理精神，就是追寻作为一种世俗经济活动的理性资本主义的伦理正当性。揭示新教伦理如何促成了"资本主义精神"和追索现代理性资本主义所承载的伦理精神，实乃韦伯论题的一体两面。实际上，韦伯本人就曾明确认为，现代理性资本主义是"一种要求伦理认可的确定生活准则"，而不能仅仅被看作一个要么"漠视伦理"，要么"理应受到谴责"，但又不可避免而只能"被容忍"的单纯事实。[①] 就此而言，对于韦伯关于世界诸宗教的经济伦理的研究，除了从新教伦理如何催生资本主义精神这个维度来解读，还应该从"经济行为之伦理意涵"的维度来领会。韦伯指出，"在'一种要求伦理认可的确定生活准则'这样一种意义上所说的资本主义精神"，其最重要的敌手，就是对待经济活动的"传统主义"态度。"传

---

① 韦伯：《新教伦理与资本主义精神》，第 41 页。

统主义"的态度将工作看作一种不可避免的苦难，从事它只是为了维持一种适当的生活水平，在此前提下人们往往宁愿少做事而不愿多赚钱，同时也不愿采用和适应新的更高效的工作方式。传统主义的经济态度一方面在天主教的伦理观下将追逐利润、金钱看作道德上可疑的品行，另一方面在与外部世界打交道时，贪婪、肆无忌惮的占有、寡廉鲜耻的投机冒险行为等又随处可见。此外，传统的态度一方面因对金钱利润怀有一种罪恶感从而导致获利者在宗教活动或公共节日上不吝开销，以图缓和上帝的愤怒或邻里被冒犯的情感，另一方面经济收入的多余部分则被无节制地花费在个人的享乐或炫耀消费上面。与"传统主义"对于经济活动的态度截然相反，现代理性资本主义的态度则把工作本身视为一种美德和义务，勤勉是一种高尚的、令人尊敬的品质，它不仅认为有利息的借贷是被允许的，而且是值得称赞的，与此同时，它摈弃一切非理性的冒险和寡廉鲜耻的投机，而坚持以和平的市场交易的方式，"以严格的核算为基础而理性化的，以富有远见和小心谨慎来追求它所欲达到的经济成功"①。特别是，现代理性资本主义精神将专心致志赚钱本身视作目的，追求利润并不是为了消费、享受、挥霍或炫耀，而是为了再投资而追求更大的利润，个人不是为了生存而赚钱，而是为了赚钱而生存。现代理性资本主义精神一方面决绝地摈弃传统主义对待利润、财富的态度，认为"仅当财富诱使人无所事事，沉溺于罪恶的人生享乐之时，它在道德上方是邪恶的；仅当人为了日后的穷奢极欲、高枕无忧的生活而追逐财富时，它才是不正当的。但是，倘若财富意味着人履行其职业责任，则它不仅在道德上是正当的，而且是应该的，必须的"②；另一方面它又使理性的职业人将自己看作"只是受托管理着上帝恩赐给他的财产，他必须……对托付给他的每一个便士都有所交代"③，若非为了上帝的荣耀，他无权以任何非理性的方式花费哪怕一分钱。概括地说，通过与传统主义态度的比较，韦伯实际上从"如何看待赚钱"（以正当的手段赚钱是一项在道德上正当的、应该的、必须的事业，

① 韦伯：《新教伦理与资本主义精神》，第 56 页。
② 韦伯：《新教伦理与资本主义精神》，第 127 页。
③ 韦伯：《新教伦理与资本主义精神》，第 133 页。

是"天职")、"如何赚钱"(刻苦、勤俭、理性、诚信等,总之,拒斥一切非理性、不道德、不合法的途径,包括通过与政治实体进行经济交易来获取不义之财,凭借政治权力所保障的武力进行殖民剥削或税收剥削,以及其他各种非理性的投机冒险或更为赤裸裸的掠夺;坚持以和平的、合法的、理性的、自由的市场交易的方式来获取和积聚财富)、"如何花钱"(作为受托管理上帝恩赐给他的财产的人,对托付给他的每一个便士都有所交代,除非为扩大财富而投资,除非为荣耀上帝,其他的非必要的开支都是不正当的)三个层面,揭示了在现代资本主义精神之下,世俗之经济行为的伦理意涵。①

　　需要指出的是,韦伯对于现代资本主义所承载的伦理精神的这番追索,恰恰是在这种伦理精神已经隐遁剥落,已经隐隐显示出"专家没有灵魂,纵欲者没有心肝"的道德景象的背景下展开的。换言之,韦伯实际上是有感于他所面对的现实运行中的资本主义和嵌入其中的现代职业人的道德伦理颓势,从而意欲挽回这种颓势,于是开始了这番追索。因此,韦伯的这番追索,在竭力避免"价值判断和信仰判断"的科学话语之下,潜藏着一个隐秘的意图,即要重塑现代资本主义的伦理精神。一位学者指出,韦伯力求"在新教的历史中追求一种当代资产阶级的个人主义中所缺少的精神尊严。但韦伯对历史的追寻是一种'徒劳无功的胜利'。他发现了他所寻找的精神,但是他无法把它带到现在。他所能做的一切就是度量那存在于过去与现在之间的讽刺性的鸿沟,并提醒那些倾听他的听众'在以前,这种精神曾经是存在过的'"②。不能说这位学者说的没有道理,但也不能说韦伯的努力全无所得,他毕竟指出了为现代理性资本主义重寻道德伦理正当性的一个方向。而且,如前所述,在韦伯看来,"专家没有灵魂,纵欲者没有心肝"这是物化的"工具理性"对"人格"尊严或人性尊严的损害和宰制,因此,对他来说,为现代理性资本主义重寻道德伦理正当性,归根结底是为投身于资本主义经济活动的现代职业人重建"人格"或

---

① 参见王小章《以商为业》,《浙江学刊》2015 年第 6 期。

② H. Liebersohn, *Fate and Utopia in German Sociology, 1870 ~ 1923*(Cambridge, Massachusette and London: MIT Press, 1988), p. 104.

人性尊严。而上述世俗经济行为之伦理意涵的三个层面，实际上构成了韦伯之重建职业人"人格"的基本内涵，第一个层面（"如何看待赚钱"）是重建人对物化的工具理性之主体性的道德价值基础，第二、三两个层面（"如何赚钱""如何花钱"）则构成了韦伯所认为的"有影响的人格"所应遵循的与道德价值相应的规范准则，"每一项职业都有其'内在的准则'，并应据此来执行。在履行其工作职责时，一个人应当全力以赴，排除任何与之不严格适合的行为——尤其是他自己的好恶。有影响的人格并不会通过试图在任何可能的场合对每件事情都提出'个人感受'来显示其自身"[1]。

实际上，从重建"人格"尊严的角度看，韦伯对于"无法把它（资本主义和现代职业人所需要的伦理精神）带到现代"未尝没有自觉。这种自觉体现在，当他从为当下的资本主义和深嵌于其中的现代职业人寻求伦理正当性和道德准则转向更为一般的为现代个体和现代社会寻求基本的道德伦理准则时，他竭力限制任何人——首先是那些有地位、掌握着更多话语权的人如大学教授、政治领导人等——像以前的牧师，甚至先知那样向别人派发价值观，而强烈主张，必须坚持"价值自由"和"价值中立"。"价值自由"意味着在今天这个"上帝已死、诸神复活"的时代，每个人自身生命意义的成就，只能交托于每个人自己在这相互纷争的价值诸神中自主做出选择，"对于每一个人来说，根据他的终极立场，一方是恶魔，另一方是上帝，个人必须决定，在他看来，哪一方是上帝，哪一方是恶魔"[2]。而"价值中立"[3]，如果对其稍加引申性诠释，则意味着，同样在今天这个"上帝已死、诸神复活"的"价值多神"（价值多元）的时代，任何人——当然首先是那些有更大影响力的人——都不能凭借与"应该怎

---

[1] 韦伯：《社会科学方法论》，杨富斌译，华夏出版社，1999，第 104 页。

[2] 韦伯：《学术与政治》，第 40 页。

[3] 对于韦伯的"价值中立"概念，学界通常从社会科学方法论的角度来理解，实际上，这即使不完全是误解，至少也是对其意义的大大窄化。实际上，在韦伯这里，"价值中立"首先是对大学教授、学者提出的伦理道德准则，同时又蕴含着更为宽泛、一般的道德、政治意涵，在很大程度上，这一概念与以赛亚·伯林基于"价值多元论"的"消极自由"观是相通的。参见王小章《从韦伯的"价值中立"到哈贝马斯的"交往理性"》，《哲学研究》2008 年第 6 期。

样"这一价值领域的问题无关的其他资源来试图影响、干涉别人的价值选择以及在这种价值引导下的行动，也即意味着对于价值多元性和行为多样性的容忍。再进一步说，"价值自由"和"价值中立"隐含着一个重要伦理观念，即在价值多元已成客观事实的现代社会，关乎每个人如何安身立命的"私德"和关乎社会生活秩序的"公德"（或者用李泽厚的话来说，"宗教性道德"和"社会性道德"）必须也必然分立，前者成为个人自己私人领域中"自由选择"的事，而后者则成为如何应对各种不同的"自由选择"之间关系的事，"价值中立"所蕴含的"容忍"则是最基本的应对原则。

就"容忍"意味着"不干涉""不妨碍"别人的选择而言，"价值自由""价值中立"主要还是一种消极性的道德素质。联系现代社会和人的处境，韦伯有没有更积极的伦理主张呢？这就要涉及他关于"责任伦理"的思想了。实际上，从每个人自身生命意义的成就只能交托于每个人自己在这相互纷争的价值诸神中自主做出选择这一观点来看，"价值自由""价值中立"与"责任伦理"乃是紧密相关的，因为，从伦理因果性的角度讲，自由是责任的前提，而责任是自由的道德负荷。如同"价值中立"首先是对大学教授、学者提出的伦理道德准则，但可以进一步引申为现代人的一般道德原则一样，"责任伦理"首先是韦伯对现代那些"以政治为天职"的人提出的伦理准则，但同时也可以引申为对现代人的一般道德要求。韦伯指出："一切伦理取向的行为，都可以受两种准则中的一个支配，这两种准则有着本质的不同，并且势不两立。指导行为的准则，可以是'信念伦理'，也可以是'责任伦理'。这并不是说，信念伦理就等于不负责任，或责任伦理就等于毫无信念的机会主义。当然不存在这样的问题。但是，恪守信念伦理的行为，即宗教意义上的'基督行公正，让上帝管结果'，同遵循责任伦理的行为，即必须顾及自己行为的可能后果，这两者之间却有着极其深刻的对立。"[1] 韦伯为现代人主张的是"责任伦理"。这一主张密切联系着韦伯对现代社会和人的境况的认知。这种境况至少包括三个方面：第一，现代个体对于价值以及行为的选择自由；第二，在上帝

① 韦伯：《学术与政治》，第 107 页。

已从这个世界中隐退之后，这个世界已不是一个具有伦理合理性的世界，即已不是一个"善果者，惟善出之，恶果者，惟恶出之"的世界，而恰恰陷于伦理非理性的泥沼之中，上帝不再掌管与个人行为相应的结果；第三，上帝不再掌管与个人行为相应的结果，意味着行为者的行为选择与行为的结果和影响有着直接的、可预见的关系。凡此三者，均意味着，行为者必须对其自主选择的行为所产生的可预期的结果和影响承担责任。值得一提的是，行为所产生的结果和影响既包括对行为者自身所产生的，也包括对他人所产生的，就此而言，责任伦理兼具"私德"和"公德"的意涵，不过，所谓行为者要对行为对自身所产生的后果负责，不过是意味着没有人为你负责，因此，"责任伦理"之真正实质性的意涵，乃主要在于行为者必须对他人负责，就此而言，责任伦理主要还是一种公德伦理，也正因此，韦伯将它首先作为现代政治家应该恪守的伦理。

2. 马克思

对于韦伯以及后面要讲的涂尔干来说，为现代社会重建道德基础，为置身于这个社会之中的现代人重塑道德精神和伦理准则，是在接受、承认这个世界的客观结构、运行体制以及相应的生活情态无法改变的前提下开展的，也即是为既定的社会和生活寻求相应的、能够赋予这种社会和生活以道德正当性和正常秩序的道德伦理。马克思、恩格斯则不同。在《德意志意识形态》中有这样一段话："共产主义者根本不进行任何道德说教……共产主义者不向人们提出道德上的要求，例如你们应该彼此互爱呀，不要做利己主义者呀等等；相反，他们清楚地知道，无论利己主义还是自我牺牲，都是一定条件下个人自我实现的一种必要形式。"[①] 如果说，在生产力低下、物质贫瘠、狭隘封闭的传统共同体条件下，个体只是"一定的狭隘人群的附属物"，只是"共同体的财产"，几乎绝对地依赖、依附于"共同体"，在这样的条件下，"自我牺牲"是天经地义，或者说，在这样的条件下，所谓个体的"自我实现"，就是个体作为"共同体的财产"

---

① 马克思、恩格斯：《德意志意识形态》，载《马克思恩格斯全集》（第3卷），人民出版社，1960，第275页。

而听凭共同体的使用，就是没有个体自我的"自我牺牲"，那么，在全面确立和肯定"以物的依赖性为基础的人的独立性"为特征的现代资产阶级社会，"自我实现"就只能表现为利己主义，表现为"每个人不是把他人看做自己自由的实现，而是看做自己自由的限制"①。换言之，利己主义、各种拜物教、"每个人不是把他人看做自己自由的实现，而是看做自己自由的限制"，正是符合资本主义社会（"市民社会"）条件的"道德"，不变革资本主义社会（"市民社会"）的结构和制度条件，任何"道德说教"，都无法改变这种"道德"。

不过，利己主义、各种拜物教、"每个人不是把他人看做自己自由的实现，而是看做自己自由的限制"是符合资本主义社会（"市民社会"）条件的"道德"，却不是合乎作为马克思的立足点的"人类社会"的道德，或者说，不是合乎人的本质的道德。那么，合乎人类社会、人的本质的道德是什么？这就要来简单说明一下马克思关于人的本质以及与之联系的判断一个特定社会是否具有道德正当性之标准的观念。在应然的意义上，马克思把人看作自由自觉的实践者，自由自觉的活动是人的类本质。② 但与此同时，他吸取黑格尔的观点，根据历史运动的内在趋势将人的这种（应然）本质看作一种潜在的发展倾向，看作需要在历史过程中展开、实现的现实可能性，而不是看作单个的孤立个体所固有、所既成的静态的东西。消极的、形式意义上的自由可以理解为一种"自然权利"，但积极的、实质性的、作为人的潜能的充分实现、人的全面发展的自由则是需要在历史发展进程中不断趋近的目标。"全面发展的个人……不是自然的产物，而是历史的产物。"③ 正是生产力以及相应的社会关系形态的历史发展为人的自由实践、人的类本质的实际的、现实的实现拓展了日益增加的广度和深度，也正是在此意义上，在"应然"意义上作为自由自觉的实践者的人才在"实然"的意义上，也即"在其现实性上"，成为"一切社会关系的总

---

① 马克思：《论犹太人问题》，载《马克思恩格斯文集》（第1卷），第41页。
② 马克思：《1844年经济学哲学手稿》，载《马克思恩格斯文集》（第1卷），第162页。
③ 马克思：《1857—1858年经济学手稿》，载《马克思恩格斯全集》（第46卷）（上册），人民出版社，1979，第108页。

和"①。也正是由此,马克思给了我们一个评判一个社会是否具有道德正当性的标准:一个特定的社会是否合理、是否正当,系赖于它作为人类实践的形式,在既有的历史条件即生产力发展的水平所提供的可能性下,是帮助促进了还是阻碍限制了人的全面发展、人的自我实现,也即人的自由。②以此标准来审视资本主义社会,马克思一方面肯定、赞颂其在一百多年的历史中所创造的巨大生产力和物质财富,因为这为人的潜能的充分发展、人的自由的拓展和实现提供了进一步的条件或者说现实可能性,但另一方面他又揭示、批判这个社会的不义,从根本上缺失道德正当性,因为它不仅没有帮助将自由的可能性转变为每个人社会生活中的现实性,反而还压制着、窒息着、扼杀着这种可能性。因此,必须变革这个社会的关系与制度,使其向更加合乎人的本性的方向发展。

马克思对更适合人的本性的社会的阐释中,蕴含着他关于道德重塑的思想。如上所述,一个特定社会之关系与制度的道德正当性,取决于其在既有的历史条件下,是帮助促进了还是阻碍限制了人的自我实现,也即人的自由。相应的,作为规范引导人与人之间关系的准则,作为调节人们直接及间接交往的规则,道德的"道德性"也就体现在其对于人的自由的维护和促进中。在《资本论》第三卷的一段经常被引用的话语中,马克思区分了两个王国,即"必然王国"和"自由王国",相应地区分了两种"自由",即"必然王国"中的"自由"和"自由王国"中的"自由"。先来看马克思对于"必然王国"中的"自由"的阐释及其所蕴含的道德意涵。"必然王国"的"自由"是:"社会化的人,联合起来的生产者,将合理地调节他们和自然之间的物质变换,把它置于他们的共同控制之下,而不让它作为一种盲目的力量来统治自己;靠消耗最小的力量,在最无愧于和最适合于他们的人类本性的条件下来进行这种物质变换。"③ 这段诠释"必

---

① 马克思:《关于费尔巴哈的提纲》,载《马克思恩格斯选集》(第 1 卷),人民出版社,1995,第 56 页。
② 王小章:《从"自由或共同体"到"自由的共同体"——马克思的现代性批判与重构》,中国人民大学出版社,2014,第 26～35 页。
③ 马克思:《三位一体的公式》,载《马克思恩格斯文集》(第 7 卷),人民出版社,2009,第 928～929 页。

然王国"中之"自由"的话蕴含着的道德意涵是什么？稍加品读即可发现，在这个"必然王国"中由生产劳动（即人与自然之间的物质变化）所直接地、必然地衍生的人与人关系中，也即在"从属于劳动"而非"超越于劳动"的"交往"①中，合乎"人类本性"的、"道德"的行动准则只能是没有剥削、没有压迫、没有强制的，真正基于自愿的公平合作，这里的基本道德价值，只能是对基于共同人类本性的普遍而平等的人格尊严的肯定和维护，或者说，就是此岸世界的"正义"。再来看"自由王国"中的"自由"。马克思说："在这个必然王国的彼岸，作为目的本身的人类能力的发挥，真正的自由王国，就开始了。"②也就是说，在这个于"必然王国"之上发展生长起的一个超越了"由必需和外在目的规定要做的劳动"的"自由王国"中，人的实践行动，不再作为谋生手段的劳动而存在，每个人通过各自的实践来发展、表征其才能，也即作为自我实现的自由，其本身就是目的。但是，如同"由必需和外在目的规定要做的劳动"必须要通过自愿的合作来完成一样，作为目的本身的人的能力的发展，即人的自我实现，也即"自由"，如前所述，也并非像那些自由主义政治哲学主张者所说的那样是单个的孤立个体所固有、所既成的静态的东西，也不是单个的孤立个体所能孤立地形成发展的，它不仅要在社会中实现（"只有在共同体中，个人才能获得全面发展其才能的手段，也就是说，只有在共同体中才可能有个人自由"③），而且还必须要在主体间的（直接或间接的）互动交往中来确证。早在《詹姆斯·穆勒〈政治经济学原理〉一书摘要》中，马克思就谈到，在劳动完成的过程中，劳动者自身能力的对象化和对一个可能的消费者的精神期望纠合在一起，就会给个体一种以主体间关系为中介的自我实现感。④而在差不多写于同一时期的《论犹太人问题》中那句更经常为人们所引用的话"这种自由使每个人不是把他人看做自己自

---

① 参见王小章《劳动与交往：哈贝马斯对马克思的一个误读——兼谈批判的规范性基础》，《杭州师范大学学报》（社会科学版）2021年第2期。
② 马克思：《三位一体的公式》，载《马克思恩格斯文集》（第7卷），第929页。
③ 马克思、恩格斯：《德意志意识形态》，载《马克思恩格斯文集》（第1卷），第571页。
④ 马克思：《詹姆斯·穆勒〈政治经济学原理〉一书摘要》，载《马克思恩格斯全集》（第42卷），人民出版社，1979，第37页。

由的实现，而是看做自己自由的限制"①，尽管其直接的用意为批判资产阶级的自由观，但恰恰从反面表明，在马克思这里，作为目的本身的能力的发展，作为自我实现的自由，绝不是孤立的单个人的事，也不是主客体之间的事，而是需要通过"他人"，需要在主体间的交往关系、交往活动中实现和确证。因此，如果在这个"自由王国"中最根本的道德价值是作为自我实现的自由，那么，在这个王国中超越劳动而非从属于劳动的交往中，最基本的道德原则就是彼此作为主体间关系的相互支持、承认和尊重，即对于"建立在个人全面发展和他们共同的社会生产能力成为他们的社会财富这一基础上的自由个性"② 的支持、承认和尊重。③

质言之，立足于在"真理的彼岸世界"（宗教）消逝之后为此岸世界确立真理的出发点，马克思为"人类社会"（而不是"市民社会"即资产阶级社会）喻示的道德，在"必然王国"之"从属于劳动的交往"中，是没有剥削、没有压迫、没有强制而真正基于自愿的公平合作；在"自由王国"之"超越于劳动的交往"中，是彼此作为主体间关系而相互给对方的自由实践、自由个性以充分的支持、承认和尊重，以促成和确证彼此的自我实现。罗尔斯曾经指出，"马克思倾向于把充分发展的共产主义社会看作是每个人能充分实现他的本性、能表现自己全部力量的社会"，同时援引一些人的观点认为，这样的社会是一个"超越了正义的社会"。④ 罗尔斯的评说很难说是对马克思的认同与赞扬，更多的可能是揶揄马克思的"高蹈"。确实，按照马克思的观点，上述这种道德不是在现成的资本主义社会中能够形成确立的，必须对这个社会进行根本性的制度变革才有可能，特别是后者，即"自由王国"中"超越于劳动的交往"的伦理，总体上更是必须在制度变革后生产力大大发展从而工作时间得以大大缩短、自由时间大大增

---

① 马克思：《论犹太人问题》，载《马克思恩格斯文集》（第 1 卷），第 41 页。

② 马克思：《1857—1858 年经济学手稿》，载《马克思恩格斯全集》（第 46 卷）（上册），第 104 页。

③ 参见王小章《从"自由或共同体"到"自由的共同体"——马克思的现代性批判与重构》，第 90~91 页。

④ 罗尔斯：《正义论》，何怀宏、何包钢、廖申白译，中国社会科学出版社，1988，第 511~512、272 页。

长、社会成为"自由人的联合体"的情形下才有可能。但是，即便如此，如果我们认同马克思的个体通过社会（共同体）而实现自己的理念，那么，虽然今天的社会并非"自由人的联合体"，但是我们可以后退一大步，在今天这个社会中去找到一个社会领域，在这个社会领域中，合作代替竞争，友善代替敌意，信任代替疑忌，"把别人看作自己自由的实现"代替"把别人看作自己自由的限制"（比如在哈贝马斯所说的既不受权力逻辑主宰，也不由金钱逻辑支配的生活世界）呢?① 更何况，人类还有一个永远也不可能彻底摆脱，今天的我们更是还不能不相当程度地置身于其中的"必然王国"，马克思为这个王国中"从属于劳动的交往"所喻示的道德，从根本上讲是一种关于"正义"的伦理，即使马克思所主张的正义在具体内涵上与罗尔斯的不完全相同。

3. 涂尔干

当然，如上所述，马克思确实并不直接为现存的资本主义社会寻求道德基础，在这一点上，他与韦伯不一样，也与涂尔干不一样。不过，除了这一点，涂尔干与韦伯也不一样。当韦伯试图通过对现代理性资本主义曾经承载的伦理精神的历史追索而为它重塑道德正当性时，他有点像堂吉诃德，而当他在谈到"价值自由""价值中立"时，他又是一个极为理性、冷峻的现实主义者，即他只希望谋求一个在这个"价值多神"的时代能够让必不可免的不同选择共处的准则，而不相信在这个"价值多神"的时代能够为作为整体的社会找到一种实质性的、普遍的道德价值，② 而这，恰恰是涂尔干所努力追寻的。

在上一节叙说涂尔干关于现代性转型给传统道德带来的冲击时，曾提出，涂尔干认为，任何社会都是道德的社会，因此，那种"把以共同信仰为基础的社会和以合作为基础的社会对立起来看，认为前者具有一种道德特征，而后者只是一种经济群体，是大错特错的"③。确实，社会分工可以通过功能依赖形成一种社会系统的自我调节、自我平衡机制，但是如果没

---

① 参见王小章《厌烦与现代人的自我实践》，《河北学刊》2019 年第 1 期。
② 不过，韦伯认为，政治是一个特定的领域，他认为这个领域有它自己的道德正当性来源。参见本章附录。
③ 涂尔干：《社会分工论》（第二版），第 185 页。

有一种在"某种程度上不允许个人任意行事"的道德规范的约束，合作还是无法开展。"倘若没有相应的道德纪律，任何社会活动形式都不会存在。"① 但是，这种我们所需要的道德"还在襁褓之中"。现在的问题是，这种我们所需要的道德，究竟是什么？

科塞曾经指出，从雅各宾派在法国摧毁了天主教并试图创造一种综合的"理性宗教"去填补随之而来的精神空虚，到圣西门的新基督教和孔德的人性宗教（人道教），法国非宗教思想家一直在思考着：在现代没有传统意义上的宗教信仰约束的条件下，如何保持公共道德和个人道德。② 涂尔干无疑也置身于思想史的这一进程脉络中。不过，与圣西门和孔德试图去建立一种新的人道教不同，涂尔干立足于发达的社会劳动分工所形成的新的结构条件，立足于不可避免的个人分化和价值多元化趋势，致力于去发现宗教的社会功能的理性替代物。这种理性替代物，就是道德个人主义。在针对"德雷福斯事件"而写的《个人主义和知识分子》一文中，涂尔干明确认为，在分工发达的现代社会，道德个人主义是唯一可能的道德形态。

> 惟一可能的候选者恰恰就是这种人性宗教，其理性的表现形式即是个人主义道德。那么，集体情感在未来应该被导向何处呢？随着社会变得越来越庞大，疆界的拓展越来越广阔，为了适应多种多样的局面和不断变化的环境，社会传统和社会实践都不得不保持一种可塑的、不稳定的状态，这种状态不再能完全阻碍个人的分化。这些个人的分化，由于不再受到那么严格的限制而得到了更加自由的发展，数量也繁增起来；也就是说，每个人越来越追随自己的路径。与此同时，逐步扩张的分工，使每个心智都发现自己被引向不同的地方，反映世界的不同方面，结果，人们内心的想法也就越来越彼此不同了。于是，人们逐渐趋向于、现在几乎已经达到了这样一种事态：其中同一种社会群体的成员们，除了他们的人性，即构成普遍人格的那些特征之

---

① 涂尔干：《职业伦理与公民道德》，第16页。
② 刘易斯·A. 科塞（本书译作"刘易斯·A. 科瑟"）：《社会学思想名家》，石人译，中国社会科学出版社，1990，第155页。

外，已经不再拥有任何共通之处了。人格的观念（尽管根据民族气质的不同，强调的内容有所不同）因而是能够超越于特定意见的潮流变幻而存续下来的惟一观念，永远不变而且不属于个人；它所唤起的情感是我们从几乎所有人心中都能发现的惟一情感。……除了人自身以外，再也没有什么人们可以共同热爱和尊敬的东西了。……个人主义的全部要义就在这里。那也就是使得个人主义成为现今必需的信条之内容的东西。①

从这段话可以看出，因为个人的分化、社会的异质化是大势所趋、不可逆转，因此个人主义道德或者说道德个人主义是现代社会唯一可能的选择。同时，从这段话也可以看出，这种道德个人主义与利己主义不同，因为它所肯定、所崇奉的，不是每个人与众不同的个人性，恰恰是在差异性之下的共通的人性："如果个人的尊严源于他自己的个人性，源于那些使个人与他人区分开来的专门特性，那么，他恐怕就会被封闭在一种道德的利己主义中，这种利己主义会使社会的任何凝聚力没有可能。但事实上，个人从更高的、他与所有人共享的源泉中获得这种尊严。"② 因此，涂尔干的结论是："为了实现团结一致的目的，社会的所有要求，就是让社会成

---

① 涂尔干：《乱伦禁忌及其起源》，第 209～210 页。

② 涂尔干：《乱伦禁忌及其起源》，第 205 页。在此值得顺便说明一下，置身于个人以各种方式从传统的各种稳定、凝固的关系中脱嵌而个体化的现代性背景下，各位经典社会学家都对"个人"及其尊严给予了极大的关注，而他们的观点立场则既有相通又有分殊。韦伯突出了"人格"对个体所具有的近乎终极性的价值，并认为，要成就一种"人格"，只有一种方法，那就是"全心全意地投身于'工作'，不论这项工作（及其派生的'时间要求'）可能是什么"。而全心全意地投身于一项工作，就必须要有特殊的自我约束："每一项职业都有其'内在的准则'，并应据此来执行。在履行其工作职责时，一个人应当全力以赴，排除任何与之不严格适合的行为——尤其是他自己的好恶。有影响的人格并不会通过试图在任何可能的场合对每件事情都提出'个人感受'来显示其自身。"（韦伯：《社会科学方法论》，第 104 页）齐美尔强调的是"个性"，即每一个个体身上之与众不同，且常需要通过突破社会规范、约束来显示的独特性、唯一性："人的价值的载体不再是存在于每个个体中的'普遍人性'，而是人的独一无二性和不可替代性。"[齐美尔（本书译作"齐奥尔特·西美尔"）：《时尚的哲学》，费勇、吴菁译，文化艺术出版社，2001，第 198 页]这显然不同于韦伯，同样也不同于此部分介绍的涂尔干。涂尔干虽然承认人性的两重性，但如上所述，个人是从更高的、与所有人共享的源泉中获得尊严。而当马克思说"人所具有的我都具有时"，显然，其思想接近于涂尔干，但是当其说社会的最高成就是"建立在个人全面发展和他们的共同的社会生产能力成为他们的社会财富这一基础上的自由个性"时，其标举的理想显然又超越了所有其他人。

员紧盯着同一个目的，团结于同一个信仰；但是这种共通信仰的对象根本不必与个体的人分离。简言之，如此理解的个人主义并不是对自我的赞美，而是对普遍个人的赞美。它的动力不是利己主义，而是对具有人性的一切事物的同情，对一切苦难的同情，对一切人类痛苦的怜悯、抗拒和减轻痛苦的强烈欲望，对正义的迫切渴望。"①

　　如果道德个人主义是现代社会唯一可能的道德形态，那么，接下来的关键问题就是，如何将这种"可能"转变为现实。在此，涂尔干特别重视职业团体即职业法团的作用。在为《社会分工论》所写的"第二版序言"中，涂尔干指出，随着历史不断伸展，建立在地方集团基础上的组织，一步步走向穷途末路，地方精神和充满"地方观念"的爱国精神烟消云散、一去不返。于是，"国家与个人之间的距离变得越来越远，两者之间的关系也越来越流于表面，越来越时断时续，国家已经无法切入到个人的意识深处，无法把他们结合在一起。……如果在政府和个人之间没有一系列次级群体的存在，那么国家也就不可能存在下去。如果这些次级群体与个人的联系非常紧密，那么它们就会强劲地把个人吸收进群体活动里，并以此把个人纳入到社会生活的主流中"②。涂尔干认为，职业群体，即"那些从事同一种工业生产，单独聚集和组织起来的人们所构成的，也就是我们所说的法人团体（corporation）"③ 是最适合扮演这个次级群体的角色的。法人团体具有两个明显的特征。其一，更贴近具体的社会生活，能随职业生活领域的变化而变化；其二，成员共同的职业活动以及相互之间的相对频繁的沟通使得其能为人们提供最直接、最广泛、最持久的道德生活环境。在职业法团里，群体成员能够从中获得相互认同和沟通的关系纽带，培植他们团结互助的热情，从而遏止个人利己主义的膨胀。法人团体的生活，"归根结底就是一种共同的道德生活"④。这种道德生活为公共意识、公共规范和公共道德的萌发奠定了基础。

---

① 涂尔干：《乱伦禁忌及其起源》，第 206 页。
② 涂尔干：《社会分工论》（第二版），"第二版序言"第 40 页。
③ 涂尔干：《社会分工论》（第二版），"第二版序言"第 17 页。
④ 涂尔干：《社会分工论》（第二版），"第二版序言"第 27 页。

第四节   延续的思考

在本章第二节、第三节，我们通过对韦伯、马克思、涂尔干这三位通常被认为最重要的经典社会学家相关思想的叙说诠释，展示了社会学对现代社会道德现象、道德问题的思考。我们看到，在现代性所发端的西方社会，现代性变迁所引发的道德效应之最直接、最集中的体现就是宗教式微所导致的道德正当性危机，这导致外在的行为规范、准则对于人们的内在约束力的丧失，从而引发作为一种复合性社会现象的道德的整体裂变。社会学主要联系现代性转型所带来的外在社会结构、社会制度、社会生活情态的变化来解释和理解道德的这种裂变，尽管每个社会学家对于这种外在社会结构、社会制度、社会生活情态变化的具体关注点、切入点各有不同，进而，对于现代性转型之道德效应的具体侧重点也有所不同：对于韦伯来说，主要是工具理性的"例行化""制度化"导致原本承载着充沛的伦理意涵的世俗职业生活，乃至整个世俗生活，都失去了道德正当性；对于马克思来说，主要是资产阶级社会中个人与个人、阶级与阶级之间现实的利益分化、利益冲突无情撕下传统宗教道德形态温情脉脉的面纱后，利己主义成了资本主义社会唯一真正有效的"道德"；对于涂尔干来说，主要是社会分工所导致的人与人之间异质性的增长致使建立在同质性社会之上的传统道德的失效以及相应的个体欲望的失控。当然，在这些不同"关注点""切入点""侧重点"的背后，自然也存在为他们共同看到的现象，最突出的，如表现在经济、社会、文化乃至心理情感层面的分化（与此相应的概念包括分工、异质化、多元化、个体化、社会疏离或对立、距离感、异化等）。社会学也联系现代性转型所带来的外在社会结构、社会制度、社会生活情态的变化来探讨如何为现代社会和现代人重塑道德基础和伦理精神。韦伯对于资本主义精神之历史起源的追索包含着一个潜在的意图，即为现代资本主义重塑道德正当性（虽然被认为"徒劳无功"），同时，他一方面紧密联系不可逆转的价值分化而倡导"价值自由""价值中立"，另一方面则立足于现代世界之"伦理非理性"而主张"责任伦理"；涂尔干立足现代社会分工所导致的异质性而主张以道德个人主义作为现代社会的基础道德，并强调"职业法团"在其中的作用；与韦伯和涂尔干不同，马克思并不在既有的资本主义结构基础上为这个社会重塑道德基础，而是希望在变革这个社会结构和体制的基础上变革人们的精神世界，不过，他有关"必然王国"与"自由王国"的相关论述，则喻示着现代世界①之人类道德价值的基本方向，即基于每一个人共同的人性尊严的公平合作和着眼于人的全面发展、自由个性的主体间相互承认和尊重。

经典社会学家对现代社会之道德现象的探索和思考，在后来的社会学家中得到了进一步的延续和拓展。接下来，我们将选择五位学者，即塔尔科特·帕森斯、罗伯特·默顿、齐格蒙·鲍曼、乌尔里希·贝克、于尔根·哈贝马斯，来对这种延续和拓展做简要的甚至挂一漏万的叙说。之所以选择这五位学者，是因为在笔者看来，帕森斯和默顿的理论最直接地承续了经典社会学对道德现象的分析视野和路径，特别是继承了涂尔干的传统；鲍曼和贝克的理论代表了对现代性进一步向纵深发展的条件下人类道德境况的关切；哈贝马斯的理论则显示了在经典社会学家已普遍关注到的宗教式微的背景下，如何重塑道德规范之正当性的一种具有高度原创性，并产生重大现实影响的思路。

1. 帕森斯与默顿

在构建其庞大的结构－功能理论体系时，帕森斯固然吸取了欧洲经典社会理论的多种传统，不过，从道德社会学的角度看，他的思想主要延续涂尔干的传统理论。帕森斯的问题是，在许许多多多行动着的个人之间，需要有什么样的条件才能使社会秩序得以出现，如同涂尔干的问题是，是

---

① 可以认为，马克思的资本主义批判就是他的现代性批判，但不能认为马克思将现代性等同于资本主义，马克思曾明确将"现代时期"或"现代世界"与"狭隘的资产阶级形式"做了区分（参见王小章《从"自由或共同体"到"自由的共同体"——马克思的现代性批判与重构》，第80页）。因此，马克思喻示的道德价值重构，总体上已然是为"现代世界"所做的重构。

什么因素使得社会团结成为可能。帕森斯的思考开始于对古典政治哲学和经济学中功利主义的质疑，他质疑稳定的社会秩序能够在人类纯粹的功利导向行动的条件下存在，这也如同涂尔干在《社会分工论》中主要质疑斯宾塞认为市场中的自由竞争本身即能带来和谐的社会秩序。帕森斯认为，霍布斯没有说清楚，人类是怎么以及为什么会突然认识到，必须要为了自己的利益而放弃目前的权力，并将之转让给一个利维坦。同样，功利主义经济学也没有说清楚，在全然的"目的随机性"下，即每个社会成员的行动目的都是个别的、特殊的、偶然的，那么他们的行动怎么可能彼此协调，而如果社会成员的目的不是偶然的、随机的，那么，其目的和功利观念又是从哪里来的？帕森斯于是提出了他自己的规范主义秩序理论，认为，每种社会秩序总会以某种形式基于共享的价值和规范。也即，功利主义所假定的"目的随机性"并不存在，目的会因为共享的价值和规范而在许多情况中受到约束限制。规范和价值会事先形构个体的行动目的，并确保各行动者的行动目标对彼此来说都会是合适的。帕森斯又把这种理论叫作"唯意志论的行动理论"，因为价值与规范会内化，转变为行动者自己内在的自由意志，或者说，本身即转变为行动者的行动目的。① 可以看出，帕森斯的这种"规范主义秩序理论"或者"唯意志论的行动理论"，在基本观念上延续了甚至只是重复了涂尔干"每一个社会都是道德的社会"的思想，但是，在帕森斯这个理论中，读者很难像在涂尔干的理论中那样看到他所说的作为社会秩序之基础的规范与价值，同具体的社会结构、社会关系、生活情态之间的关系。这当然与帕森斯理论一贯的"抽象性"有关。

不过，对于这一问题或者说缺陷，帕森斯关于"模式变项"的理论，如果从道德社会学的角度来加以释读，也许在一定程度上可以予以弥补。模式变项是帕森斯提出的五组两相对应的行动取向，也是评价行动的取向，即"普遍主义 vs 特殊主义"（在某一互动情境当中，行动者对于他人

---

① 汉斯·约阿斯、沃尔夫冈·克诺伯：《社会理论二十讲》，郑作彧译，上海人民出版社，2021，第 32~36 页。

的评价和判断是否适应于所有的行动者）；"情感投入 vs 情感中立"（互动当中行动者之间是投入情感的还是不投入情感的）；"自我取向 vs 集体取向"（行动者的行动取向是倾向于自我的利益还是集体的利益，包括一个人表达意见是倾向于自我还是群体的意见）；"弥散性 vs 专门性"（行动者之间互动时涉及的方面有多少和范围有多大）；"自致性 vs 先赋性"（行动者评价他人是根据他们的绩效成就还是根据性别、年龄、出身、血统等先天的特质）。如上所述，模式变项可以是行动的取向，也可以是评价行动的取向。而从道德社会学的角度，我们无疑也可以将其理解为用于期待、要求、评价人们行动的道德价值以及相应的规范准则的取向。由于这些价值和规范取向与特定的行动情境相联系，因此，它们必然随情境的变迁而变迁，即随具体社会条件的变迁而变迁。实际上，帕森斯明确表示，他的模式变项是对滕尼斯"共同体－社会"这一非常简化但明显蕴含着社会的现代性转型意涵的二元框架的重构，即五对模式变项的一面（"特殊主义" + "情感投入" + "集体取向" + "弥散性" + "先赋性"）表征了典型的"共同体"的取向类型，另一面（"普遍主义" + "情感中立" + "自我取向" + "专门性" + "自致性"）表征了典型的"社会"的取向类型。而帕森斯进行这番重构的好处在于，不仅"可以用模式变项更准确地描述滕尼斯提到'共同体'和'社会'这两种社会形式时根本上想表达的意思，而且这种模式变项的做法还可以消解在滕尼斯及其后继者那里可以观察到的这两种社会形式之间的原则上的两极化……社会秩序是非常复杂的，远比滕尼斯的划分方式还要复杂，因为人们可以混合和组合出各式各样行动取向和行动类型"①。当然，也可以说是道德价值和规范取向的类型，也即在社会的现代性转型过程中，我们可以辨析出道德转型变迁的基本方向，但不能形成要么传统道德，要么现代道德的两厢对立模式。

默顿与帕森斯一样，同属结构功能主义阵营，而从道德社会学角度来说，相比帕森斯，他与涂尔干的关系更加直接。在《社会结构与失范》和

---

① 汉斯·约阿斯、沃尔夫冈·克诺伯：《社会理论二十讲》，第 71~72 页。

《社会结构与失范理论中的连续性》两文中,默顿直接从涂尔干的"失范理论"出发,进一步探讨了"某些社会结构是怎样对社会中的某些人产生明确的压力,使其产生非遵从行为而不是遵从行为"[①]。默顿分析指出,在现代社会中,一个社会的文化价值观(默顿称为"文化结构")一方面为社会各界成员提供了一个普遍适用的"抱负参考框架"[②],也即人们应该为之奋斗的正当目标(合乎道德的目标),另一方面则规定、限制了实现这些目标可以接受的正当方式(合乎道德的手段即规范),"每一个社会群体都总是将自己的文化目标同植根于习俗或制度的规则、同实现这些目标所允许的程序的规则联系起来。……许多从特定个体的角度看来是保证获得所渴求的价值的最有效的方法——使用暴力、欺骗及权术——都被排除在制度所允许的行为之外"[③]。但是,在文化价值观为社会成员提供普遍的奋斗目标和实现目标可以接受的方式的同时,社会的阶级或阶层结构却在很大程度上限制了正当的手段和途径在社会成员中的实际分布。对于处于社会结构底层的人来说,社会资源的缺乏使得他们很难真正拥有和掌握达到正当目标的那些被认可的手段与途径,于是他们实现目标获得成功的机会就被严格限制,甚至被彻底堵死。默顿认为,所谓"失范",就是文化结构的瓦解,即正当目标和规范化手段之间的联系因社会结构这个现实中介的作用而断裂,是正当目标与社会结构赋予社会成员以规范化手段实现这些目标的能力之间的脱节,"社会结构歪曲了文化价值标准,使得符合这些标准的行动对社会中有一定地位的人极为容易,而对其他人

---

① 罗伯特·K. 默顿:《社会理论和社会结构》,唐少杰等译,译林出版社,2008,第224页。

② 这与传统等级制或者说贵族制社会不同,在等级制社会中,不同等级的"抱负参考框架"是不同的。就像托克维尔说的那样:"人民从未奢想享有非分的社会地位,也决没有想过自己能与首领平等,觉得自己是直接受首领的恩惠,根本不去争取自己的权利。……由于贵族根本没有想过有谁要剥夺他们自认为合法的特权,而奴隶又认为他们的卑下地位是不可更改的自然秩序所使然,所以人们以为在命运如此悬殊的两个阶级之间可以建立起某种互相照顾的关系。因此,社会上虽有不平等和苦难,但双方的心灵都没有堕落。"参见托克维尔《论美国的民主》(上卷),董果良译,商务印书馆,1991,第10页。

③ 罗伯特·K. 默顿:《社会理论和社会结构》,第225页。

则相当困难或根本就不可能"①。在这种情况下，对于后者来说，试图以规范化手段之外的途径来实现目标的倾向就会大大提升。因此，"可以从社会学角度将反常行为看成是文化规定了的追求与社会结构化了的实现该追求的途径间脱节的征兆"②。从道德社会学的角度来说，也就是当道德与社会结构的关系出现比较严重的紧张或者不匹配状况时，道德的约束力就会失灵，此时，要维护社会的正常运行，要么调整道德，要么调整结构。

2. 鲍曼与贝克

在简要介绍了帕森斯和默顿有关道德现象的思考之后，接下来再来简单看一下鲍曼和贝克的探讨。

社会变迁的步伐继续前行，现代性不断向纵深发展。20 世纪下半叶以来，许多社会理论家普遍注意到，今天的社会已经显示出诸多与经典社会学家们所考察分析的那个现代社会不同的重大特征，于是，试图用来概括、描绘这个新社会的概念纷纷出现，如"后工业社会""后资本主义社会""信息社会""后现代社会""晚期资本主义""第二现代性""风险社会""流动的现代性"等。社会的变迁不可能不触动道德领域。通过鲍曼和贝克的探讨，我们可以大体领略社会学家对于现代性进一步向纵深发展条件下人类道德境况的关切。

在《现代性与大屠杀》中，鲍曼专门安排了一章"一种道德的社会学理论初探"（实际上，整部《现代性与大屠杀》都可以被看作一项道德社会学研究），初步提出了他不同于涂尔干的道德社会学思想。综合该著作与鲍曼的其他相关论述，大体上可以这样来概括他对于现代社会条件下人类道德的思考。第一，鲍曼区分了"伦理"与"道德"。伦理是"法规制约的道德"，是现代统治权力为维护、保障统治秩序和需要制定的规则，要求行动者对规则或规则制定者负责。道德不同，鲍曼援引列维纳斯的观点，认为人类道德是个人的，有"前社会的来源"，道德意味着在"主体

---

① 罗伯特·K. 默顿：《社会理论和社会结构》，第 260 页。
② 罗伯特·K. 默顿：《社会理论和社会结构》，第 227 页。

间关系的基本结构"下"对他人负责"①，而不是对行为规则或规则的制定
者负责，"负（道德）责任并不意味着遵守规则；它常常要求个人蔑视法
规或以法规不允许的方式行事"②。道德会受到社会操纵，但道德不是社会
的产物。这里值得进一步分说一下，鲍曼强调道德是在"主体间关系的基
本结构"下"对他人负责"，实际上意味着，作为具有自由意志的道德主
体，人在任何具体情境中的行为都不能像一架机器一样只是机械地、被动
地执行外来指令或律法规范，而应充分地考虑到自己的行为将对相关的他
人带来怎样的影响和后果，而从内在的道德良知（心中的道德律）和人性
情感出发，审慎地做出"对他人负责"的选择。"道德的"行为，既要有
"情"，也要有"思"。在很大程度上，鲍曼这是鉴于现代社会在很大程度
上已成为一架"理性机器"，而每一个人都仿佛这一机器上的齿轮，从而
常常呈现"有组织的无责任"状态这一现实，而对阿伦特之"恶的平庸
性"思想的一种应和。第二，从道德是个人的、有"前社会的来源"出
发，鲍曼批评涂尔干所代表的"正统假设"："道德行为孕育于社会运作，
并受到社会制度之运作的维系；社会在本质上是一个人性化的、道德化的
机制；因此，在较小范围内发生的任何一件不道德行为都仅仅被解释为
'正常的'社会架构功能失常的结果。这种假设的必然结果就是，不道德
总的来说不可能是社会的产物，其真正的起源必须从别处寻得。"但事实
上，"强劲的道德驱力有一个前社会的起源，而现代社会组织的某些方面
在一定程度上削弱了道德驱力的约束力；也就是说，社会可以使不道德行
为变得更合理，而不是相反"③。第三，现代社会结构和运行法则系统地压
制、削弱了"对他人负责"的道德驱力："现代行动已从伦理情操强加的
限制下解放出来了。做事的现代方式并不要求动用情感与信仰，相反，伦

① 鲍曼：《现代性与大屠杀》，杨渝东、史建华译，译林出版社，2002，第239页。
② 鲍曼：《生活在碎片之中——论后现代道德》，郁建兴、周俊、周莹译，学林出版社，2002，第336页。
③ 鲍曼：《现代性与大屠杀》，第259页。在此应该指出的是，鲍曼所说的道德和涂尔干所说的道德在实际所指上并不完全相同。如前所述，在涂尔干这里，外在的道德价值、规范、准则是构成其所说的道德事实的基本要素，而鲍曼所说的道德或道德驱力，实际上更接近于康德的道德意志或休谟、亚当·斯密等所言的道德情操。

理情操的缄默与冷淡是它的先决条件，是它令人震惊的有效性的最重要条件。"① 这与韦伯所说的工具理性的例行化、"专家没有灵魂"是一致的。鲍曼指出了一系列现代社会结构和运行法则对道德的这种压制和弱化："距离的社会生产，它废止了或者削弱了道德责任的压力；技术责任代替了道德责任，这有效地掩盖了行动的道德意义；以及区隔和割离的技术，这增加了对那些应该是道德评价对象以及道德刺激反应对象的他人所遭受的命运的淡漠。还要考虑到，以其所统治的社会的名义僭取了最高伦理权威的国家权力以主权原则进一步强化了所有那些侵蚀道德的机制。"② 第四，鲍曼认为，我们必须从现代社会那里夺回个人的、"前社会"的道德良知，而社会的现代性进一步演进到"后现代性"或"流动的现代性"，则进一步强化了这种夺回"对他人负责"的道德良知的迫切性和可能性。"流动的现代性"有以下基本特征：（1）社会形态，即那些限制个体选择的结构、护卫社会规范的机构以及那些为社会所接受的行为模式都不再能够长久保持不变，它们腐朽的速度比人们塑造它们的速度还要快；（2）权力与政治的密切关系即将解体，很多从前对于现代国家来说可以令其行为行之有效的权力，都逐渐转移到国家政治权力无法控制的全球空间；（3）社群以及由国家支撑的抵御个体危机的保障，正在逐渐地、持续不断地收缩即削减，这一方面削弱了这种保障以前所具有的种种吸引力，同时也动摇了社会团结的社会基础；（4）长期的计划、行动日渐崩溃，个体的生命历程断裂为一系列短期计划和一个个片段；（5）环境变幻不定，而解决由此而生的各种困境、风险的责任却落到了个体头上，个体成为"自由抉择者"，须为自己的选择负责。③ 概括地说，对于个体而言，"后现代性"或"流动的现代性"一方面意味着现代时期个体所获得的那些"保护"的撤除，这提升了复活非伦理的、个人的、"对他人负责"的道德良知的迫切性；另一方面也意味着权力约束、伦理规制的削弱甚至消失，这创造了

---

① 鲍曼：《生活在碎片之中——论后现代道德》，第225页。
② 鲍曼：《现代性与大屠杀》，第260页。
③ 鲍曼：《流动的时代——生活于充满不确定性的年代》，谷蕾、武媛媛译，江苏人民出版社，2012，第1~4页。

夺回"对他人负责"的道德良知的条件和机会，"'伦理时代的终结迎来了道德时代'——后现代可以被视为这样一个时代"①。

在风险承担的个体化、全球化等关于现代性进一步深化裂变的诊断上，贝克与鲍曼（还有吉登斯等）有着相当程度的共鸣。但是贝克没有提供一种新现代性条件下的道德社会学，也很少明确地提出自己基于社会诊断的道德主张。不过，从其经验性的陈述中可以读出其中所蕴含着的一些重要的道德意涵。作为"第二现代性"或"自反性现代化"理论的一部分，个体化是贝克与鲍曼共享的一个论题，这个论题强调个体化进程的四项基本特征："（1）去传统化；（2）个体的制度化抽离和再嵌入；（3）被迫追寻'自己的活法'，缺乏真正的个性；（4）系统风险的生平内在化。"② 在这四个特征中，第三个即被迫追寻"自己的活法"（to live a life of one's own）或"自己的生活"（"a life of one's own"）具有明显的道德伦理意涵。不过，这不是贝克规范性的伦理主张，而是经验性的陈述，因此实际上可以理解为个体化进程的道德效应。与鲍曼将新一波个体化（相对于现代社会早期个体从传统共同体中"脱嵌"）主要看作国家从过去为个体提供保障这种职能上撤退的直接结果不同，贝克更倾向于认为，"个体化"作为一种结构概念，发生在福利国家的总模式中，是作为福利国家的后果而出现的。现代社会存在着一种"个体化推动力"，现代社会制度，特别是福利国家制度的设计大都以"个人"为执行单位，医疗保险、养老保险、失业救济等权益以及相应的工作要求、法律责任、社会道德、教育培训等各个方面，不论是制度设计还是意识形态层次，皆朝着以"个人"为基本单位的方向发展。也就是说，通过各种直接针对个体的权益，同时又相应地激励和要求个体必须为自己做出努力、必须不断地规划自己、设计自己，福利国家体制强制性地将个体的生涯从阶级、阶层以及

---

① 鲍曼：《生活在碎片之中——论后现代道德》，第41页。

② 乌尔里希·贝克、伊丽莎白·贝克－格恩斯海姆：《个体化》，李荣山、范譞、张惠强译，北京大学出版社，2011，"中文版序"第7页。引文中"自己的活法"原译文为"为自己而活"，根据阎云翔很具说服力的讨论而改，参见阎云翔《"为自己而活"抑或"自己的活法"——中国个体化命题本土化再思考》，《探索与争鸣》2021年第10期。

家庭、邻里、性别等之中抽离了出来，强制性地要求个体将自己建构成"个体"。这是一种"制度化的个人主义"，它"迫使人们为了自身物质生存的目的而将自己作为生活规划和指导的核心。人们逐渐开始在不同主张间——包括有关人们要认同于哪一个群体或亚文化的问题——做出选择。事实上，我们也要选择并改变自己的社会认同，并接受由此而来的风险"①。这也就是说，新一波个体化不仅意味着诸如阶级、社会地位、性别角色、家庭、邻里关系等既有社会形式的解体，而且意味着个人的生涯将由以往的"标准生命史"转变为"选项生命史"，社会预定的生涯转化为自我生产并将不断自我生产的生涯。"我们生活在这样的时代之中，民族国家、阶级、族群以及传统家庭所锻造的社会秩序不断衰微。个体自我实现的伦理在现代社会中处于最有力的位置。人们的选择和决定塑造着他们自身。个体成为自身生活的原作者，成为个体认同的创造者，这就是我们所处的这个时代最重要的特征。"② 这里必须注意，"个体自我实现的伦理"，或者说追寻"自己的活法"，是时代施加于个体的伦理压力与负荷，而不完全是个体内在的主动道德追求，也不是贝克的伦理主张。

当然，贝克影响最大的，还是"风险社会"理论，"个体化"乃是从属于"风险社会"理论同时又具有相对独立性的一个论题。贝克（还有吉登斯、鲍曼等）认为，现代化的持续发展已经导致当今社会进入了"风险社会"，在现代性的这个阶段，工业化社会道路上所产生和积累的威胁开始占据主导地位，社会、政治、经济和个人的风险越来越多地脱离工业社会中的监督制度和保护制度。"风险社会"有一系列不同于"工业社会"或"阶级社会"的特征，包括"自反性"（reflexivity），即风险社会中的那些风险，那些可能的不美好的甚或灾难性的事物，是现代化进程中那些企图给人类带来福祉的、理性设计的现代社会工程自身的产物，是它们没有预见到的、在很大程度上也是无法预见到的——世界事物间关系的复杂性远远超出人类理性能力的掌握——副作用累积反噬的结果；全球性，"风

---

① 乌尔里希·贝克：《风险社会》，何博闻译，译林出版社，2004，第107页。
② 乌尔里希·贝克、伊丽莎白·贝克-格恩斯海姆：《个体化》，第27页。

险社会"之风险，是现代化所带来的不可控制的意外后果或副作用累积的结果，因此，现代性的全球扩张必然带来风险的全球弥散，"风险社会"必然是全球风险社会；普遍性或者说"平等性"，"贫困是等级制的，化学烟雾是民主的。……风险在其范围内以及它所影响的那些人中间，表现为平等的影响"[①]，也即，风险的威胁是跨阶级、跨阶层、跨集团的，在"风险社会"中，没有哪个地方、哪个民族、哪个群体、哪个个体能确定地脱离于风险之外。从道德社会学的角度，"风险社会"的这些特征具有深刻的道德伦理意涵，尽管贝克没有集中而明确地申说这种意涵，但是他以开放的方式提示了这些意涵。比如，既然"风险社会"中的风险是现代社会工程难以预料的副作用积累的产物，而且，这种风险普遍地威胁到所有人，那么，决策的"审慎"是否必须上升为一种道德素质，同时，任何产生影响的决策和举措都应该像贝克的"亚政治"概念所提示的那样接受尽可能多的方面的质询和监控？既然风险社会是全球风险社会，那么，会不会像贝克的"世界社会的乌托邦"所设想的那样激发出一种新的世界性的生态道德，进而进一步真正现实地激活"世界公民"？还有，既然贫困是阶级化的，风险是普遍化、平等化的，那么，这种普遍化、平等化的风险会不会激发出一种新的团结？贝克认为，阶级社会的驱动力可以概括为这样一句话："我饿！"风险社会的驱动力则可以表达为"我怕！"风险社会标示着一个新的社会时代，在其中普遍的焦虑将成为社会团结的心理动力。但是，贝克又指出："焦虑的约束力量如何起作用甚至它是否在起作用，仍是完全不明确的。在什么程度上，焦虑社群可以对抗压力？它们使什么样的行动动机和推动力产生作用？焦虑的社会力量真的会打破个体的功利评判吗？产生焦虑的危险社群是如何构成的？它们以什么样的行动模式来组织？焦虑将会使人们投入非理性主义、过激行为和狂热吗？……"[②]贝克没有对这些问题做出明确回答，但是这些问题本身就提醒着我们，风险社会的来临对于人们的心理情感，进而对于道德所造成的冲击。

---

① 乌尔里希·贝克：《风险社会》，第38页。
② 乌尔里希·贝克：《风险社会》，第57页。

3. 哈贝马斯

从经典时期到现代时期再到被认为"后现代"的今天，社会学对于现代社会道德现象的探索思考，始终或隐或显、或直接或间接地与一个问题相关联，那就是在尼采所说的"上帝已死"，或者用马克思的话说，在"真理的彼岸世界"消逝，从而价值领域不可避免地出现多元化的现代世界——在全球化导致各式文化异类杂处的今天，这无疑更加突出了——如何确立形成具有普遍的正当性从而具有普遍的内在约束力的规范准则。①在当代社会学或社会理论中，哈贝马斯的交往行动理论可以说是为直面这一问题而提供的具有高度原创性，并产生重大现实影响的解决方案的一个代表。

哈贝马斯认为，人类社会的存在并非以独立的个人为基础，而是以"双向理解"（dialogical understanding）的交往行动作为起点。他由此重新定义了韦伯的行动概念，把行动分为四种类型，即目的性（策略性）行动、规范性行动、戏剧性行动和交往行动。前面三种行动分别对应着人类社会的三个特定方面：作为可操纵对象的"客观的或外在的世界"，由规范、价值及其他一些被社会认可的期望所组成的"社会的世界"，以及经验的"主观的世界"。唯有运用语言媒体达成相互理解和一致的交往行动，因为要商议对情境的共同定义而"同时论及客观世界、社会世界和主观世界中的事物"②。交往行动是人类社会存在的基础，也是理解和分析社会现象的起点。

交往行动的基础地位凸显了作为交往媒体的语言在人类社会生活中的关键意义。基于语言的使用，哈贝马斯进一步指出，交往或者说达成人际的相互理解不仅是社会的基础，而且是人性的一种本质，是人存在的基本要求。因为当一个人使用语言与别人沟通时，希望达成理解已经"先验

---

① 如前所述，鲍曼认为，道德意味着"对他人负责"，"负（道德）责任并不意味着遵守规则；它常常要求个人蔑视法规或以法规不允许的方式行事"。但这并不意味着鲍曼的关切与规范准则的合法性、正当性无关，因为"社会的"规范准则是否具有普遍的正当性，直接影响着它与"前社会的"道德良知、道德情感之间关系的紧张程度。

② 哈贝马斯：《交往行动理论（第一卷）——行动的合理性和社会合理化》，洪佩郁、蔺青译，重庆出版社，1994，第135页。

地"存在于这种行动之中了，即使他意在欺骗，也要令对方正确理解自己言辞的意思才能达到目的。由此，不同于那些从语义学、语法学的角度来研究语言结构的学者，哈贝马斯从"语用学"的角度来探讨交往行动。他认为人们在使用语言进行沟通时，即是在提出某种有效宣称。有效宣称有三种，即"真理宣称"、"正当宣称"和"真诚宣称"。但这些宣称在本质上是可以被质疑、被批判的，允许别人提出相反的观点。面对别人的质疑、批判或提出的相反观点，一个理性的人必须致力于根据有关证据来捍卫或修改自己的宣称。在此，哈贝马斯修正和拓展了韦伯的理性概念，理性不是一种心理机能，也不仅是个体行为的某种类型，还是相互交往的行为者之间处理分歧、追求一致的一种方式："交往实践的职责在于，在一种生活世界的背景下，争取获得、维持和更新以主体内部所承认的具有可批判性的有效宣称为基础的意见一致。这种实践内部包含的合理性表现在，一种通过交往所获得的意见一致，归根结底必须以论证为依据。而这种交往实践参与者的合理性，是根据他们是否能按适当的情况论证自己的宣称来进行衡量的。"① 也就是说，交往实践以及交往实践参与者的理性表现在，"更佳证据的力量"是指引和主导意见交流的根本的、唯一的力量。

当一个人在与别人的交往中使用语言提出自己的有效宣称时，已预设了希望被对方理解、认可的目的，即预设了达成共识的希望。哈贝马斯不赞成韦伯（但从根本上也未脱其窠臼）的真理的符合论，而吸取彭加勒的约定论（convention）和皮尔士的共识论（consensus），主张共识真理论。按照真理的符合论，一个语句的真假值建基于人的感官经验的客观性上，而由于价值判断表达人的主观感受，没有经验上的客观性，也就没有真假可言。哈贝马斯认为真理的符合论是徒劳地想突破语言的领域，而事实上，只有在语言的领域中，言语活动的有效宣称才可能澄清。作为交往沟通的媒介，语句的真假只能通过沟通参与者的理性商谈来决定，所谓真理，无非是通过商谈达成的共识，无论是就"真理宣称""正当宣称"还

① 哈贝马斯：《交往行动理论（第一卷）——行动的合理性和社会合理化》，第34页。

是"真诚宣称"达成的共识。而由于当一个人在与别人的交往中使用语言提出自己的有效宣称时已预设了达成共识的希望和期待，因此，与韦伯认为价值讨论不可能产生一种规范的伦理学，不可能产生一种道德"命令"的约束力的信念[1]不同，哈贝马斯认为，这种达成的共识对于交往参与者具有形成动机和约束的作用。[2]

最后需要指出的是，在哈贝马斯论证凭借交往理性可以通过"商谈"达成具有规范约束力的"共识"时，他强调这种交往或商谈必须在一种没有内在和外在的制约、惟依"更佳论据力量"来指引的"理想沟通情境"中展开，也即，必须是除了"更佳论据力量"，没有任何其他外力来干扰和扭曲意见的交流沟通。在现实世界，这意味着生发意义、形成规范的"生活世界"不能受"系统逻辑"（金钱逻辑、权力逻辑等）的侵蚀。在此，哈贝马斯与马克思关于"自由王国"中超越于劳动的交往的观念，在精神旨趣上是相通的。

第五节　中国学者的思考

以上，我们简要地介绍了西方社会学家面对现代社会变迁给道德带来的冲击、震荡而做出的一些有代表性的思考和探索。正如本章第二节所指出的那样，在现代性转型的过程中，传统道德因价值的剥落而出现正当性、合法性危机的问题不独存在于西方社会，在中国也同样存在类似的情形。中国的社会学家自然也不可能不对此有所反应。实际上，"引言"中提到的新文化运动的道德伦理革命即为当时知识界对此的反应，不过，这种反应主要还不是社会学家联系社会结构以及相应的社会生活形态的变革而对道德现象的考察，因此，与其说这种反应是对道德危机的科学研究，不如说是这种道德危机的表征。真正从社会学角度对中国之现代性转型的

---

① 韦伯：《社会科学方法论》，第 113 页。
② 哈贝马斯：《在事实与规范之间：关于法律和民主治国的商谈理论》，童世骏译，生活·读书·新知三联书店，2003，第 181 页。

道德效应做出反应的，是潘光旦、费孝通、林耀华等。潘光旦分析了从传统社会向现代社会的过渡对中国传统家庭制度中与老人地位、与夫妻关系相关的道德伦理的影响；① 林耀华同样关注现代性转型对于传统家庭（家族）伦理的冲击，不过他主要关注的是中国传统家庭伦理对于"父子轴"这一核心的强调，如何在成长发展中的现代社会之商业经济、城镇生活的一点点侵蚀下动摇、淡化、消解。②

当然，最能代表中国社会学学者对于这一问题的比较系统的分析的，还是费孝通的研究。实际上，中国社会学界对于道德现象的关注和研究集中体现在两个时期：一是社会学引进之初和发展早期，当时的学者主要从中西横向比较的角度考察分析道德伦理的中西差异，揭示中国人在道德特别是在公德上的欠缺；二是 20 世纪 90 年代以来，随着快速的市场化带动中国整体社会快速转型，中国开始出现所谓"道德滑坡""道德危机"，从而引发了学者们对于道德现象的深入关注和研究。而费孝通的研究，则跨越了这两个时期。与潘光旦、林耀华主要关注家庭伦理不同，费孝通关注的是整体形态的传统乡土社会道德与秩序在现代社会遭遇的冲击。在费孝通的笔下，作为"乡土社会"的传统中国社会和伦理关系是一种"差序格局"，之所以说是"社会和伦理"关系，是因为在费孝通那里，"差序格局"包含着经验与规范双重意涵，即它既是传统乡土社会之客观的社会关系形态，也是传统道德伦理的规范性要求。与这种"差序格局"相应的社会秩序，是一种以传统为依托，以教化为手段，以"打官司"为"丢脸"（"无讼"）、以"长老统治"为表征的"礼治秩序"。但，这样一种形态的道德与秩序，只有在封闭而极少流动、简单而较少变化、同时又保持着人才的有机循环的传统乡土熟人社会中才有可能，而随着现代化进程所带来社会流动化、开放化、复杂化、陌生化以及科举取消后中国社会人才之有机流动的破坏，这种传统道德和秩序形态就不能不走向终

---

① 潘光旦：《逆流而上的鱼》，商务印书馆，2013，第 73~143 页。
② 参见林耀华《金翼：一个中国家族的史记》，庄孔韶、方静文译，生活·读书·新知三联书店，2015；亦可参见杨清媚《变迁中的家：〈金翼〉的爱情与婚姻解读》，《读书》2020 年第 8 期。

结。①"在我们社会的激速变迁中，从乡土社会进入现代社会的过程中，我们从乡土社会中所养成的生活方式处处产生了流弊。陌生人所组成的现代社会是无法用乡土社会的习俗来应付的。"② 怎么办？既然传统的道德习俗已无法应付现代社会生活，那就唯有顺势应变，调整和重塑我们的道德秩序。不过，在早期著作中，费孝通只是简单地向我们提示了由特殊主义道德向普遍主义道德、由"礼治秩序"向"法治秩序"转变的基本方向，而没有就此做更多的阐述。一直到晚年，特别是在其关于"心态秩序"的论述中，他才比较系统深入地表达了关于这个问题的思想。

心态秩序是在谁也无法回避的人与人的关系中如何才能让所有人都"遂生乐业，发扬人生价值"，也即"安心立命"的问题，或者说，就是如何在不可避免的共同生活中实现"共荣"的问题。③ 这实际上又包含着两个方面：一是"共"，即人与人如何和谐至少是和平相处；二是"荣"，即个人在富了之后、小康之后以何为荣，以何为耻。大体上可以认为，前者属"私德"范畴，后者属"公德"范畴。而这两个方面，在费孝通看来在今天都面临着巨大的麻烦或者说危机。关于后者，费孝通多次提到富裕起来的农民闲暇时间只知打麻将、赌博，感叹国人精神世界的空虚贫瘠。关键还在于，尽管他在晚年数次提到"不朽"，提到立德、立功、立言，提到个体生命的有限和社会与文化的生生不息，"社会和文化可以使人'不朽'"，提到"历史"和"历史意识"，似乎希望能引导国人将自己置于社会共同体及其历史中来追求某种超越于纯粹"活着"的生命价值，但他分明又感到历次运动以及近几十年来极端功利、极端世俗的"逐富"已经切断了这种价值的传统资源。因此，关于这方面，可以说，费孝通提出了一个令人焦虑的问题，却没有给出确定的答案。实际上，他多次提到在生物性的需要得到满足之后，人与人具有不同的价值追求是必然的，因此，虽

① 参见王小章《重思"差序格局"——兼与朱苏力教授商榷》，《探索与争鸣》2019 年第 3 期；《"乡土中国"及其终结：费孝通"乡土中国"理论再认识——兼谈整体社会形态视野下的新型城镇化》，《山东社会科学》2015 年第 2 期。
② 《费孝通全集》（第 6 卷），内蒙古人民出版社，2009，第 113 页。
③ 《费孝通全集》（第 14 卷），内蒙古人民出版社，2009，第 42 页。

然他认为人应该有高于纯粹"活着"的追求，但是具体的价值抉择实际上只能交给每一个生活在今天这个世界中的个体，这与韦伯所说的每个人自己选择自己的"生命守护神"实际上是一个意思。费孝通在晚年集中关注的是心态秩序的第二个方面，即具有不同价值观的人如何相处的问题。这是一个在现代化进程深化扩张中提出的问题："人与人之间在经济上绑在一起了，但是不懂得人与人怎么相处，民族之间怎么相处，国家之间怎么相处……经济已经将全人类绑在一起，可是我们没有一个道德的观念和共同的做人的标准。"① 费孝通晚年所孜孜以求的，就是要向世人指出这一人与人之间和平共处的道德观念、做人之道。而梳理费孝通给出的答案，有三点特别值得关注。第一，人与人之间在价值追求上的差异分化在今天这个多元世界中不可避免，因此，不能指望以"志同道合"来实现人和人的和谐相处②。第二，不同于西方文化传统之重视人与自然的关系，一直重视人与人关系的中国文化传统可以为今日世界之人与人如何相处的问题贡献自己的智慧。具体说，"己所不欲，勿施于人"应该成为今天人与人之间和平相处的基本伦理，而"将心比心""推己及人"则是在具有不同价值观的人之间达成理解和谅解的基本法则。由此而来的，是一个"和而不同"的人类社会，一个有"有道义基础的世界共同体"③。第三，人与人之间的关系既包括个人与个人的关系，也包括群体与群体（民族与民族、国家与国家）的关系。不过，在费孝通看来，不同价值观的个人与个人、群体与群体之间如何相处的伦理精神是基本一致的，广为传颂的十六字箴言"各美其美，美人之美，美美与共，天下大同"实际上就是"己所不欲，勿施于人""将心比心""推己及人""和而不同"等所表达的中国式"恕道"在处理不同文化间关系上的推广。

如上所述，费孝通对于道德现象的思考，横跨了中国社会学研究道德现象的两个时期。而如同第一个时期对于道德现象的关注不止费孝通一人一样，第二个时期同样也有其他一些学者在思考中国社会的道德问题。这

---

① 《费孝通全集》（第14卷），第179页。
② 《费孝通全集》（第13卷），内蒙古人民出版社，2009，第192页。
③ 《费孝通全集》（第17卷），内蒙古人民出版社，2009，第459、498页。

种研究和关注大体上可以分为两个层面。一是在总体层面上对于社会转型过程中出现的道德问题的思考,代表性的学者包括渠敬东(通过对涂尔干的译介研究透视中国社会转型中的道德问题)、孙立平(从制度安排所造成的遵从或违背道德的代价来分析"道德滑坡"的原因)、阎云翔(从中国社会个体化的角度分析中国社会的道德嬗变)、成伯清(从传统的惯性和现代的冲击来分析当前中国的"泛道德化"和"去道德化"现象)、王俊秀(从社会心态出发考察人们的道德行为)等。① 也有一些学者以致力于道德社会学的学科体系建设来间接地回应中国社会的现实道德问题(如龚长宇、曾钊新、宣兆凯等②)。二是对社会变迁过程中一些具体的道德观念、道德行为的研究,包括对于"信任"(诚信)、中国人"公私"观念、"孝道"、"公平"观等的研究。需要说明的是,在上述两个层面,除了社会学学者,还有来自诸如经济学、哲学、政治学等其他学科学者的参与。③不过,从理论的深度、广度,同时兼具社会学的视野的角度,在关注道德现象及其现代性转型的中国学者中,笔者觉得有一位思想者尤其值得一提,那就是 2021 年刚刚去世的李泽厚先生。在本章结束之前,我们就再来简单看一下他对于道德问题的思考。④

李泽厚晚年致力于构建自己的伦理学,他所着力的伦理学思考当然不完全是社会学的思考,但有着明显的社会学视角。李泽厚将道德分为"宗

---

① 渠敬东:《现代社会中的人性及教育》,上海三联书店,2006;阎云翔:《中国社会的个体化》,陆洋等译,上海译文出版社,2012;成伯清:《我们时代的道德焦虑》,《探索与争鸣》2008 年第 11 期;孙立平:《"道德滑坡"的社会学分析》,《中国改革》2001 年第 7 期;等等。

② 龚长宇:《道德社会学引论》,中国人民大学出版社,2012;曾钊新、吕耀怀等:《伦理社会学》,中南大学出版社,2002;宣兆凯:《道德社会学理论、方法和应用研究》,北京师范大学出版社,1994;等等。

③ 如茅于轼:《中国人的道德前景》,暨南大学出版社,1997;张维迎:《信息、信任与法律》,生活·读书·新知三联书店,2003;吴飞:《人伦的"解体":形质论传统中的家国焦虑》,生活·读书·新知三联书店,2017;张祥龙:《家与孝:从中西间视野看》,生活·读书·新知三联书店,2017;刘泽华、张荣明等:《公私观念与中国社会》,中国人民大学出版社,2003;等等。

④ 参见王小章《道德的转型:李泽厚的道德社会学》,《杭州师范大学学报》(社会科学版)2021 年第 6 期。

教性道德"和"社会性道德",前者主要应对个体之安身立命的问题(也即主要属于"私德"范畴),后者则主要是指在社会的人际关系和人群交往中,个人的行为活动所应遵循的自觉原则和标准,关心的是正常的社会生活秩序的维护问题(也即主要属于"公德"范畴)。在传统社会,这两种道德浑然不分,且社会性道德从属于宗教性道德,但是,经济社会结构的现代转变促使这种传统的道德形态不得不发生改变。李泽厚注意到,现代化带来了现代社会在结构形态上的一系列特征(相较于传统社会而言),包括多元化(异质化)、个体化、陌生化、一体化(全球化)等。多元化或者说异质化,即现代社会的流动性、开放性带来了观念、信仰、生活方式不同的人群的异类杂处,这使得传统宗教性道德主张的那种共同的、实质性的善已无法得到普遍的认同,更无法激起普遍的敬重之情,因此,关乎个体之安身立命的宗教性道德与关乎正常的社会生活秩序之维护的社会性道德必然也必须分立,前者成为个体择自身所认之善而从之的事,后者才是现代社会的公共问题(这实际上和前述费孝通关于"荣""共"的思考是一致的)。与此同时,在构建现代社会性道德(有时李泽厚直接称"现代社会性公德")时,李泽厚又注意到,个体化改变了个体与群体的关系,突出了个体的权利和责任;陌生化改变了道德所要调节的社会人际关系,也制约着作为道德助力的人性情感的作用(对于熟人和对于陌生人,人的同情、不安等的表现是不一样的);而经济社会生活的一体化、全球化,则自然地消解着各种地方性伦理,而呼吁着一种能普遍地适用和调节人类行为、使其和谐相处的普遍性道德。总之,在现代经济社会结构条件下,传统的道德形态作为整体已越来越难以得到人们普遍的认同,难以唤起人们理性和情感的共鸣,随着社会的转型,道德也必须相应地转型,这是新的经济社会结构条件客观上所要求的。

值得一提的是,李泽厚把自己的上述思考与罗尔斯做了比较。李泽厚承认,罗尔斯在《政治自由主义》中提出的可与传统脱钩的"重叠共识"与"两德论"的现代社会性道德有相似之处,但是,他同时指出,两者之间也存在重要区别——罗尔斯没有交代"重叠共识"有何基础、如何可能和有何来由,而按照"两德论",现代社会性道德的基础和来由是"现代大工业生产、商品经济发展至今日全球一体化，日益要求劳动力自由买卖，从而以个体为单位、以契约为原则便成为各个地区各种社会结构和制度体系的共同的走势和'重叠'的'共识'"①。"社会性道德之所以有'重叠共识'，是由于现代物质生活（亦即世界经济一体化）所导致的生活趋同走势。"②。生产、生活的"情境"变了，与此相关联的情、理、礼不能不变。也许可以这样来理解，罗尔斯将"重叠共识"建基于在虚构的"无知之幕"后面人们对自己现实处境、对自己同作为"重叠共识"的规范之利害关系的无知，而李泽厚正相反，他将现代社会性道德建立在对现代现实的经济社会条件的清晰认知之上。前者是哲学的思辨建构，后者则是社会学的分析考量。

道德必须随着现代化进程中经济社会基础的改变而转型。与此同时，李泽厚没有忽略现代道德与传统道德的联系，或者说，传统宗教性道德对于现代社会性道德的作用。这也是李泽厚认为自己与罗尔斯的另一点重要区别："新道德与传统道德两者之间有何或应有何种关系。罗尔斯没谈，而我的'两德论'则恰恰非常重视，认为二者可以'脱钩'即区分，但不能完全脱离，并提出传统道德对现代社会性道德可以起某种'范导'和适当构建的原则作用。"③ 比如，在现代社会性道德形态下，安身立命、修身养德将作为个人问题而存在，但这个"个人问题"可不是不重要的问题，早在 1996 年与刘再复的对谈中，李泽厚就认为，人要返回真正的人，除了必须摆脱机器统治的异化，还要摆脱被动物欲望所异化，这就需要通过教育重新确立"意义"，不能像二十世纪那样一味地否定意义、解构意义。在此方面，传统的宗教性道德可以经由"转化性的创造"而成为个体对生活意义和人生境界的追求，以克服生命的空虚与无聊，而传统上从属于宗教性道德的社会性道德，同样也可以经过"转化性创造"，将重视人际和谐、群际关系、社会理想以及情理统一、教育感化、协商解决等特色融入现代社会性道德，从而在肯定"权利"、"公正"或"对错"优先于"善

---

① 李泽厚：《伦理学纲要》，人民文学出版社，2019，第 269 页。

② 李泽厚：《伦理学纲要》，第 104 页。

③ 李泽厚：《伦理学纲要》，第 273~274 页。

恶"的同时，重视"和谐高于公正"。当然，李泽厚指出，传统道德如何恰切地"范导"、如何适当地"构建"新道德，必须根据各种具体情境，做出"度"的把握，这需要长期的经验积累，因而"如何在一个'陌生人世界'的现代社会中，能够重新建立起各种'关系'中的情感和谐，以'和谐高于公正'的理念来范导和适当构建公共理性所设立的社会性道德和法律规范，将成为今后理论和实践中的重要课题"①。从道德社会学的角度来说，传统道德对于新道德的"范导"和"建构"作用，归根结底取决于传统道德中哪些要素在今日之经济社会基础上依旧保持着其生命活力，因而，所谓适当地"范导"和"建构"的关键，无非基于对现代社会之现实的社会经济形态和社会结构条件的科学认知而对这种生命活力的清醒自觉。

附录1

现代政治与道德：涂尔干与韦伯的分殊与交叠*

摘　要：在现代社会，政治与道德是两个相对独立的领域，但是，政治需要以"正确的"价值目标来显示其道德正当性，同时，政治的有效运行与政治参与者的德性状况密切相关。在前一个方面，涂尔干与韦伯都联系民族国家的历史命运，从"历史有效性"来推出"政治的"价值目标。涂尔干联系法国的历史语境把"政治的"价值目标定位于"创造、组织和实现"个人的权利，韦伯则从其所置身于其中的德意志民族的处境推导、表达了一种从"文化"着眼的"政治

---

① 李泽厚：《伦理学纲要续编》，北京：生活·读书·新知三联书店，2017，第62~63页。
* 本文通过对韦伯与涂尔干观点的比较研究，探讨了现代政治与道德的关系，在此将其作为第一章附录，以资从政治这个特定领域，省察现代社会的道德问题。本文原刊于《社会学评论》2020年第3期，中国人民大学复印报刊资料《社会学》2020年第9期转载，《社会科学文摘》2020年第8期转摘。

上"的民族主义价值立场。在后一个方面，分享着大众社会、民主化等共同的现代性时代背景的涂尔干和韦伯，各自把对于政治参与者之伦理德性的关注投放在了不同的侧重面上。涂尔干关心如何通过重建国家与个人之间的中介组织，特别是职业法团来培植形塑构成大众的利己主义个体的"集体心灵"，也就是公民德性、公共精神；韦伯则将关注的重心投放在属于少数的掌握权力的支配者一方，即官僚特别是政治领袖的伦理精神上。涂尔干和韦伯关于政治和道德的话语显示了现代社会"政治成熟性"的道德维度。

关键词：政治与道德；涂尔干；韦伯；政治成熟性

在主张"德治"，崇尚"道之以德，齐之以礼"的传统中国，政治与道德通常纠缠在一起而无法分开，由此导致的一个结果或者说趋势是：一方面，"许多从事政治活动的正人君子以为政治是道德的一部分，政治行为必须以严格的道德标准来衡量"，从而导致在其行为层面上不是捉襟见肘，便是诉诸情绪；另一方面，则是"许多政客把'道德'当作玩弄政治的工具"，最终败坏真正的道德。① 因此，在论说政治与道德的关系之前，首先必须肯定，政治与道德是两个相对独立的领域，各有其运行的法则。借用一句西谚，"上帝的事情归上帝，恺撒的事情归恺撒"。不过，肯定政治与道德是两个相对独立的领域，并不意味着两者之间没有联系，没有相互的影响制约。特别是对于政治而言，一方面，政治需要自身的道德正当性，即政治的根本价值何在？"政治能够完成什么使命？也就是说，在伦理的世界中，政治的家园在哪里？"② 即使有的自由主义者（"放任自由主义"）主张国家应对共同体中的善恶持中立态度，认为政治无关伦理－道德价值，但事实上，这种"中立态度"本身就是一种伦理原则，传递的是维护个人自由抉择的道德立场。"政治的道德正当性"实际上也就是通常所说的"政治正确"的根本所在。另一方面，只要承认政治不会自行运

---

① 林毓生：《中国传统的创造性转化》，生活·读书·新知三联书店，1988，第373~374页。
② 韦伯：《学术与政治》，第103页。

作，而是由人来运作的，并且，也是在由人构成的社会中运作的，那么，人的道德状况就必然关联着政治的运行。作为经典社会学的两大家，涂尔干与韦伯既分处法德两国不同的思想传统和历史命运之下，又分享着共同的现代性时代背景，在许多问题上，他们既存在显著的思想上的分殊，又常常表达出共同的关切。这种分殊与重叠，同样体现在他们对于现代政治与道德关系的思考上。

一 政治何为：现代政治的正当性

如上所述，涂尔干与韦伯在许多问题上都呈现显著的思想分殊。比如，涂尔干倾向于社会唯实论，韦伯则倾向于唯名论；涂尔干将社会学的研究对象定义为社会事实，韦伯则将社会行动作为社会学的研究对象；涂尔干确立了实证社会学的典范，韦伯则奠定了理解社会学的基础；涂尔干关切的是现代社会的社会团结，特别是它的道德基础，而韦伯在最深切的层面上更为关切在这个理性化时代个人的命运、个人的自由与生命意义……，但凡接触过社会学的人可以说都耳熟能详。当然，正如不少研究揭示出的那样，涂尔干和韦伯面对现代世界的思考也多有交叠汇合，而且这种交叠汇合就潜藏其分殊之下。比如，尽管他们关于社会学的研究对象以及关于社会（科）学的方法论立场各异其趣，但都表现出不容置疑的对于客观性的追求，并且，就像哈贝马斯指出的那样，在追求这种客观性（科学性）的同时，都将一种提出普适性要求的"真正的哲学思想像炸药一样埋进特殊的研究情境"①；比如，涂尔干的集体意识或集体表象的思想和韦伯关于世界诸宗教之经济伦理的思想都包含着对经济学之纯粹理性经济人理念的拒斥，包含着对社会行动之伦理规范性因素的重视，这是帕森斯能将他们整合进其行动理论（虽不乏对他们的"创造性误读"）的前提；比如，置身于政治（国家）与社会相分离的现代社会，涂尔干和韦伯都真

---

① 穆勒－多姆：《于尔根·哈贝马斯：知识分子与公共生活》，刘风译，社会科学文献出版社，2019，第248页。

切地认识到现代人已不复是纯粹的"政治动物",认识到现代社会政治地盘的缩小,也体认到个人自由和社会团结、公共秩序(共同体)之间的紧张,而不是像古代人那样在城邦中实现个人自由。

自然,本文无意也无力讨论辨析涂尔干和韦伯之间的所有上述分殊与交叠,而只关注,如文题所示,他们对于政治与道德之关系的思考,而这,无疑首先必须从上面第三个"比如"所涉及的他们对于"政治"的理解开始。

涂尔干对于政治的理解源于对"公民道德"的关切,从对"政治社会"和"国家"的探讨开始,落脚于现代民主制下国家与个人的关系。涂尔干认为,"政治社会"是由大量次级社会群体结合而成的社会。这些次级社会群体包括亲属群体、地方性群体、职业群体等。政治社会的基本要素,是统治者与被统治者、拥有权威的人和服从权威的人之间的关系,并且,政治社会所服从的权威本身"并不服从任何其他正式建构起来的最高权威"①,也就是说,政治社会的权威就是最高权威。国家,就是被委托代表这种权威的公职群体,是统治权威的代理机构。而"公民道德"所规定的义务,就是公民对国家应该履行的义务,其内容取决于国家的性质与功能。国家的性质,如上所述,是政治社会,或者更精确地说,是政治社会权威的代理机构。那么国家的功能或者说目标呢?涂尔干指出:

> 国家是自成一体的公职群体,其中,带有集体色彩的意志表现和活动形成了,尽管它们不是集体的产物。如果说国家体现了集体意识,那么这种说法并不很确切,因为集体意识在所有方面都超出了国家的范围。总体上说,意识是分散的:任何时候,国家都只能听见为数众多的社会情感、各种各样的社会心态非常微弱的回声。国家只是某种特殊意识的核心,这种意识尽管是有限的,却更清晰、更高级,其本身具有更鲜活的意义。……我们可以说,国家是一种特殊的机构,国家的责任就是制订某些对集体有利的表现。这些表现与其他集

---

① 涂尔干:《职业伦理与公民道德》,第49页。

体表现有所不同，因为它们意识和反思的程度更高。……严格说来，国家是社会思维的器官。……国家（以思考）引导集体行为。[①]

仔细体会，涂尔干的这段话涉及两个层面的问题：其一，经由国家形成的"集体表现（象）"与分散于社会的、模糊的甚至处于"无意识"状态的意识的关系与互动的问题，这关系到国家功能的运作发挥；其二，作为"社会思维的器官"，国家思考的取向是什么，也即国家的目标是什么？这直接联系着国家的义务，进而联系着国家或者说政治的道德正当性。前一个问题我们在后面再来分析。关于第二个问题，涂尔干首先指出了已有的两种"截然对立"的解决方案。一种是个人主义的方案：社会只是个人的集合，社会的唯一目的就是个人的发展，作为其存在之根本，个人生来就具有某种权利；国家不是生产者，它不能为社会积累起来的、个人同时从中受益的财富增添什么，国家的作用，只是防止个人对其他人进行非法侵越，使每个人维持在其权利领域之内。另一种则是"带有神秘色彩的方案"[②]：每个社会都有与个人目标无关的、高于个人的目标，国家的目的，就是要执行这种真正意义上的社会目标，而个人，只能是施行这一计划的工具；不断扩大国家权力，为国家荣誉增添光彩，是公众活动的唯一或主要目的，个人的利益和命运则无足轻重。在指出了这两种"截然对立"的方案之后，涂尔干紧接着通过对历史的简要追溯指出了与上述这两种方案显然矛盾的事实："一方面，我们确认国家的不断发展，另一方面，个人积极对抗国家权力的权利也同样获得了发展。"[③] 按照第一种方案，很难理解"国家的不断发展"，而按照第二种方案，则很难理解"个人积极对抗国家权力的权利也同样获得了发展"。如何应对这一难题？涂尔干采取的方式类似于马克思将人的自由不是看作单个的孤立个体所固有、所既成的静态的东西，而是在历史发展中不断发展和实现的进程：个人权利不是先天固有的；人之所以为人，只是因为他生活在社会之中，如果把所有带有

---

① 涂尔干：《职业伦理与公民道德》，第 54 ~ 55 页。
② 涂尔干：《职业伦理与公民道德》，第 58 页。
③ 涂尔干：《职业伦理与公民道德》，第 62 页。

社会根源的事物全部从人那里排除掉，那么人就是动物；正是社会提升、滋养和丰富着个人的本性。"个人主义不是理论：它存在于实践领域，而非思辨领域之中。若要成为真正意义上的个人主义，它必须将自身印刻在道德和社会制度上。"而"国家的产生并不是为了防止个人滥用自身的自然权利：不，国家绝非只有这样的作用，相反，国家是在创造、组织和实现这些权利"①。通过对个人权利和国家之关系的如此理解，涂尔干解释了，为什么在国家职能逐步拓展的同时，个人并没有消弭，而个人的发展也没有使国家衰落，"因为他（个人）本身在某些方面就是国家的产物，因为国家的活动从根本上就是要解放个人。……这种因果关系就是道德个人主义的进程与国家进步之间的关系"②。"国家越强大和越活跃，个体的自由就会越多，解放个体的恰恰是国家。"③

　　"解放个人"，即"创造、组织和实现"个人的权利，就是涂尔干所认为的作为政治社会之最高权威的国家的目标，也就是伦理的世界中"政治的家园"之所在，或者说，政治之道德正当性之所系。前面提到，涂尔干和韦伯都深切地意识到现代社会中个人自由与社会公共秩序（政治共同体）之间的紧张，④ 涂尔干则通过重新解释个人自由，赋予它有别于传统自由主义者的内涵来应对和缓解这一紧张。乍看之下，涂尔干的观念与17世纪以来的自由主义者没什么区别。涂尔干当然是崇尚自由的，但如果说他是自由主义者，那么，他更接近于当代美国学者理查德·达格所说的"共和自由主义"⑤，而非古典自由主义，因为，涂尔干此处所说的"个人"，是社会的产物、道德的主体，而不是自然的、生物性的存在。因此，他所说的个人的权利，就不是单个孤立的原子式个体所固有的东西，自由

---

① 涂尔干：《职业伦理与公民道德》，第64、65页。

② 涂尔干：《职业伦理与公民道德》，第62页。

③ 涂尔干：《孟德斯鸠与卢梭》，李鲁宁、赵立玮、付德根译，上海人民出版社，2003，第449页。

④ 泮伟江：《社会学家的政治成熟》，载高全喜主编《大观》（第6卷），法律出版社，2011。

⑤ R. Dagger, *Civic Virtues：Rights，Citizenship，and Republican Liberalism*（OxFord：OxFord University Press，1997）.

也绝非为所欲为；而是扎根于社会中的权利与自由，它们不仅要与他人的权利与自由相通、相容，而且还相依相赖：从消极方面讲，我的权利与自由依赖于他人不妨碍我，依赖于他人遵守规则；从积极方面讲，我的权利与自由的实现依赖于别人必要的支持。正是从这种相依相赖，我们才能更加理解涂尔干所说的国家对于个人权利、自由之创造、组织和实现的作用。而由此，我们也可以看到，涂尔干将国家这个政治社会的最高权威，"社会思维的器官"，将政治这种特定活动，与他所说的"道德个人主义"联系了起来。涂尔干的一个基本信念，就是"每个社会都是道德的社会"①，而以对个人尊严、对人性的尊重与崇拜为核心意涵的"道德个人主义"则是分工发达、从而人的异质性日益增长的现代社会唯一可能的形态，②也即使现代社会团结成为可能的唯一基础。在《人性的两重性及其社会条件》一文中，涂尔干指出，在人身上有着两种意识状态：一种扎根于我们有机体之内的纯粹个体存在，具有严格的个体性，只与我们自身相关；而另一种则来自社会，是社会转移到我们身上的产物，它们是社会性的、非个人的，它们使我们转向与其他人共同的目标，正是通过这种状态，而且只有通过它们，我们才能与别人交流。而人性之所以神圣、之所以值得"崇拜"，主要在于后者。因此，作为道德个人主义之核心意涵的对于个人尊严、对于人性的尊重与崇拜，实际上是要求人们以源自社会的所谓人性的社会性来约束、克制人性的个体性；进一步明确地说，就是要以人所共通、兼容并且互相倚赖的"权利"来约束、克服只与一己相关而与人相克的"利己主义"情感和冲动。笔者曾经指出，在这里，涂尔干面临着一种逻辑上的紧张：社会的维系依赖于道德个人主义，而道德个人主义本身则又源自社会。③不过，涂尔干派给国家这个"社会思维的器官"的角色，则在一定程度上④纾解了这种紧张。作为"某种特殊意识的核心"，国家的政治过程可以参与形

---

① 涂尔干：《社会分工论》（第二版），第 185 页。
② 涂尔干：《乱伦禁忌及其起源》，第 209 页。
③ 王小章：《从"自由或共同体"到"自由的共同体"——马克思的现代性批判与重构》，第 12~14 页。
④ 只是"在一定程度"上，而不是完全。因为如何促使"国家"正常地行使它本身的职能还是一个问题。见下文讨论。

塑有别于利己主义的道德个人主义，从而筑就现代社会团结的道德基础，"国家的基本义务就是：必须促使个人以一种道德的方式生活"①。国家的政治过程参与介入社会团结的形成，但不是像马基雅维利、霍布斯一直到滕尼斯等许多人所认为的那样通过完全外在的强制作用，而是通过"创造、组织和实现"个人的权利，通过引导社会对个人人格的崇拜来实现。至此，国家的目标、政治的道德正当性与社会的道德基础汇合到了一起。道德个人主义在肯定个人是道德的主体的同时，也强调从道德角色的角度来理解国家。② 而国家在通过"解放个人"，即"创造、组织和实现"个人的权利来确立自身的道德正当性的同时，也预设了个人的道德义务——他必须在国家中成为一个道德个人主义者，而不是纯粹的利己主义者。

吉登斯说："考察涂尔干关于道德个人主义的成长、社会主义和国家的著作，需要置于他所认为的第三共和国所面临的社会和政治议题之中。"③ 涂尔干的上述观点，他强调的从国家的道德角色来理解国家，与其所处的特定社会时代背景是分不开的。法国大革命推翻了旧制度，同时也为法国留下了接下来一个世纪中社会和政治问题的土壤，即社会的长期裂痕——政治上是共和主义和保皇主义的长期对立，社会中则是大革命理想的"个人主义"④ 和天主教神职统治道德主张之间的长期对立。而 1870~1871 年普法战争中法国的战败以及巴黎公社则彻底暴露和

① 涂尔干：《职业伦理与公民道德》，第 74 页。
② 吉登斯：《政治学、社会学与社会理论》，何雪松、赵方杜译，格致出版社，2015，第 69页。当然，这并不是说涂尔干完全混同了政治与道德这两个领域，而只是说，他关注作为政治社会之最高权威的国家所具有的道德功能，但这种道德功能的实现则是以"政治"的方式实现的。而且，国家的道德功能也只是其对内功能的一个方面。涂尔干明确肯定，国家还有对外的功能（参见涂尔干《孟德斯鸠与卢梭》，第 446 页），只不过，从其所置身的时代背景出发，涂尔干在关于"政治的"价值目标取向上，强调其对内的使命。
③ 吉登斯：《政治学、社会学与社会理论》，第 71 页。
④ 需要指出的是，涂尔干"个人主义"的具体内涵是在历史进程中发展变化的，而不能僵硬地拘泥于法国大革命时期所表达的准则。法国大革命时期所表达的个人主义准则只关注如何使个人摆脱阻碍其发展的政治桎梏，仅仅表现了个人主义的最消极的面相，而现在的个人主义应该具有更积极的取向（参见涂尔干《乱伦禁忌及其起源》，第 212~214页）。由此也可看出，关于政治的价值取向或者说道德正当性，涂尔干与下文要讨论的韦伯的取向一样，都是以"历史的有效性"为取向的。

激化了法国政治和社会的危机。在战争失败的刺激下，一些极端的民族主义者、"天主教的护教者"把"个人主义"当作首要敌人，视为"当前的大患"。①但涂尔干及其他同时代的自由派人士则看到，1870~1871年的灾难恰恰为完成一个世纪前法国大革命所启动的社会与政治变革进程提供了必要性和可能性。②涂尔干认为，灾难所暴露的法国社会内部问题是毋庸置疑的，但是，症结不在"个人主义"，恰恰相反，在于这种有别于自私自利、唯我独尊的利己主义、自我主义的道德个人主义——现代社会唯一可能的道德形态——未能在法国社会扎根，从而这个社会失去了得以团结整合的道德基础。"（极端）民族主义甚嚣尘上的表现，只会阻碍我们去发展我们应该具备的更严肃的爱国主义。……从某种角度来看，像我们这样的民族到处充满着内在的矛盾，我们民族的历史作用，我们民族的存在理由，必须宣称我们具有自由探究的权利，必须宣布我们具有至高无上的公民权利。"③而确立、促进、发展这种公民权利，以促成法国大革命所启动的事业，完成从传统社会秩序向现代工业社会秩序的转型，正是国家的道德使命。

如果说法国大革命以后，特别是1870~1871年的灾难所彻底暴露和激化的法国社会内部危机使涂尔干强调作为政治社会之最高权威的国家的目标为"解放个人"、"创造、组织和实现"个人的权利，从而筑就社会的道德基础上的道德角色，那么，韦伯所面临的情形则有所不同。与涂尔干不同——涂尔干虽然终其一生都可以说深切关心政治，但主要是以"笔"来表达其关心和参与，但在实践生活的意义上，则没有表现出投身现实政治的强烈意愿，他有政界的朋友，但自己却少有直接参与政治的兴趣——韦伯对于现实政治实践怀有一种不可遏制的献身感。因此，对于韦伯来说，政治何为，也即，献身于政治的根本价值是什么，就是一个更加具有切身性的紧迫问题。跟涂尔干一样，韦伯对于政治的理解也从对"国家"的理解开始，"我们打算只从一个政治团体——也就是今天的国家——的领导

① 霍松：《启蒙与绝望：一部社会理论史》，潘建雷、王旭辉、向辉译，上海三联书店，2018，第109~110页。
② 吉登斯，《政治学、社会学与社会理论》，第63页。
③ 涂尔干：《孟德斯鸠与卢梭》，第467~468页。

权，或该领导权的影响力这个角度，来理解政治"。不过，韦伯对国家的理解与涂尔干不同。国家"是这样一个人类团体，他在一定疆域之内（成功地）宣布了对正当使用暴力的垄断权，……'政治'就是指争取分享权力或影响权力分配的努力，这或是发生在国家之间，或是发生在一国之内的团体之间"①。因此，献身于政治，也就是投身于这种在国家层面上展开的权力斗争，特别是对"暴力的正当（合法）使用权"的争夺。进而，献身于政治的根本价值是什么，也就是在最终的意义上，争夺这种对暴力的正当（合法）使用权是为了什么，为了什么目标而去争夺和使用这种"暴力的正当（合法）使用权"才具有道德正当性？②

那么，为了什么目标而去争夺和使用"暴力正当使用权"才具有道德正当性呢？也即，政治所要完成的究竟是什么使命，在伦理的世界中，政治的家园在哪里？韦伯对这个问题的思考和回答同样必须置于他置身于其中的历史语境。首先必须明确，韦伯是在马克思（"彼岸世界的真理已经消失"）、尼采（"上帝死了"）之后的思想视野中提出并思考这个问题的，也就是说，宗教已经不可能成为世俗政治之道德正当性的源泉（这一点对涂尔干而言也一样）。政治的道德正当性只能从此岸世界内部去寻找。那么，在这个俗世之中，究竟何种价值目标能够成为政治的道德基础呢？卢卡奇曾指出："争取民族解放的斗争在事实上统治了19世纪德国的政治和思想的发展。最终解决了这个问题的这一特殊形式（即不是在革命的道路上实现，而是由'天才'俾斯麦借助旧体制以'铁与血'的手段从'上面'创造——引者注）给19世纪下半叶一直到今天的整个德国精神都打上了它特殊的烙印。"③ 德

① 韦伯：《学术与政治》，第55页。
② 这里有两点需要说明。第一，要区分权力的正当性和政治的正当性，韦伯的传统型、个人魅力型、法理型说的是权力的正当性，而政治的正当性指的是，为了何种价值、目的而使用权力（包括暴力）才是可接受的、正当的，无论这种权力本身的正当性属于何种类型。第二，英语中的"legitimate"一词可译为"合法性"，也可译为"正当性"。不过严格地说，合法性与正当性还是应该有所区别，前者指某种行动、现象符合某种既定的法则程序，而后者则意指某种行动、现象合乎或者能够实现某种更高的价值，某种正义。据此，所谓"暴力的正当使用权"应为暴力的"合法"使用权，而使用暴力的道德"正当性"才是"正当性"。
③ 卢卡奇：《理性的毁灭》，王玖兴等译，山东人民出版社，1997，第37页。

国的历史与欧洲其他国家，特别是法国和英国不同，在这些国家，民族统一在君主专制制度下就已经实现，因此，资产阶级民主革命的任务就是要清除民族国家中尚存的封建和专制的残余（这一点在上述涂尔干的观点中也能得到印证），但在英国和法国已经经历了资产阶级民主革命的时候，德国还处于四分五裂的封建割据状态。因此，德国面临着两个方面的任务：一是实现民族的统一，建立强大的民族国家；二是实现自由民主。"用当时的话来说，关于（德国）民主革命的核心问题是：'通过自由来获得统一'还是'先有统一后有自由'。……48 年革命的失败造成了按照后一种意义来解决这两个问题的形势。"① 结果就是，俾斯麦以铁血手段在旧体制下完成了德国的统一大业，更在普法战争中战胜了法国。统一为德国资本主义经济的发展创造了条件，使它一步一步脱离了经济落后国家的行列。到韦伯的时代，德国的经济已经超过了英法，成为除美国以外世界上最发达的资本主义区域。但与此同时，德国的政治体制和人民的政治意识却没有相应地发生变化。韦伯关于政治的使命，关于政治的道德正当性的论说，正是在这样的背景之下展开的。

如同在"国家思考的取向"上，涂尔干面临着两种"截然对立"的解决方案，在韦伯之前，德国也存在着两种主要的有关政治之道德正当性的理念——这实际上是前面所说现代社会中个人自由与社会公共秩序（政治共同体）之间紧张的体现。一种以康德、洪堡为代表，主张个人的自由权利是根本的政治价值，国家作为政治实体若不是个体自由的条件，政治若不是为了捍卫自由权利，就从根本上失去了其存在的正当理由。一种以黑格尔为代表，基于下面这种认识，即国家不是为了保卫个人自由权利而人为建构出来的人造物，而是有自己的自然生命的有机体，是"自在自为存在的东西，从而应被视为神物、永世无替的东西"②，黑格尔认为，政治的根本价值和目的，就在于国家的实体性权力。那么，联系所置身于其中的时代背景，韦伯究竟是将个人的自由权利还是作为集合体的民族国家的权力作为政治的优先价值目标呢？

---

① 卢卡奇：《理性的毁灭》，第 45 页。

② 黑格尔：《法哲学原理》，范扬、张企泰译，商务印书馆，1995，第 290 页。

关于韦伯在"政治"上从根本上讲是一个自由主义者还是民族主义者，已经销蚀了许多学者的不少笔墨。不少人，如比瑟姆、亨尼斯等，认为，尽管受其所处时代之精神的影响，韦伯表现出了明显的民族主义倾向，但从根本上讲，他是一个自由主义者，民族主义的观点充其量是第二位的。① 也有学者认为，韦伯在政治上处于自由主义和民族主义的紧张之中。② 但是，综览从早年到晚期的相关著作，笔者认为，就韦伯关于"政治之使命"的立场而言，根本上还是民族主义的。德国是单一民族国家，因此民族主义事实上就是"国家主义"。在政治行动中，凡事都要以德意志民族的生命和力量为取向，是韦伯最基本的政治观念。当然，这也是包括雅思贝尔斯、卢卡奇、雷蒙·阿隆、吉登斯等在内的多数人的观点。实际上，即使认为韦伯处于自由主义和民族主义的紧张之中的学者，如蒙森，也指出："韦伯的自由主义信念是自足的、自我维系的，还是只是将自由主义看成强化强大的民族国家的内部凝聚力的手段，这确实是个不容易回答的问题。但是对于韦伯来说，有一点是毋庸置疑的，即如果加强德国的自由主义而不与一种富有生机的民族强权政治联系起来的话，那将是不可思议的。"③ 致力于建立一个强大的民族国家、确立德意志民族的世界威望和荣誉，是韦伯派给当代政治的根本使命，是决定政治之道德正当性的终极价值。"民族国家的延续超越其他目标。德国这个民族国家的利益是衡量政治政策的最终标准。"④ 当代政治，若偏离了这个根本目的，就失去了意义；献身于政治，若不致力于这个目标，就是误入歧途。而韦伯之所以如此看待政治的使命，正是从其置身于其中的德意志民族（国家）的历史命运推导而出。这个历史命运就是，德国已经统一成强大的民族国家，现代

---

① 比瑟姆：《马克斯·韦伯与现代政治理论》，徐宏宾、徐京辉、康立伟译，浙江人民出版社，1989；W. J. Hennis, "Max Weber's 'Central Question'," in Peter Hamilton, ed., *Max Weber: Critical Assessments 2* (London: Routledge, 1991)。

② W. J. Mommensen, "The Antinomian Structure of Max Weber's Political Thought," in Peter Hamilton, ed., *Max Weber: Critical Assessments 2* (London: Routledge, 1991).

③ W. J. Mommensen, "The Antinomian Structure of Max Weber's Political Thought," in Peter Hamilton, ed., *Max Weber: Critical Assessments 2* (London: Routledge, 1991), p. 344.

④ 吉登斯：《政治学、社会学与社会理论》，第 21 页。

政治是资本主义列强世界争霸的世界政治:"如果德国的统一不是为了开始卷入世界政治,反倒是为了不再卷入世界政治,那么,当年花这么大的代价争取这种统一也就不值得了。"① 如果普法战争的结局是一个标志性的事件,那么,一方面法国的战败所激化和彻底暴露的法国社会的内部危机促使涂尔干强调国家的道德角色以及它对内的功能,另一方面德国的胜利以及随之而来的发展则促使韦伯从世界政治、从德意志民族(国家)的强权和世界威望的角度来理解政治的使命和价值——"我们提出'国家理由'这一口号的目的只是要明确这一主张:在德国经济政策的一切问题上……最终的决定性因素端视它们是否有利于我们全民族的经济和政治的权力利益,以及是否有利于我们民族的担纲者——德国民族国家"②。"不言而喻,生死攸关的民族利益高于民主制和议会制统治。"③ 确实,韦伯的一系列言论表明,④ 在最终的意义上他在"政治上"的民族主义价值立场是从"文化"着眼的,坚信德意志民族文化的优越性、高贵性,是其民族主义的核心,德意志民族文化的未来是德国成为世界强权、确立世界威望的根本意义所在。⑤ 不过,

---

① 韦伯:《民族国家与经济政策》,生活·读书·新知三联书店,1997,第106页。
② 韦伯:《民族国家与经济政策》,第93页。
③ 彼得·拉斯曼、罗纳德·斯佩尔斯编《韦伯政治著作选》,闫克文译,东方出版社,2009,第110页。
④ 比瑟姆:《马克斯·韦伯与现代政治理论》,第133~140页;雅思贝尔斯(本书译作"雅思培"):《论韦伯》,鲁燕萍译,桂冠图书股份有限公司,1992,第33~39页。
⑤ 需要指出的是,韦伯作为德意志民族的一员对于德意志文化之优越性、高贵性的坚信并没有使他走向文化帝国主义,相反,他认为像瑞士、丹麦、荷兰、挪威等这些"小"民族的文化有其自身的价值,韦伯关心德国文化的世界威望和荣誉,但对弱小民族实行帝国主义文化统治不能带来这种威望和荣誉——自然发生的文化身份不能转移,你可以征服弱小民族,但不能将文化认同强行转移给被征服的民族。相反,只能以强大的国力保护这些弱小民族,才能为德国赢得这种威望和荣誉(参见比瑟姆《马克斯·韦伯与现代政治理论》,第154~158页)。由此可见,韦伯从文化着眼的"政治上"的德意志民族主义,要点在"大国责任",而非大国沙文主义:"世界权力归根结底就意味着决定未来世界文化品质的权力,如果这种权力不经过斗争就在俄国官员的会泽和英语'社会'惯例之间——大概还带有少许拉丁民族的理智——被瓜分,那么,未来的几代人,特别是我们自己的后代,就不会认为这应当归咎于丹麦人、瑞士人、荷兰人或者挪威人。他们会认为这要归咎于我们,而且这是完全正确的,因为我们是个权力国家,因而与那些'小'民族相比,能够在这个历史问题上发挥重要的平衡作用。这就是我们——而不是他们——要对历史和未来承担该死的责任和义务以免整个世界被那两大列强吞没的原因所在。"(参见彼得·拉斯曼、罗纳德·斯佩尔斯编《韦伯政治著作选》,第63页)

如果说经济利益的载体可以被认为是个体的话，那么，民族文化的载体恰恰只能是"民族"（国家），因此，从"文化"着眼的"政治"民族（国家）主义不仅不会淡化民族主义，恰恰只能强化民族（国家）主义。

需要补充说明的是，民族主义乃是就韦伯关于"政治之使命"的立场而言，而不代表韦伯在个人自由与社会（共同体）之间紧张面前的终极抉择。实际上，比瑟姆曾概括了韦伯在使用"自由"这一概念时的三种含义：第一，经济个人主义的自由；第二，公民与政治的自由；第三，偏于精神的人的自主性或人格形成的能力的自由。① 在这三种自由中，只有第二种含义的自由，在性质上才是属于"政治"的。这种自由，落实到国家的政治生活、政治制度，就是民主的问题。因此，关于韦伯在"政治"上从根本上讲是一个自由主义者还是民族主义者，实际上也就是民族高于民主，还是民主高于民族，韦伯的选择是前者，这一点，从后面我们将谈到的韦伯对民主的工具化对待中也可以看出。不过，除了这种"政治的"自由，还有两种含义的自由。固然，第一种含义的自由在韦伯看来随着大工业时代的来临在现代社会中正在消失，况且这是一种非政治的价值，其层次"低于"政治，因而必须服从于政治的价值。关键是第三种含义的自由，这种自由事实上是指在现代社会价值领域中"诸神复活"的前提下，每个人自己选择操持自己生命之弦的"守护神"而成就一种"人格"的问题，涉及的是个人生命的价值与意义，这固然同样是非政治的价值，但是，在韦伯的这里，是一种高于政治的价值。关键是，韦伯不认为，这种"成就一种'人格'"意义上的自由，是"政治"本身要实现的价值，而只能交付于每个个体自己的抉择。而他强调的"价值中立"，从消极的方面来说，是否决了在现代社会中如教授之类高地位、高影响力的人士具有派发价值的资格，而就积极的意义而言，则正是将"选择生命守护神"的自由交给了每一个个体。② 就此而言，无疑可以说韦伯是一个自由主义者，但是，却不是"政治的"自由主义者。在关乎"政治之使命"的立场上，

---

① 比瑟姆：《马克斯·韦伯与现代政治理论》，第 44 页。
② 王小章：《从韦伯的"价值中立"到哈贝马斯的"交往理性"》，《哲学研究》2008 年第 6 期。

民族（国家）主义毕竟是韦伯的选择。回到前面所说的个人自由与社会（共同体）之间紧张的问题，如果说涂尔干通过重新解释个人自由、赋予它以有别于传统自由主义者的内涵而来应对和缓解这一紧张，那么，韦伯则借助区分政治的和非政治的价值而缓解了，甚至在某种程度上可以说从"政治"的层面上避开了这一紧张。不过，尽管他可以从"政治"的层面上避开这一紧张，却终究避不开除魅的现代世俗世界之意义空洞化（虚无主义）和承载、表征生命意义的"人格"之成就的内在紧张，当然，这又是另一个层面的问题了。

二　大众、政治家与政治：现代政治参与者的德性

如上所述，普法战争的结局是一个标志性的事件，它一方面促使涂尔干强调国家的道德角色以及它对内的功能，另一方面则促使韦伯从世界政治、从德意志民族（国家）的强权和世界威望的角度来理解政治的使命和价值。如果说，这显示了涂尔干与韦伯在理解"政治何为"、在认定"政治"的道德正当性上的分殊，那么，在这显著的分殊背后，他们又面临着共同的、现实的政治运作所必须面对的时代特征：这是一个大众社会的时代，这是一个民主化的时代。

（一）涂尔干：民主、个体化大众与中介群体的道德角色

涂尔干将国家看作思维的器官，"一种反思的机构"[1]，它的基本义务，就是促使个人以一种道德的方式生活，具体到现代社会，就是要通过"创造、组织和实现"个人的权利，通过引导社会对个人人格的崇拜，而使"道德个人主义"成为当今社会的"集体表象"。涂尔干对于国家之"基本义务"的这一认识，实际也就等于相应地认定了公民的基本道德，即他必须成为一名具有"道德个人主义"精神的道德公民，至少在其与国家的关系中应该如此。但问题是，如何确保国家的这种"基本义务"或者说基

---

[1]　涂尔干：《孟德斯鸠与卢梭》，第446页。

本职能得以正常地履行？如何保证国家能够促使"道德个人主义"成为当今社会的集体表象而不是被那种"只与我们自身相关"的利己主义、自我主义情感所裹挟？在《国家》这篇不完整的论文中，涂尔干指出，民众的行为具有全然不假思索的特点，因为在这些民众中没有可以让这些盲目的行动潮流汇聚的中心。只有这样一个中心，才能令它们停顿下来，并且在它们得到考察反思之前不让它们付诸行动，唯有如此，才能让"理智的承诺"得到执行，而这"恰恰是国家所履行的功能"①。但问题是，国家的这种功能不是无条件地发生的，更不是必然地会通向"道德个人主义"的集体意识。这里就涉及前面提到的另一个问题：经由国家形成的"集体表象"与分散于社会的、模糊的甚至处于"无意识"状态的意识的关系与互动问题，特别是这种关系与互动在当今这个时代的表现状态。而这个问题实际上又进一步关系着涂尔干眼中现代国家、现代民主政治运行的社会基础的问题。

涂尔干区分了两类社会意识。第一类来源于社会的集体大众，分布于大众之中，由各种情感、理想和信仰组成，渗透于每个人的意识之中；第二类来源于国家或政府这种专门的机构。涂尔干在肯定这两种意识的区别的同时，又指出这两者彼此之间的密切联系：漫布于大众之中的情感可以影响到国家的决定，而国家的决定也会在整个社会中产生反响，改变广泛传播的观念意识。② 正是在讨论两者的联系时，涂尔干表达了他对于"民主"的理解。针对自亚里士多德到孟德斯鸠一直根据参与统治的人数来划分民主制、贵族制、君主制等政体的倾向，涂尔干认为，民主的前提是国家这种与社会其他部分"完全不同"的政府机构的存在，③ 如果民主像孟德斯鸠所说的那样是"整个民族掌握统治权力"，也就是所有人都参与指导公共生活，那么，民主最适合的是像部落社会那样最低级的政治社会形式，实际上是对真正意义上的国家或政府的否定。在这里，涂尔干实际上表达了与韦伯同样的观念，在现代社会的实际政治中，实施统治的必然是也只能是少数人。不过，少数人统治并不等于不民主。"民主并不

---

① 涂尔干：《孟德斯鸠与卢梭》，第445页。
② 涂尔干：《职业伦理与公民道德》，第84页。
③ 涂尔干：《职业伦理与公民道德》，第97页。

取决于支配国家的人有多少；民主的本质及其特征，是人们与整个社会的沟通方式。"① 如上所述，社会大众的意识常常处于分散的、模糊的，甚至"无意识"状态，而民主则是"这样一种政治体系，社会可以通过它获得有关其自身的最纯粹的意识。思考、反思和批判精神越是能够在公共事务中发挥重要作用，国家就越民主"②。也就是说，民主是一种具有反思性的体系，在这种体系下，一方面，"公民和国家之间存在一种持续不断的沟通，所以对个人来说，国家才不会像外力那样为他们注入一种完全机械的动力。正是因为他们与国家可以持续进行交流，国家的生活才会与他们的生活仅仅连接在一起，就像他们的生活也离不开国家一样"。另一方面，在这种体系下，国家依旧保持着其"优先的位置"，并非仅仅是顺从公民，单纯回应公民意志："国家的作用并不是表达和概括人民大众未经考虑过的思想，而是在这种想法上添加一种更深思熟虑的思想，两者截然不同。国家是而且必须是一种全新的、原创性的代议制核心，应该使社会更理智的运作自身，而不是单凭模糊的情感来支配。"③

但是，上面所述的这两个方面乃是涂尔干期待于在"民主的政治体系"下出现的理想的状态，或者说，是"民主的政治体系"运行的理想状态。而问题的严峻性恰恰在于，在现实中，在现代个体化、原子化的大众社会状态下，上述这两个方面事实上都面临着威胁："国家无法行使自己的权力，它不得不符合大多数人模模糊糊的情感。与此同时，国家所具有的强有力的作用形式，也会使它有能力牢牢地控制同样的个人，否则，国家依然会成为个人的奴仆。"④ 也就是说，要么国家完全听命于"个体组成的大众"，顺从后者的情感和意志，从而不再是"一种全新的、原创性的代议制核心"，无法再添加任何"更深思熟虑的思想"，要么国家以"强有力"的形式脱离公民的有效影响而牢牢地控制住公民，从而，对于公民个体来说，国家成为纯粹的"外力"而"为他们注入一种完全机械的动力"。

---

① 涂尔干：《职业伦理与公民道德》，第 91 页。
② 涂尔干：《职业伦理与公民道德》，第 95 页。
③ 涂尔干：《职业伦理与公民道德》，第 97 页。
④ 涂尔干：《职业伦理与公民道德》，第 104 页。

涂尔干所揭示的这两种趋势很容易让人想到他的前辈思想家托克维尔对于"多数的暴政"、对于在"民主化社会状态"中当局走向专制的忧虑：它们事实上源于一个同样的现实，即"个人是社会的主导原则，而社会仅仅是个人的总和"① 这样一种个体化大众的社会状态。

"个人是社会的主导原则，而社会仅仅是个人的总和"，换句话说，也就是在个人和国家之间不存在任何能够对双方起有效的缓冲和约束作用的中介群体。涂尔干指出，传统上，曾经有过各种不同形式的"法团"来吸纳个体于其中，人们更是从属于各自的地方性社群。但是，随着历史的不断伸展，特别是随着分工高度发达的现代大工业时代的来临，曾经的那些"法团"都衰落了，地方性社群也一步步走向穷途末路。② "以前既作为个人的框架，又作为国家架构的社会形式，或者已经荡然无存，或者正在销声匿迹，没有任何新的形式可以替代它们。这样一来，剩下的只有个人汇集而成的变动不居的大众。"③ "一群乌合之众，竟然组成了一个社会"，而由此进一步对现代政治的运行所造成的影响是，一方面，失去了中介群体作为桥梁之后，"国家与个人距离变得越来越远，两者之间的关系也越来越流于表面，越来越时断时续，国家已经无法切入到个人的意识深处，无法把他们结合在一起"④。实际上，不仅国家已经无法切入个人意识的深处，个人也无法真正持续有效地影响国家，因为两者之间不再有真正有效的、像上文所说的那种理想的"民主政治体系"运行状态下的交流和沟通。另一方面，在失去了中介群体的缓冲之后，个人与国家之间的接触也变得越来越直接，于是，个人便直接——常常借助于"乌合之众"的声势——向国家（政府）提出基于其自身欲望的、未经集体道德之规范驯化的诉求，而国家也不得不直接面对"乌合之众"的压力。⑤ 涂尔干将此称

---

① 涂尔干：《职业伦理与公民道德》，第 104 页。
② 涂尔干：《职业伦理与公民道德》，第 39～40 页；《社会分工论》，"第二版序言"第 39～40 页。
③ 涂尔干：《职业伦理与公民道德》，第 111 页。
④ 涂尔干：《社会分工论》，"第二版序言"第 40 页。
⑤ 这种情形，与典型地体现在"群体性事件"中的当今中国在"单位制"解体后政府在失去了"单位"这一中介的情况下不得不直接面对群众的诉求和压力，从而出现的"治理困境"相类似（参见张静《中国基层社会治理为何失效》，《文化纵横》2016 年第 5 期）。

作"民主的变体"。

"民主的变体"意味着国家被作为个人之总和的"乌合之众"的那种"只与我们自身相关"的利己主义情感所裹挟。在此,又一次涉及对于涂尔干来说十分重要的关于利己主义和道德个人主义的区分。如前所述,道德个人主义使我们转向与其他人共同的目标,它的"对个人的崇拜",乃是立足于平等和正义的原则,立足于人与人之间的"同情",而对普遍的人性,比如,彼此相容的"自由"的尊重和肯定,它的源头是团体的集体活动。而利己主义不同,它的源头是个体有机体的欲望和冲动,立足点是"前社会"的纯粹个体性存在。涂尔干认为,由脱离了团体生活、脱离了集体活动的原子化个体直接形成的"乌合之众"式的大众社会,释放出来的往往是利己主义而不是道德个人主义,由此形成的,是社会的道德无政府主义或者说道德失范——在这里,涂尔干实际上向我们揭示了在原子化个体构成的大众社会状态下,理性公民蜕变为"群氓"或"暴民"的潜在逻辑。在这种情形下,国家在与"乌合之众"的直接碰撞中非但不能通过创设保护和发展普遍个人权利的制度,通过理性有效的交流沟通,而促进道德个人主义在社会的扎根,相反,它要么被"乌合之众"的利己主义冲动所裹挟,要么,作为纯粹外在的他者,作为霍布斯意义上的强制力通过"按照同样的自动规律运作"的"行政管理机制"[1]与个体对立。

如何走出这种状态,使"民主的变体"回归"民主的正体"?涂尔干的回答明确而简单:他一再指出,我们的社会疾病和政治疾病同出一源,那就是在个人和国家之间缺乏次级群体,因此,解决社会疾病和政治疾病的不二法门,就是重塑这些次级群体——要想防止国家对个人的专制,这些次级群体是必要的,而要想不让个人把国家吞噬掉,这些次级群体也是必要的。换言之,作为道德角色的现代国家如要在与公民的积极沟通交流中促进个人的普遍权利,促进道德个人主义在现代社会中扎根,那么,这些公民本身不能是听凭纯粹个人欲望支配的"前社会"的原子化个体,而必须是扎根于各种中介群体的集体生活的社会化、道德化个体。就此而

---

① 涂尔干:《职业伦理与公民道德》,第111页。

言，现代民主政治的正常运行与道德个人主义实际上是互为前提的，而使双方得以勾连起来的桥梁，就是国家和个人之间的中介群体。当然，众所周知，在涂尔干看来，在分工发展、流动性极高的现代社会，这种中介群体中最根本的就是职业法团。

> 如果每个人单独通过选举的形式确立国家，或者确立为国家提供明确形式的各种机构；如果每个人能够独立作出选择，那么推动这种选举的只能是私人的、自私自利的动机。……（不过）当人们共同思考的时候，他们的思想从某种程度上说是共同体的产物。共同体作用于他们，用权威压制他们，约束自私自利的念头，将所有心灵都纳入共同的轨道。这样，如果选票不只是对个人的事物的表达，如果它们体现了集体心灵，那么，通常意义上的选民，就不再是由这样的个人组成：他们仅仅出于偶然的因素才聚集起来；他们彼此素不相识，也不会彼此形成各自的意见，他们只是单个地进行投票而已。相反，一个既定的群体必然具有自己的凝聚力和持久性，它们不只是在投票的那天才形成。很明显，法团与这种人们期望的结果是一致的。①

（二）韦伯：大众民主、官僚制与政治家的伦理

如上所述，在关于"政治"的根本价值上，韦伯的基本取向与涂尔干不同，是民族主义的："生死攸关的民族利益高于民主制和议会制统治。"但就在这句话的下面，韦伯紧接着指出："但是，如果议会制失败、进而旧制度复辟，也的确会产生影响深远的后果。……人们将不得不永远放弃对于德国未来的任何重大希望，不论等待我们的是什么样的和平。"而在《德国的选举权与民主》一文的结尾处，韦伯则更为痛切地指出，民主化进程受阻的代价，将是"德国的全部未来"——"到那时，大众的全部活力都将投入到反对这个国家的斗争之中，因为这个国家只是将他们当做纯粹的客体，他们无缘共享这个国家。某些圈子大概会很乐于看到这种必然

---

① 涂尔干：《职业伦理与公民道德》，第110～111页。

的政治后果。但是祖国肯定会说，不!"① 也就是说，在韦伯看来，置身于今天这个时代，民族主义的目标只能通过民主的途径来实现。特别是对于像德国这样一个从长期积弱中骤然崛起为经济大国的国家而言，民主化的任务就尤为迫切。韦伯注意到，一个长期积弱的落后民族在经济上的突然崛起隐含着一个致命的危险，那就是加速暴露落后民族特有的政治不成熟，这突出地体现在在经济崛起时社会的主导政治力量抱定韦伯所谓的"目光短浅的'法律和秩序市侩'"② 态度，一味强调秩序和稳定而一再延误政治改革的时机，从而将大多数国民排除在政治过程之外。在韦伯看来，精英垄断的政治只有在经济发展缓慢、社会尚未分化、社会整合主要依赖传统宗教和道德的前现代社会才有可能，而在经济的高速发展已促使社会高度分殊化的现代社会，将大多数国民排除在政治过程之外，势必导致民族在社会离心力的作用下走向涣散。要防止这种趋势，唯有以一种新的政治机制使国民大众参与到政治过程之中，以政治向心力克服社会离心力。③ 这种政治机制，在韦伯看来，只有赋予公民以"平等选举权"的民主制："平等选举权……意味着，在社会生活的这个环节上，个人这次不是像在其他任何地方那样根据他所特有的职业地位或家庭地位被看待，也不是根据物质与社会处境的差异被看待，而是直截了当地被看做一个公民。这意味着国民的政治统一，而不是隔离不同生活领域的分界线。"④ 可见，尽管在对于"民主"本身的理解上，韦伯与涂尔干不同，但他与涂尔干一样，把民主看成是促成现代社会（民族）整合的不二途径。

不过，肯定大众参与的民主对于现代社会整合、对于民族走向"政治成熟"的意义只是一个方面，另一个方面是，依旧与涂尔干一样，韦伯注意到"大众民主"本身对于现代政治在他所理解和期待的正确方向与轨道上的良性运行来说也包含着巨大的威胁。韦伯指出：

① 彼得·拉斯曼、罗纳德·斯佩尔斯编《韦伯政治著作选》，第 110、106 页。
② 彼得·拉斯曼、罗纳德·斯佩尔斯编《韦伯政治著作选》，第 69 页。
③ 甘阳：《走向"政治民族"》，《读书》2003 年第 4 期。
④ 彼得·拉斯曼、罗纳德·斯佩尔斯编《韦伯政治著作选》，第 85 页。

大众民主使国家政治面临的危险首先在于情感因素将主导政治这样的可能性。"大众"本身（且不论特定情况下构成大众的是哪些社会阶层）只是考虑当下。经验告诉我们，大众总是容易瞬间就受到纯粹情感的和无理性的直接影响。……成功的政治——尤其是成功的民主政治——毕竟要依赖于冷静而清醒的头脑，进行负责任的决策时保持这样的头脑就更需要（1）参与决策的人数更少，（2）每个参与者以及他们所领导的每个人的责任更清晰。……从国家政治角度来看，无组织的"大众"，即街头民主，则是完全无理性的。①

韦伯此处对于"大众民主使国家政治面临的危险"的揭示，很容易让人想到前面所述涂尔干关于"民主的变体"的阐述。对于"大众"的"群氓化"或"暴民化"倾向，韦伯有着与涂尔干一样的，甚至更深的担忧与警惕。在韦伯看来，对于负责任的重大政治决策来说，大众是绝对不适合的。大众具有两方面的特性，一方面大众是被动、无力独立行动、不能行使主权而易于被人煽动蛊惑的，另一方面，大众又是极易被眼前的利益，被当下非理性的情感所支配和驱使的。而重大的政治决策，能够真正着眼于"政治的终极决定性价值"、衔负起政治的历史使命的重大决策，则需要决策者不仅具有远大的眼光和抱负，还要具有审时度势的冷峻头脑、清明理性。因此，政治决策不仅不能交给短视的大众来做出，而且从根本上讲，还不能受到这些非理性的、受当下情绪支配的大众的滋扰左右。

确实，作为"近代大众民主制之必然的伴随物"② 的官僚制在一定程度上可以平衡、克制大众非理性的冲动与激情。官僚制的突出特点是其技术上的优越性。作为法理型支配的最纯粹方式，官僚制通过一个现代化的官僚集团，依据清楚明白的组织规则进行"例行化"的行政管理工作。组织内部的官吏，通过既定的标准选拔、组织起来并遵照规则进行工作，由此保证行政执行有效性、可靠性，维护国家治理的稳定性、可预期性。因

---

① 彼得·拉斯曼、罗纳德·斯佩尔斯编《韦伯政治著作选》，第 185~186 页。

② 韦伯：《韦伯作品集 III：支配社会学》，康乐、简惠美译，广西师范大学出版社，2004，第 58 页。

此，"官僚制发展得愈是完美，就愈被'非人性化'，换言之，亦即更成功地从职务处理中排除爱、憎等等一切纯个人的感情因素，以及无法计算的、非理性的感情因素"①。不过，作为现代政治之与大众民主并行的另一特征，理性化、非人性化的官僚制尽管能够在一定程度上克制、平衡大众的非理性情感冲动，但是，就官僚制本身而论，它只是一架"机器"（apparat），它所真正适合的是"行政"，而不是"政治"——"官僚制乃是一件精密的机器，可以供极端不同的利益……所支配使用"。从本质上，官僚制这种机器本身不能、不适合于选择决定其运行所为的利益方向，而政治的首要任务，在韦伯看来，恰恰就是抉择利益方向，特别是要立足于历史的有效性，做出有关民族国家根本利益的抉择。因此，官僚制的发展扩张，在克制、排除非理性情感因素在社会政治生活中的影响的同时，也极有可能导致行政吞噬政治，换言之，就是官僚团体利用技术上的优势建立起自己对政治过程的控制，并借此增进自己的利益，而民族国家则迷失了真正的政治方向。在韦伯看来，当时的德国就处于这种状态。

政治决策不能交给短视而冲动的大众来做出，甚至不能受其影响；寄生于官僚机器中的那些"靠政治谋生"、毫无理想和信念的技术和行政官吏同样不适合真正的"政治"决策，而只适合从事"无党派立场的'行政管理'"。② 韦伯认为，只有具有高超的智慧、坚定的信念和远大目光的、"以政治为生命"而不是"靠政治谋生"的真正的政治家，才能担当起民族的历史使命，才是做出"政治"决策的合适人选。但现实的问题是，从德国的特定历史情境看，俾斯麦长期的铁腕统治造成了德国民族普遍的政

---

① 韦伯：《韦伯作品集 III：支配社会学》，第 46~47 页。在这里，实际上包含着韦伯对于官僚，无论是事务官吏（fachbeamte）还是政务官吏（politische beamte）的德性要求，那就是要"无恶无好"（sine ira et studio）地从事他的职务："官吏的荣誉所在，是他能够出于对下命令者的责任，尽力地执行上级的命令，仿佛这命令和他自己的信念、想法一致。即使他觉得这命令不对，或者在他申辩之后，上级仍然坚持原来的命令，他仍然应该如此。没有这种最高意义之下的伦理纪律和自我否定，整个系统便会崩溃。"（参见韦伯《学术与政治》，第 76 页）当然，这里潜藏着一酿成艾希曼式的"平庸的恶"的风险，这是现代性政治，甚至现代性本身所内在地携带的一个病毒。对此的分析，可参见冯婷《通向"恶的平庸性"之路》，《社会》2012 年第 1 期。

② 韦伯：《学术与政治》，第 76 页。

治冷漠和不成熟，抑制了真正政治家的产生，以至于在这个"伟大的容克"下台数十年后始终连一个像样的继承人都找不到。从"就职演讲"开始，一直到发表《德国的选举权与民主》《新政治秩序下的德国议会和政府》《以政治为业》等政论和演讲的晚年，韦伯一直念兹在兹的一个中心问题是，在现代社会中，这种既能够担当起民族国家的历史使命又能以巨大的感召力吸引民众追随而将其理想付诸实践的真正的政治领袖从何以及如何产生。稍稍熟悉韦伯政治著作的读者都知道，韦伯对此的基本思想糅合了大众普选、官僚制和强议会制的领袖民主制：大众普选在通过普遍的政治参与促进民族的政治整合、政治成熟的同时可以使当选政治家获得"克里斯玛"的权威从而产生恺撒式领袖；获得"克里斯玛"的权威的恺撒式领袖能够摆脱官僚制的掣肘，并能驱使它服务于他的目的，从而实现领袖"挟官僚机构"而治；而强议会，则是现代社会中政治领袖的训练基地。

如果说，在韦伯看来，只有"克里斯玛"式的领袖，只有"以政治为生命"的政治家才能赋予政治以活力、方向和价值目标，才能担当起民族的历史使命，那么，接下来最后的一个问题是当恺撒式的政治领袖掌握了巨大的权力之后，当一个民族由一个天才政治家来统治之后，会不会又重复俾斯麦统治德国的情形呢——"对一个政治家的人格毫无节制的赞美，竟导致一个骄傲的民族那么彻底地牺牲了自己的客观信念"①。或者，从政治家的方面说，他该如何来看待和使用他手中的权力？他会不会将它看作自己的私有物，看作为自己谋取私利、满足自己个人欲望的便利手段？或者他会不会在"虚荣心"的驱使下"变成一名演员，对于自己的行为后果承担责任满不在乎，只关心自己的表演给人们的'印象'……像暴发户一样炫耀权力，无聊地沉浸在权力感之中"②？对此的忧虑使韦伯终于转向了对政治家之伦理的思考：政治家"要具备什么素质，才有望正确地使用这种权力？……他怎样才能正确履行这种权力加于他的责任呢？……一个人，如果获得允许，把手放在历史的舵盘上，他必须成为什么样的

---

① 彼得·拉斯曼、罗纳德·斯佩尔斯编《韦伯政治著作选》，第111页。
② 韦伯：《学术与政治》，第102页。

人呢?"① 韦伯的回答就寄寓在他对于"信念伦理"和"责任伦理"的著名区分中。

> 我们必须明白一个事实,一切伦理取向的行为,都可以受两种准则中的一个支配,这两种准则有着本质的不同,并且势不两立。指导行为的准则,可以是"信念伦理",也可以是"责任伦理"。这并不是说,信念伦理就等于不负责任,或责任伦理就等于毫无信念的机会主义。当然不存在这样的问题。但是,恪守信念伦理的行为,即宗教意义上的"基督行公正,让上帝管结果",同遵循责任伦理的行为,即必须顾及自己行为的可能后果,这两者之间却有着极其深刻的对立。②

政治家应该遵循哪一种准则?是"信念伦理",还是"责任伦理"?如果说这个世界是一个具有伦理合理性的世界,即所谓"善果者,惟善出之,恶果者,惟恶出之"的世界,那么信念伦理是合理的选择。你只要秉着真诚良善的信念去行善,上帝自会掌管与此相应的结果。但是,这个世界恰恰陷于伦理非理性的泥沼之中。特别是政治这个领域,如前所述,权力斗争是其本质,暴力是其决定性的手段。这些都与"恶魔"的势力联系在一起。对于政治家的行为,"真实的情况不是'善果者惟善出之,恶果者惟恶出之',而是往往恰好相反"③。既然如此,如果上帝从这个世界中隐退,不再负责这个世界中的行为结果,那么唯有政治家自己对自己的行为担当责任。

问题是,在韦伯看来,怎样才算对自己的行为担当责任?在分析韦伯对责任伦理和信念伦理的划分时,当代著名的韦伯诠释者施路赫特指出:"一项行动,若是期望在责任伦理的角度上获得道德的地位,就必须同时满足两项条件。首先,该行动必须产生于道德信念;其次,它必须反映出

---

① 韦伯:《学术与政治》,第100页。
② 韦伯:《学术与政治》,第107页。
③ 韦伯:《学术与政治》,第110页。

这样一种事实：自身深陷于伦理上属于非理性的世界的泥沼之中，从而对善可以导致恶这一洞见深表赞同。换句话说，这种行动必须从道德信念的角度证明自己的正当性，而且还要从对可预见后果的估价方面证明自身的正当性。"① 前者乃"信念价值"，后者乃"效果价值"。如果信念伦理的遵行者担当的是单一的信念价值，那么责任伦理则要求政治家的行动必须同时承担双重的价值。他必须承诺信念价值，因此，责任伦理不等于"毫无信念的机会主义"，恰恰相反，对自身义务之最高信念是责任伦理的首要前提，对于在既定的历史时代里投身于现实政治的政治家来说，他必须把从民族的历史命运推导而出的政治价值，把民族（国家）交托于他的历史使命作为他个人的"绝对义务"。他同时必须承诺效果价值，他必须清醒地认识到，在一个伦理非理性的世界中，纯正的信念并不能保证良善的后果，因而在采取每一个行动时，都必须关注它与可能的、可预见的结果之间的关联。韦伯认为，政治家需要三种决定性的素质：激情、责任感和恰如其分的判断力。如果说，激情和责任感在某种程度上都来源于对自身义务之最高信念，那么，恰如其分的判断力则联系着对效果价值的真诚承诺。总之，"一个成熟的人（无论年龄大小），他意识到了对自己行为后果的责任，真正发自内心地感受着这一责任。然后他遵照责任伦理采取行动，在做到一定的时候，他说：'这是我的立场，我只能如此。'这才是真正符合人性的、令人感动的表现。……就此而言，信念伦理和责任伦理便不是截然对立的，而是互为补充的，唯有将两者结合在一起，才构成一个真正的人——一个能够担当'政治使命'的人"②。

三 "政治成熟性"的道德维度

"一个能够担当'政治使命'的人"，仔细体味，韦伯的这句话实际上

---

① 施路赫特：《信念与责任——马克斯·韦伯论伦理》，李康译，载李猛编《韦伯：法律与价值》，上海人民出版社，2001，第313页。

② 韦伯：《学术与政治》，第116页。

包含着两个层面的意思：第一，政治有自己的特定的使命，对这种使命的正确把握和履行是政治本身之道德正当性的基础；第二，能够担当起这种"政治使命"的人必须承诺特定的伦理，必须具有某种必需的政治德性。尽管，对于第二个方面，在一定程度上受其自身对现实政治那种不可遏制的献身感的影响，韦伯在此主要是针对那些准备"以政治为生命"的政治家而言的，不过，如果我们将其扩展到所有当其作为"政治的"参与者的人，或者说公民，那么，这两个方面实际上就是政治之关乎道德的两个最基本的方面，即政治的正当性与政治参与者的伦理精神。或者，借用韦伯所说的"政治成熟"的概念，就是从道德的维度看一种现实的政治是否成熟的两个基本方面。

需要说明的是，说"借用"意味着：一方面，这是韦伯的概念，不能完全脱离韦伯赋予它的意义，因此首先需要在韦伯的语境中来对"政治成熟"做语境化的（contextualized）诠释；另一方面，又要尝试对它进行适度的去语境化的（decontextualized）的使用，赋予更一般的意义，特别是要使其从韦伯在使用这概念时常常让人感觉到的强烈的"国家理由"意涵中解脱出来，以适用于更为一般的政治观察和评价——在本文中，自然是适用于更为一般的对政治成熟之道德维度的省察，适用于这一维度下涂尔干与韦伯的比较。当然，对于这个概念的"借用"，也包含着另一种希望，希望将"政治成熟"这一词从今日之汉语日常使用的意义中解脱出来，消除其犬儒与庸俗含义。而为了避免以要么成熟要么不成熟这样简单的两分法来省察政治成熟与否，而把政治成熟与否看成是具有不同程度的问题，在此不妨采用"政治成熟性"这一表述，以使这一概念更适用于一般的政治观察和评价，适用于普通的"政治的"参与者。

"政治成熟"是韦伯从1895年的"就职演讲"到1919年的《以政治为业》一直关注和思考的问题。在不同时期，由于现实政治情势的影响，韦伯对此思考的侧重点有所不同，其对于"政治成熟"的具体表达呈现先后的变化。不过，梳理这种变化，还是可以概括韦伯关于"政治成熟"的基本思想。有学者将韦伯关于"政治成熟"的思想概括为三个层面，即文化政治的政治成熟、权力政治的政治成熟和技术政治的政治成熟。① 应该说，这种梳理对理解韦伯的"政治成熟"概念不无启发。不过，着眼于上面所说的使"政治成熟"或"政治成熟性"这一概念"适用于更为一般的政治观察和评价"的目标，笔者在此更倾向于从"政治"作为一个相对独立的特定领域的角度来诠释韦伯关于"政治成熟"的思想。而从这种角度，笔者认为，"政治成熟"或"政治成熟性"实际上可以分为三个彼此联系的层面。第一，作为一个相对独立的领域，政治有自己的、不同于其他领域的价值目标和追求。在《宗教社会学文集》第一卷的"中间考察：宗教拒世的阶段与方向"中，韦伯提出了现代人的六个基本的"价值领域"，即经济、政治、宗教、审美、性爱和知性，这些领域中的价值是无法彼此化约的。政治的价值不同于其他领域的价值，当然也就不能与其他领域的价值化约。政治成熟的第一个层面，就是清楚地领悟到这一点，进而能够认识把握这种特定"政治的"的价值目标。而政治的不成熟则意味着，要么是彻底的政治冷漠，从根本上疏离政治，要么无力认识把握政治的价值目标，把政治价值化约为其他价值。在"就职演讲"中，韦伯批评在德意志民族统一完成以后的德国"充斥'政治厌倦症'，新生代德国市民阶级尤其钟情于一种德国特有的'非历史'与'非政治'的精神，陶醉于眼下的成功而只求永保太平世界"，批评"庸俗政治经济学"那种"技术主义"的"非政治化"，只知"以不断配置普遍幸福的菜谱为己任"，"加油添醋以促成人类生存的'愉悦平衡'"，② 这就是政治不成熟。第二，作为一个相对独立的领域，政治有自己的、不同于其他领域的运行法则，而作为运行于现代世界中的现代政治，其又有着不同于传统政治的运行法则。前者主要体现在政治的权力斗争本质，体现在暴力的使用是政治的决定性手段；后者则体现在大众参与的民主制以及高度理性化的现代官僚制。政治成熟与否的第二个层面，就是是否以及多大程度上对此有清醒的意识，是否以及多大程度上能把这种法则作为无法回避、必须直面的

① 李永晶：《走向共识：韦伯的政治社会学与"政治成熟"论》，载高全喜主编《大观》（第6卷），法律出版社，2011。
② 韦伯：《民族国家与经济政策》，第89~90、102页。

现实加以接受，并围绕着上面所说的"政治的价值"而在冷峻务实地在这种法则下使政治有效地运行起来。第三，与上述两个层面相联系，作为一个相对独立的领域，衡量评价政治过程之参与者的行为有着与衡量评价其他领域中的行为所不同的特定原则或标准。因此，第三个层面的政治是否成熟就是，无论是作为行为者，还是作为观察者，是否能够清楚地认识、使用、贯彻这种"政治的"评价标准或原则，还是会自觉不自觉地以适用于其他领域的标准、原则来要求、期待、评价人们的政治行为。

如果我们将上述三个层面看作观察衡量现代政治成熟与否的三个一般性的层面（即尽管不同国家的现实政治因其所处情境的不同而在价值目标等方面必然有所区别，但作为运行于不可避免地彼此关联的现代世界中的现代政治，都可以从这三个层面来观察其成熟性），那么，从道德的角度来分析这三个层面，则实际上凸显了衡量"政治成熟性"的两个道德维度，那就是上面所说的政治本身的道德正当性与政治运行过程之参与者的伦理德性。第一个层面即"政治的"价值目标关联着政治本身的正当性：这一维度上的政治成熟意味着能够理性认知、准确把握这种价值目标。而全部三个层面又共同对政治参与者提出了必需的伦理德性上的要求：这一维度上的政治成熟意味着能够自觉地使自己合乎这种要求。

回到涂尔干和韦伯的比较，从前面的叙述可知，在上述这两个道德维度上，作为分处法德两国不同的思想传统和历史命运之下、又分享着共同的现代性时代背景的经典社会学两大家，涂尔干与韦伯关于政治的价值目标与政治参与者应具备什么样的伦理德性，既呈现思想上、取向上明显的分殊，但又有着关切点和思路上的重叠互通。

关于"政治的"价值目标，置身于启蒙运动，特别是法国大革命之后共和主义和保皇主义长期对峙的法国，面对普法战争的战败所暴露的法国社会内部危机，涂尔干旗帜鲜明地反对极端民族主义，而将"解放个人"、"创造、组织和实现"个人的公民权利，以完成法国大革命所启动的事业，促成在"道德个人主义"基础上从传统社会秩序向现代工业社会秩序的转型，视作政治社会之最高权威的国家的目标，也就是法国之"政治的"价值目标。也就是说，作为道德个人主义的公民权利，是"政治"在伦理的世界中的"家园"，现实的"政治"，唯有在这一价值目标之下运行，其本身才具有正当性，才算把握住了"政治的"正确方向，才显示出其在这一维度上的成熟。与此不同，置身于德国当时的时代背景——俾斯麦以铁血手段在旧体制下完成了德国的统一，在普法战争中战胜了法国，德国的经济超过了英法，成为除美国以外世界上最发达的资本主义国家，韦伯在"政治的"价值目标取向上明确坚持"国家理由"，旗帜鲜明地以民族主义为立场，把德意志民族国家的实体性权力作为政治的"终极决定性价值"，作为现实政治之正当性的判准，明确并不动摇地把握和坚持这一点，是政治是否成熟的一个重要标志。显而易见，在关乎现实政治之道德正当性的"政治的"具体价值目标取向上，韦伯与涂尔干站在几乎完全对立的立场上。不过，这种对立并不否定两者之间存在的相通性。这并不仅仅在于涂尔干和韦伯都重视"政治的"价值目标取向这一对于现实政治的运行具有根本性意义的问题，更在于，他们都是联系自身所置身的具体历史语境，从民族国家的"时代命运"推导出现实政治的使命。施路赫特曾指出："伦理价值维系着绝对义务观，而政治价值维系着历史义务观。……政治价值观是成为行动原因并与集合体相维系的某种历史的有效性。"[1] 易言之，在宗教式微、地上的政治不再衔负天国的使命之后，"政治的"的使命是一种历史的使命，要从具体国家所处的具体历史的要求中推导而出。可以说，对此，涂尔干和韦伯都有着高度的自觉，尽管他们表面上对于政治家价值目标的具体取向可谓彼此对立，但体现的都是对现实政治的历史使命意识。"政治的"的使命是一种"历史的"使命，或者说，"时代的"使命。实际上，不仅对当时的德国、法国来说是如此，对于当今世界的任何一个国家来说，也同样如此，无论是对内的政治还是对外的政治。历史的使命是随着历史的推进而推进的，就此而言，从"政治的"道德正当性

---

① 施路赫特：《信念与责任——马克斯·韦伯论伦理》，李康译，载李猛编《韦伯：法律与价值》，第 272 页。

来看国家的政治成熟与否，实际上意味着，能不能联系历史的进程来承担起政治的历史使命。

　　"政治的"价值目标关系着政治本身的正当性，关系着"政治"的"正确性"，政治参与者的伦理德性则关系着政治能否在"正确的"价值目标取向上有效地运行，关系着现实政治运行的有效性。如本文一开头所指出的，政治是由人来运作的，也是在由人构成的社会中运作的，人的德性状况必然关联着政治的运行，在道德上不成熟的公民、官员、政治家，不可能造就成熟的现代政治。当然，关键是，成熟的现代政治要求公民、官员、政治家这些不同的政治参与者具备怎样的基本政治德性？在这方面，涂尔干和韦伯的思想都针对一个共同的时代现象展开，这个时代现象就是大众参与的民主政治（当然，对于韦伯来说，还有一个"官僚制"的问题）。他们都认识到并肯定大众参与对于现代政治有效运行的动力意义：对于涂尔干来说，这种参与（包括参与投票选举）是公民和国家之间进行有效沟通，增进政治社会的团结，进而使思考、反思和批判精神能够在政治事务中发挥重要作用的根本途径；对于韦伯来说，这种参与既是促进民族的政治整合、走向现代"政治民族"的基本途径，也是使能够担当起国家之政治使命的政治领袖获得"克里斯玛"权威的不二途径。因此，一般意义上的参与精神，而不是冷漠疏离，无论对于涂尔干还是韦伯来说，都是成熟的现代政治所首先要求于公民的基本德性（当然，相比于涂尔干，韦伯更多地以工具性的角度来看待这种参与）。但是，与此同时，他们也都敏锐地注意到大众参与的民主所潜在地包含的对于政治之有效运行的威胁。这种威胁的关键在于，仅仅作为"个人的总和"的大众，一方面往往是情绪化的、冲动的，另一方面其释放出来的又通常是"只与自身相关"的利己主义。在涂尔干看来，国家与"乌合之众"的直接碰撞要么导致国家为"乌合之众"的利己主义冲动所裹挟，要么，作为纯粹外在的他者与个体对立；在韦伯看来，政治若在"无序的民主"下受到这些非理性的、受当下情绪支配的大众的滋扰，则必然迷失其正确的方向。如何克服这种共同的威胁？从前面的叙述中可以看出，涂尔干与韦伯所关注的侧重面是不一样的。涂尔干关心的是如何使构成大众的利己主义个体得以"道德

化",即重建国家与个人之间的各种中介组织,特别是职业法团,将原子
化的个体吸收进这些中介组织,以此培植形塑个体的"集体心灵",也就
是公民德性、公共精神,从而确保现代民主不至于滑向"民主的变体"。
而韦伯,基于其在"政治上"对大众民主和大众本身所持的"工具主义"
态度(即大众民主、大众本身只是产生领袖的途径),他将关注的重心放
在属于少数的掌握权力的支配者一方,即官僚和政治领袖一方,特别是政
治领袖。官僚的德性,就是要"无恶无好"(sine ira et studio)地从事他的
职务,以不折不扣地执行上级的命令为自己的根本荣誉,而政治领袖则要
掌握政治方向,做出政治决策,须以兼顾"信念价值"和"效果价值"的
责任伦理约束其对于权力的使用。也许,分开来单独看,涂尔干和韦伯各
自都只涉及了一个侧面,不免各有所偏,而且这种"所偏",显然与涂尔
干和韦伯分别所处的近代以来法德不同的政治和政治思想传统密切相关。
不过,如果我们脱离开涂尔干和韦伯的具体而特定的语境,并且在经历了
现代不同形态的极权主义灾难和痛苦之后以"事后诸葛亮"的眼光来看他
们各自的所偏,那么,也许我们不能不说,相比于涂尔干,韦伯的所偏显
然更引人注目。确实,韦伯对于领袖责任的强调一定程度上可以使他免于
受到"为希特勒铺下了康庄大道"的指责,而且,像卢卡奇、雅思贝尔斯
等与韦伯有过深切直接交往的人也都为他做了辩护。[①] 但是,一方面,韦
伯对大众民主的工具主义态度确实隐伏着走向"选举专制"(electoral dic-
tatorship),即对选举出来的领袖失去了有效的约束的可能;另一方面,韦
伯对于普通公民作为国家主人之政治责任意识的淡化处理则弱化了公民积
极的政治参与,从而使其"公民身份"停留于消极的形态中——在当代公
民身份理论家兼微博研究者布雷恩·特纳的分类中,德国是消极公民身份
的典型——而且,韦伯关于官僚之合适德性的观点,在一定程度上潜藏着
一个酿成艾希曼式的"平庸的恶"的风险。[②] 而在这些方面,涂尔干对于
中介组织之功能,对于具有公共精神的积极公民的重视和强调在某种意义

---

① 雅思贝尔斯:《论韦伯》,第 126 页;G. Lukacs, *Record of a Life: An Autobiographical Sketch* (London: Verso, 1983), p. 176。
② 冯婷:《通向"恶的平庸性"之路》,《社会》2012 年第 1 期。

上正可以纠偏补缺。① 因此，如果我们脱离开涂尔干和韦伯的具体而特定的语境，而从一般的角度着眼于现代政治成熟性的道德维度，那么，我们或许不妨将他们综合起来而笼统地说，成熟的现代政治，是由具有公民道德、公共精神的公民和兼具激情、远见和高度责任担当的政治家共同打造的。当然，公民和政治家的这种政治德性不是凭空而来，而是在特定的现代政治制度架构下通过实际的政治参与、政治实践——如投票、结社、议会与公共辩论等——培育、历练、锻造出来的。

---

① 对此，从阿伦特对于"行动"的思考（阿伦特：《人的条件》，竺乾威等译，上海人民出版社，1999）、哈贝马斯对于"公共领域"的考察（哈贝马斯：《公共领域的结构转型》，曹卫东、王晓珏、刘北城、宋伟杰译，学林出版社，1999）、鲍曼对于"公共空间"和公民"问的技艺"的思索（鲍曼：《寻找政治》，洪涛、周顺、郭台辉译，上海世纪出版集团，2006）、赫斯特对于"结社民主"的构想 [P. Q. Hirst, *Associative Democracy*: *New Forms of Economic and Social Governance* (Cambridge：Polity Press, 1994)]，乃至米尔斯对于"公众与大众"的辨析（米尔斯：《社会学的想象力》，陈强、张永强译，生活·读书·新知三联书店，2001）等中，都可以得到佐证。

第二章
结构、情感与道德

　　人类道德既有跨越特定时代、超越具体社会的恒常的一面，又有与特定时代、社会紧密相连的变易的一面。前者从古今中外许多道德楷模为不同时代、不同社会的人们所共同景仰这一事实可得到证明；后者则可以见证于下面这一事实：今天视为天经地义的事情在过去可能是离经叛道，在这个社会被认为极其正当的行为在另一个社会则可能是不可饶恕的罪过。在上一章中，通过对一些重要的社会学学者关于道德现象的研究思考的介绍分析，我们看到，道德社会学习于联系特定的社会结构形态来探讨道德的根源、运行和功能，因而更擅于分析考察后一方面，即道德随社会转型、时代变迁而转型变迁的一面。不过，同样是以社会结构形态为视角，具体的分析考察也有不同的进路。情感进路即是道德社会学分析道德现象的一条重要进路。在论及黑格尔关于恶是历史发展的动力的表现形式的观念时，恩格斯说："每一种新的进步都必然表现为对某一神圣事物的亵渎，表现为对陈旧的、日渐衰亡的、但为习惯所崇奉的秩序的叛逆。"① 这句话蕴含着两个方面的信息：第一，善恶观念、道德秩序随历史时代的变迁而变迁；第二，其"神圣""亵渎""崇奉"等措辞显示了道德现象紧密联系着人们的情感因素。以情感为进路的道德社会学即从道德的情感性、情感的社会性来探讨作为社会事实的道德现象及其变迁。

---

① 恩格斯：《路德维希·费尔巴哈和德国古典哲学的终结》，载《马克思恩格斯文集》（第4卷），人民出版社，2009，第291页。

第一节　道德的情感性：从道德哲学到
道德社会学

在最通常的意义上，道德即人们共同生活中关乎善恶、对错的行为法则、规范以及相应的人性人心状态。对于道德法则、道德观念、道德行为的思考构成了道德哲学最基本的内容。罗尔斯曾指出，现代道德哲学有三个问题。第一，道德秩序是依赖于一个外在的来源，还是以某种方式产生于作为理性、情感或两者兼是的人类本质自身？它是否产生于我们在社会中一起生活的需要？第二，是只有少数一些人能够直接掌握道德知识，形成道德意识，还是凡是具有正常理性能力和良知的人都能够做到这一点？第三，我们究竟是必须通过某个外在的力量才能被说服、被迫使与道德要求保持一致，还是擅于自我约束，从而在本质上具有充分的动机引导自己去做该做的行为，而不需要外在的引导？[①] 其中第一个问题就涉及道德与"理性""情感"的关系，或者说，人类道德行为的心智属性。在这方面，在西方近代道德哲学中大体有两种观点，可分别以休谟和康德为代表。[②]虽然，在对上述三个问题的回答上，休谟和康德都倾向于认为道德秩序产生于人类自身本质，产生于人类共同生活的要求；都认为所有具有正常理性能力和良知的人都能获得道德知识、道德意识；也认为人类能够自我约束，并被自我引导着去做该做的事情。但是，在关于道德的心智属性从根本上是理性的还是情感的这个问题上，他们则成为彼此对立的双方。休谟（还有弗朗西斯·哈奇逊、亚当·斯密等也基本属于这一阵营）立足于经验主义，建立了一种情感主义的道德哲学，认为："道德这一概念蕴涵着某种为人类所共通的情感。"[③] 他把道德建立在快乐与痛苦的情感上，认为

---

① 罗尔斯：《道德哲学史讲义》，张国清译，上海三联书店，2003，第 14 ~ 15 页。
② 李泽厚：《伦理学纲要》，第 124 ~ 125 页。
③ 休谟：《道德原则研究》，曾晓平译，商务印书馆，2001，第 124 页。

道德关心的是使人幸福、实现他们反思之后的欲求，因此，"只要说明快乐或不快乐的理由，我们就充分地说明了恶和德"[①]。而理性只是一种帮助他们实现欲求的手段，是情感的奴仆，理性决不能单独成为任何一种意志活动的动机。而且，理性在单独指导意志行动时决不能反对情感，因为与一种情感相对立的只能是另一种情感，而没有一种情感或冲动能够从单独的理性中产生出来。休谟还把情感分为"强烈的情感"和"平静的情感"，我们平常所谓的情感，实际上指的是特别适宜于刺激起欲望的强烈的情绪，如饥、渴、仇恨、恐惧、悲痛、欢乐、爱、妒忌、怜悯等，但还有一种"平静的情感"，如慈爱、同情、热爱生命、友善、美感、对福祉的一般企望等。后一种情感在起作用时比较平静，因此常被误认为是"理性"。[②] 休谟认为，道德正是建立在我们对他人苦难的同情这种情感的基础上，建立在感同身受的基础上，情感性是道德的基本心智属性，人类的情感不同，道德原则和道德行为便不同。与休谟不同，康德虽然在知识论上受休谟的深刻影响，承认后者的怀疑论打破了自己的独断论美梦，但是他拒绝休谟不可知论中所蕴含的反理性主义，相应的，在道德哲学上拒绝休谟的情感论。康德从形式主义的绝对主义出发，拒绝休谟基于经验主义的观点，认为道德关心的并非简单地使人幸福、实现他们的欲求。他区分了两种实践法则：出乎幸福动机的实践法则和出乎使自己值得幸福的动机的实践法则。前者为实用法则，后者才是道德法则。道德哲学不是对如何获得幸福的研究，而是对我们该如何行动才值得我们获得的幸福的研究。而作为与任何条件都无关的本身善的"善良意志"，则是值得幸福的不可缺少的条件。善良意志是绝对的、无条件的善，它所特有的、无可估量的价值，正在于它的行动原则摆脱了一切只由经验提供的偶然原因的影响，而在理性意志主宰下使道德行动者的行动服从绝对的道德律令。因此给道德奠定基础的不是具有偶然性、变异性的情感欲求，而是我们的理性意志，理性作为某种先验的、对一切理性存在者都具有普遍约束力的东西，才是

---

① 休谟：《人性论》（下册），关文运译，商务印书馆，1997，第511页。
② 罗尔斯：《道德哲学史讲义》，第36～42页。

人类道德行为的基础。

这样，休谟强调道德的情感性，而康德则突出道德的理性。不过需要指出的是，当休谟说理性是情感的奴仆，理性不能单独地成为任何一个意志活动的动机，并且在单独指导意志行动时决不能反对情感时，他所说的理性乃是日后韦伯意义上的工具理性。而康德的道德理性是实践理性，属于韦伯所说的价值理性。这种理性以对于某种绝对价值、绝对律令的无条件的服膺、承诺、信靠为前提。因此，康德虽然拒绝了休谟基于经验主义的道德情感论，但又在一个更高的层面上肯定了一种"道德情感"，即"敬重"——道德法则是"最高的敬重对象"，"道德情感"就是"对于道德法则的一种敬重感情"。① 而最能体现"敬重"这种道德情感的，无疑当属康德那句著名的格言："有两种东西，我们愈经常愈反复地加以思索，它们就愈给人心灌输时时在翻新、有加无已的赞叹和敬畏：头上的星空和内心的道德法则。"②

值得一提的是，2021 年刚刚去世的李泽厚先生对于这两种观点做了某种程度上的综合。③ 总体上，李泽厚倾向于康德，强调道德的理性属性，不过，在总体上肯定道德的理性属性的同时，他又十分注重情感在人类道德行为中的地位作用。李泽厚将与道德关联的情感分作两个层面，即"道德情感"和"人性情感"。道德情感即康德所说的"敬重"。李泽厚认为，康德道德哲学的重大贡献"就在于他以绝对律令的先验形式突出了理性主宰、统治、支配人的感性作为、活动、欲望、本能这一道德行为的特性"④。正是这一特性，成就、表征了人之为人的根本，因此，他称此为"人性能力"，而作为因感到道德律令的正当性、神圣性而生的惊叹赞美崇敬之情的"敬重"，正是人性能力即道德理性本身所携带、伴生的情感，"它不是自然的好恶，而是有意识的理性情感"⑤。至于"人性情感"，就

---

① 康德：《实践理性批判》，关文运译，广西师范大学出版社，2002，第 65~72 页。
② 康德：《实践理性批判》，第 158 页。
③ 王小章：《道德的转型：李泽厚的道德社会学》，《杭州师范大学学报》（社会科学版）2021 年第 6 期。
④ 李泽厚：《伦理学纲要》，第 55 页。
⑤ 李泽厚：《伦理学纲要》，第 64 页。

是休谟所强调的同情、恻隐、不安、不忍、悲悯等，它们与动物性自然情欲相联系，但不同于自然情欲，而是自然情欲经过社会化、理性化的引导、教化、培育和发展的产物。"情"（人性情感）与"欲"（自然欲望）相连，"情"却不等于"欲"，大体可以这么理解李泽厚所说的"情"与"欲"的关系："欲"表达的是一种主客体之间的关系状态，欲望的主体对于欲望的对象所采取的是自我中心的工具性、功利性态度，因而，是非道德的（当然不一定是"反道德"的）；而"情"所体现的是一种主体间的关系。在人与人的关系中，欲可以通过一方对另一方的强制得到满足，但是爱情、友情却唯有在互爱之中实现。"情"固然联系着"欲"，但作为人与人的关系，它必须考虑、理解、照顾到另一方主体同样的"欲"，从而"己欲立而立人，己欲达而达人"，"己所不欲，勿施于人"。李泽厚认为，道德情感属于道德行为的"动力"，而"人性情感"，则构成道德行为的"助力"。

李泽厚在方法论上坚持历史唯物论，这使他对道德问题的一些思考具有一定的道德社会学的思维特征。不过，在总体上，他关于道德与理性、情感之关系的思考无疑属于哲学的范畴。比如，他点出了人性情感不同于自然欲望的"社会性"，但是没有更进一步具体地去考察分析这种人性情感在不同的社会结构、社会生活条件下的不同表现，也没有更进一步具体地去分析解释人们对于特定道德规范、法则的道德情感（"敬重"）如何随着社会条件的变化而变化。要解释、理解这些现象，进而从情感的进路认识道德随着社会结构、社会生活条件的变化而变化的方向，还需要进一步进入道德社会学的视野。实际上，通常被认为是道德社会学奠基者的涂尔干，在很大程度上正是有感于道德哲学的局限，才认为对于道德现象必须从社会学的角度来加以观察和研究。涂尔干认为，道德"是在集体需要的压力下形成和巩固起来的一套功能系统。一般意义上的爱，抽象的无私取向是不存在的。实际存在的是婚姻和家庭中的爱，友情的自由奉献，市民的自豪感，爱国主义和人性之爱；所有这些感情都是历史的产物。这是构成道德实质的事实。所以，道德哲学家既不能创造它们，也不能建构它们；他必须观察它们存在于什么地方，然后在社会中寻找它们的原因和条件"①。问题在于，道德哲学家恰恰从未将既定的、未经删减的道德实在的真实表现作为自己的研究对象，而是常常通过抽象凿空的思辨妄图构建一种与他们的前辈或同时代人所遵从的道德具有本质区别的新道德。他们从未去关心真正值得关心的问题，去发现道德是由什么或曾经是由什么构建起来的。因此，道德哲学家的学说大部分是没有价值的，唯有通过社会学对于"既定的、未经删减之道德实在的真实表现"的考察探索，才能发现构成道德生活的要素。②

说道德哲学家的学说大部分没有价值，肯定很多人不会同意。不过，在此不妨把道德哲学学说的价值问题先放到一边。为了从"道德实在"的层面上认识道德的情感性及其所受现实社会脉络的约束，进而从情感的进路认识道德随社会变化而变化的基本方向，我们且把注意力转向涂尔干所说的道德社会学。在第一章第一节中，我们通过涂尔干关于如何确定"道德事实"的叙说，分析说明了真实地存在、表现于特定的具体现实社会之中的"既定的、未经删减的道德实在"即道德事实的构成包含三个在现实运行中相互关联的层面，外在于社会成员个体的、客观的道德规范，个体的与道德规范符合程度不同的现实道德行为，以及社会公众针对道德行为做出的反应即道德舆论。当我们把目光从道德哲学对于抽象的道德律、对于德性的思辨转向作为道德社会学考察对象的、由具体现实社会中的道德规范、道德行为和道德舆论所构成的"道德事实"时，则不仅道德现象的情感特性更为鲜明，而且能够从经验的层面来思考探讨道德现象的情感因素。在特定的社会中，什么样的道德规范能够确立其神圣性或正当性，能够得到人们的敬重而激发起道德义务感、责任感？或者，什么样的道德规范会失去人们的承认而被轻慢甚至被亵渎？人们的道德行为除了出于义务的强制性，又受到什么积极情感的推动或消极情感的阻抑，什么样的社会结构形态有利于或不利于这些情感的形成和表达？不同的具体社会结构条件如何助长或抑制公众表达对于道德行为的情感反应如赞叹、敬仰、愤

---

① 涂尔干：《职业伦理与公民道德》，第 247 页。
② 涂尔干：《社会学与哲学》，第 82 页。

怒、鄙视？这些条件又如何强化或弱化个体对于公众的这些情感反应的感受？

　　道德现象的情感性将道德社会学的目光自然地引向情感的社会性，或者说社会结构以及相应的运行方式约束下的情感。与工具性、形式性的理性之倾向于"一视同仁"的恒常一律不同，人们的情感及其作用更倾向于因交往对象的不同而变化，也即更加受制于特定社会结构下人与人之间的具体关系或交往。"理"倾向于普遍，而"情"则倾向于因人、因事、因境而变。接下来，我们就从前述构成道德事实的三个层面，来阐释分别与这三个层面相关联的情感如何随现代性进程中社会结构性条件的变迁而变迁。不过，在正式进行这一工作之前，有必要先来说明一下。第一，这里所要陈说的，是这种情感变迁的基本方向或趋势，而不是要将传统社会（小共同体社会）的道德情感与现代社会的道德情感截然对立，这一方面是因为历史并未"终结"，变迁本身总是在过程之中，另一方面也是因为一些传统的道德情感尽管在现代社会从公共生活中销声匿迹了，但可能遁入或依旧保留在私人交往的小圈子中。第二，在阐释说明道德情感的这种变迁时，自然会涉及、引述一些经典学者的相关论述和思想，但这只意味着他们在与道德情感的这种变迁相关的论述上具有趋同性，而并不意味着他们之间在其他方面，乃至在基本的思想倾向上没有区别。比如，涂尔干与滕尼斯，前者竭力伸张与现代社会结构相应的道德个人主义，而后者则对传统共同体的道德表达有不尽的缅怀，并相信"本质的意志"（wesen-wille）经过哲学的升华能结合渗透到现代生活经验中，但是后者同样看到从"共同体"到"社会"以及相应的社会情感的古今之变基本的现实趋势。再如，涂尔干与鲍曼，众所周知，前者强调道德的社会根源，肯定所有的道德都是既定社会的产物，"在某个特定时代，想要获得一种不同于社会状况所确定的道德是不可能的。社会的本性蕴涵着道德，若想要一种与之不同的道德，就会否认社会的本性，结果只能否认自身"①，进而他认为，所谓道德的行为，就是遵从既定社会之道德规范的行为；而后者，在

---

　　① 涂尔干：《社会学与哲学》，第41页。

其《现代性与大屠杀》的"一种道德的社会学理论初探"一章中明确反对涂尔干这一观点，认为人类道德有"前社会的来源"[①]，并坚信，道德不等于遵守既定社会的伦理规范，不是对伦理规范负责，而是"对他人负责"，但后者同样非常深入地剖析了现代社会结构条件以及相应的运行方式对于传统意义上之道德情感的抑制和消解。在笔者看来，从学术立场、情感倾向、价值观念互有不同的学者们所做出的基本趋同的诊断分析，更能反映道德情感随社会结构、社会生活情态的演变而演变的基本趋势。

第二节　敬重感与社会结构

康德在说到"敬重"这种道德情感时，由于他将道德法则看作不由经验产生的、独立于感性世界的、先天被赋予的法则，对于道德法则的敬重心乃是"被理智的原因所产生的"，"我们能够完全先天地认识到并洞见其必然性的唯一感情"[②]，因此，他自然不会也无须从社会生活的经验中来考察这种敬重之情。但道德社会学不同，道德社会学将道德规范看作经验性的道德事实的一个层面，因此，对于道德规范的敬重也就必须被当作一种直接关系着这种道德规范的"可实践性"[③] 的、经验性的社会心理现象来对待。对于"敬重"这种道德情感，道德社会学提出的问题是：为什么有

---

① 鲍曼：《现代性与大屠杀》，第 224～229、234～240 页。

② 康德：《实践理性批判》，第 65、158 页。

③ 当从经验的层面上来检讨道德规范时，就必须考虑具体规范的"可实践性"。对于道德之"高尚"来说，向人们要求更多无私奉献的行为也许是值得欲求的，但是这样一种要求所造成的后果可能是道德绝望、过度的道德内疚以及无效的行动，因此，现代多数伦理学体系都会把人的局限性考虑在内。这种局限性就包括人的情感牵扯。实际上，涂尔干所说的道德的"可求性"特征，在一定意义上就联系着道德的"可实践性"，而阿尔伯特·赫希曼引用孟德斯鸠"他们的欲望让他们生出作恶的念头，然而不这样做才符合他们的利益"等，以分析说明现代道德通过"利益"制衡、驯服"欲望"来代替中世纪那种强调美德与善恶之战的、已经失效的道德说教，无疑更是突出了道德的"可实践性"（阿尔伯特·赫希曼：《欲望与利益：资本主义胜利之前的政治争论》，冯克利译，浙江大学出版社，2015）。

道德社会学的探索

些规范能够得到人们的敬重，从而把按照规范的要求行动看作自己义不容辞的责任或义务，而另一些规范则得不到这种敬重，反而被无视甚至亵渎？或者，为什么同样一种道德规范，曾经是那样地受到人们的敬重，而今却再也激不起人们半丝这种情感？

道德社会学从社会结构以及相应的社会运行方式及其变化中寻求答案。实际上，早在通常被认为是道德社会学奠基人的涂尔干之前，他的同胞前辈托克维尔就以实际上的道德社会学思维通过对"荣誉"观的考察探讨了这个问题。[①] 托克维尔将荣誉看作人们赖以获得尊重、赞美和尊敬的行为规范，本质上是根据一个人的地位来判定其行为之荣辱的，属于特定社会、阶级或集团的特殊的褒贬标准。作为一种被视为神圣不可侵犯的特殊道德规范，荣誉受到特定社会、阶级或集团成员的敬重尊崇，恪守遵从，则荣耀；冒犯背离，则羞耻。但是，托克维尔指出，这种受到特定社会、阶级或集团敬重、尊崇的褒贬标准，是在特定的社会条件下形成确立起来的，是与特定的社会结构形态相联系的，其根源就在于封建贵族社会本身的等级结构也是为维护这一等级结构的。而随着封建贵族社会的没落，民主时代的来临，这种曾经被视为神圣而倍受尊崇并激发出相关者深切情感的荣誉观，也消散了，即使偶尔还可以看到零星碎影，也不过是"像庙还存在，但已无人信仰的宗教"[②]，再也激不起人们的敬重之情，反而常常成为滑稽的笑料。

以更为自觉的社会学视角来分析这一道德情感现象的，无疑还是涂尔干。涂尔干认为，道德作为集体意识，与宗教存在"共有的特征"，道德包含着宗教的神圣感、崇敬感，从而对社会成员具有权威[③]，而这种权威的力量实际上来自社会本身："社会只要凭借它凌驾于人们之上的那种权力，就必然会在人们心中激起神圣的感觉。……社会之于社会成员，就如

---

① 王小章：《"民主社会"与道德——托克维尔之情感进路的道德社会学》，《浙江学刊》2022 年第 3 期。

② 托克维尔：《论美国的民主》（下卷），董果良译，商务印书馆，1991，第 781 页。

③ 涂尔干：《社会学与哲学》，第 52、77 页。

同神之于它的崇拜者。"① 在《宗教生活的基本形式》中，他还以澳大利亚土著之图腾仪式中的集体欢腾所产生的巨大情感能量，来说明凌驾于个体之上的集体意识（道德）及其对于个体之权威力量的社会性且情感性的起源。② 但是，社会的结构形态不一样，其对于个体成员之力量的作用形态也就不一样，从而，能够有效作用于社会成员，即能够为社会成员所认受、敬重、诚服的道德形态也不一样。在第一章中已经提到，在分工不发达的前现代"环节社会"，经济或职业生活的同质性以及与此相关的与外部世界的隔绝，导致了社会成员行为和精神的同质性，由此导致的，是一种从内容到形式到作用方式都独具特征的道德形态或者说集体意识——它的规范常常对社会成员的各种具体行为而不仅仅对一般的价值观做出严格的规定；它覆盖整个社会的所有成员；它很少给个体成员留下灵活机动的余地，甚至，由它所表征的集体人格完全吸纳了个体人格；它常常直接采取宗教的形式，社会成员对它深深地信服，并心怀无条件、无反思的崇敬之情。但是，这种道德形态以及人们对它的诚服、崇敬，如上所述，是建立在个体之间的相似性即社会的同质性基础上的，而随着社会分工在社会总量和社会密度增长的压力下向前发展，以及与之联系的与外部世界交往的增加，社会成员之间的异质性也不可避免地大大增加了。异质性使社会成员的个人人格、个人意识得到凸显："个人人格在社会生活中必然会成为更加重要的要素。个人所获得的这种重要地位，不仅表现在个人的个别意识在绝对意义上有所增加，也表现在它比共同意识更加发达。个人意识越来越摆脱了集体意识的羁绊，而集体意识最初所具有的控制和决定行为的权力也正在消失殆尽。"③ 原先与分工不发达的同质性社会结构形态相应的那种对人们的行为事无巨细地加以规定，涵盖、吸纳和压抑社会成员的个体意识、个体人格的道德，不再让人心悦诚服地接受，自然也就失去了人们曾经对它的那种无条件、无反思的尊崇、敬重。这是社会结构的变化所决定的。在与异质性的、凸显个体人格的社会结构条件相应的新道德

---

① 涂尔干：《宗教生活的基本形式》，渠东、汲喆译，上海人民出版社，1999，第54页。
② 涂尔干：《宗教生活的基本形式》，第289页。
③ 涂尔干：《社会分工论》（第二版），第128页。

（"道德个人主义"）确立之前，"失范"便不可避免。在《自杀论》的结尾处，涂尔干指出："我们在把以自杀的不正常发展归结为其症状的弊病称为道德上的弊病时，决不是想把这种弊病归结为可以用一些好话来消除的某种表面上的疾病。恰恰相反，由此向我们暴露的道德气质的变化证明我们的社会结构发生了深刻的变化。"① 换言之，在社会结构的深刻变化中跌落圣坛的那些旧道德规范，不是通过几句"好话"便能重燃人们对它的敬重之情的。

涂尔干"决不是想把这种弊病归结为可以用一些好话来消除的某种表面上的疾病"这句话，很容易让人联想到马克思、恩格斯在《德意志意识形态》中的一段话："共产主义者根本不进行任何道德说教……共产主义者不向人们提出道德上的要求，例如你们应该彼此互爱呀，不要做利己主义者呀等等；相反，他们清楚地知道，无论利己主义还是自我牺牲，都是一定条件下个人自我实现的一种必要形式。"② 如果说，在生产力低下、物质贫瘠、狭隘封闭的传统共同体条件下，个体只是"一定的狭隘人群的附属物"，只是"共同体的财产"③，几乎绝对地依赖、依附于"共同体"，在这样的条件下，"自我牺牲"是天经地义，或者说，在这样的条件下，所谓个体的"自我实现"，就是个体作为"共同体的财产"而任凭共同体使用，就是没有个体的"自我牺牲"，那么，在全面确立和肯定"以物的依赖性为基础的人的独立性"为特征的现代资产阶级社会，"自我实现"就只能表现为利己主义，任何"道德说教"都无法赋予已经随那"僵化的关系"的消逝而消逝的道德以生命力，无法召回人们对那已经被亵渎的道德的尊崇之情。

说到底，人们之所以从内心敬重某一规范，缘于这一规范在人们心灵中所具有的正当性，或者说，敬重本身是正当性的表征。而正当性来自人们对规范的认受（这种认受可以是自觉的，也可以是无意识的），归根结底则源于人们共同接受、认可、追求的价值，即规范承载、兑现了这种价

---

① 涂尔干：《自杀论》，第 369 页。
② 马克思、恩格斯：《德意志意识形态》，载《马克思恩格斯全集》（第 3 卷），第 275 页。
③ 马克思：《1857—1858 年经济学手稿》，载《马克思恩格斯文集》（第 8 卷），第 5、147 页。

值，或者规范本身直接就是人们共同认可、接受的价值。① 一旦规范与价值之间的这种连接或同一转变为断裂脱节，规范就失去其正当性而成为没有生命的躯壳，再也激不起人们的敬重之感。例如，传统的中国人一直来之所以谨遵恪守"礼教"，所谓非礼勿视，非礼勿听，非礼勿言，非礼勿动，就在于人们相信"礼教"体现、承载了人区别于禽兽的"人之为人"的价值，而一旦这种自觉认知或不自觉的、不言而喻的默会为"礼教吃人"的洞察所击穿，素来受人敬重的礼教也就面临被抛弃的命运，或者，只残留了强制而失去由敬重而来的心悦诚服。换言之，它将从人们的心灵中由在场转而退场缺席，这实际上就是涂尔干所谓"失范"的实质②。规范与价值的结合或同一，进而规范的正当性，不是一成不变的，随着社会结构以及相应的社会运行方式的变迁，原先支撑着规范之正当性的社会价值观——包括内容和表现形式——会变化乃至消失，相应的，人们对于特定规范的敬重、诚服之情，也发生变化。以前违背了这种规范，会产生内疚、负罪感，现在则没有丝毫心理压力。在这一点上，把社会看作道德事实又把道德看作社会事实的涂尔干与在方法论上坚持历史唯物主义的马克思、恩格斯并无根本不同③。涂尔干说："在某个特定时代，想要获得一种不同于社会状况所确定的道德是

---

① 在现代政治学理论中，正当性被认为有规范性和经验性两种来源，但源自经验性的正当性，最终还是离不开某种最基础的价值共识的存在，比如投票或协商决定要不要制定或通过某条规则的前提都是所有人一致认同应该以这种和平的方式来确立规则，而不是以暴力的方式来解决。

② 王小章：《经典社会理论与现代性》，第 162 页。

③ 相比之下，韦伯有所不同，他相对更加相信道德精神、伦理价值的独立性。因此，基于以下认识，现代理性资本主义是"一种要求伦理认可的确定生活准则"，而不能仅仅被看作只是一个要么"漠视伦理"，要么"理应受到谴责"，但又不可避免而只能"被容忍"的单纯事实（韦伯：《新教伦理与资本主义精神》，第 41 页），他往回追溯这种理性资本主义在伦理上的宗教根源，以图为在特定的规范准则下从事的现代职业生活赋予道德伦理上正当性（王小章：《以商为业》，《浙江学刊》2015 年第 6 期）。他找到了，但是他终究无法把清教徒的价值信念带给现代职业人，于是，他的追寻只是一场徒劳无功的胜利（H. Liebersohn, *Fate and Utopia in German Sociology, 1870 ~ 1923*, p. 104），曾经的清教徒们出于宗教信仰而在其职业生活中所遵循的那些规范如节俭、守时、勤劳等，已经被斩断与神圣价值源泉的联系，再也唤不起现代职业人的神圣之感、敬重之情了。韦伯无法改变以下事实，"清教徒想在一项职业中工作；而我们的工作则是出于被迫"，也无法摆脱以下悲观的展望，"专家没有灵魂，纵欲者没有心肝"（韦伯：《新教伦理与资本主义精神》，第 142 ~ 143 页）。

不可能的。"① 恩格斯则说："从动产的私有制发展起来的时候起，在一切存在着这种私有制的社会里，道德戒律一定是共同的：切勿偷盗。这个戒律是否因此而成为永恒的道德戒律呢？绝对不会。在偷盗动机已被消除的社会里，就是说在随着时间的推移顶多只有精神病患者才会偷盗的社会里，如果一个道德说教者想庄严地宣布一条永恒真理：切勿偷盗，那他将会遭到什么样的嘲笑啊！"②

概括地说，一种特定形态的道德规范若要真正生效，即对于社会成员的心灵具有真正内在的约束力，则它必须能够激发起社会成员对它的深切敬重感，而要激发起这种敬重感，关键在于其自身在人们心中的正当性。对于置身于社会转型进程中的特定道德规范来说，维系社会成员对它的敬重感的问题或者说困难在于，随着它所产生并从中获得正当性的社会结构以及相应的社会维系和运行方式随着社会的转型而解体消散，它自身的正当性也将难以维持，从而社会成员曾经对它的敬重也将消失。当然，对一种特定形态的道德规范失去敬重感，并不意味着道德敬重感从此死亡，关键如何因应社会结构以及相应的运行方式的转变，确立能够在新的社会条件下获得其正当性的道德规范新形态，从而重新唤起人们对这种道德的敬重之心。

第三节　人性情感与社会结构

在《道德情操论》一开头，亚当·斯密——如前所述，在道德哲学关于道德的心智属性的观点上，他跟休谟一样属于道德情感论阵营——便说："无论人们会认为某人怎样自私，这个人的天赋中总是明显地存在着这样一些本性，这些本性使他关心别人的命运，把别人的幸福看成是自己的事情，虽然他除了看到别人幸福而感到高兴以外，一无所得。这种本性

---

① 涂尔干：《社会学与哲学》，第41页。
② 恩格斯：《反杜林论》，载《马克思恩格斯文集》（第9卷），人民出版社，2009，第99页。

就是怜悯或同情，就是当我们看到或逼真地想象到他人的不幸遭遇时所产生的感情。"[1] 由于这种感情，这种同情或怜悯的情感——无论是亚当·斯密把它作为道德的基础和动力，还是李泽厚把它看作道德的助力，它无疑都是道德情感的一个基本层面——在亚当·斯密看来是属于即使"最大的恶棍，极其严重地违犯社会法律的人，也不会全然丧失"的人性中的"原始情感"，因此，它也就容易被理解为是普遍的、与具体社会形态无关的人性情感。

但是，即使这种人性情感确实根植于普遍的基本人性，它的激发和它的具体实际表达也与人们置身于其中的具体社会形态密切相关。实际上，亚当·斯密本人就已经向我们提示了这一点。首先，他虽然认为这种情感根植于人性，但却是"当我们看到或逼真地想象到他人的不幸遭遇时所产生的感情"，他还进一步说，"同情与其说是因为看到对方的激情而产生的，不如说是因为看到激发这种激情的境况而产生的"[2]，也就是说，同情或怜悯，从根本上讲乃是进入他人的"处境"，而不是简单地进入他人的情感，否则，人们常常会说起的"同情死者"就根本说不通，亚当·斯密的同情理论所坚持的是进入他人处境的优先性。[3] 其次，亚当·斯密还明确承认："虽然人天生是富有同情心的，但是同自己相比，他们对同自己没有特殊关系的人几乎不抱有同情。"[4] 也就是说，人们的同情的表达是受制于自身与对象的关系的。亚当·斯密的这两点，不言而喻地指向一个结论，即人们的同情在实际社会生活中的激发和表达与具体社会结构形态以及相应的运行方式密切相关——在现代化进程中后者的改变不仅改变着社会生活中人与人之间的关系形态，也改变着在现实行为情境中进入他人处境的可能性。

如同亚当·斯密所言，同情心在有着亲密关系的熟人之间最容易被激

---

① 亚当·斯密：《道德情操论》，蒋自强、钦北愚、朱钟棣、沈凯璋译，商务印书馆，2016，第5页。

② 亚当·斯密：《道德情操论》，第9页。

③ 查尔斯·格瑞斯沃德：《亚当·斯密与启蒙德行》，康子兴译，生活·读书·新知三联书店，2021，第103页。

④ 亚当·斯密：《道德情操论》，第108页。

发和表达出来，因此，同情，以及基于同情的扶助，更能见于传统上那种成员之间彼此熟悉的、亲密的小共同体社会，这应该也是鲍曼说这种共同体总能给人以一种美好温馨之感的一个原因，但是，鲍曼同时也说，这种亲密的共同体并不是现代人可以获得和享受的世界，它是过去的事情，或者，作为一种追求的价值，它是将来的事情。① 从一个角度来说，现代社会正是从传统共同体解体而迈向现代大社会起步的，这实际上也就是所谓的"脱嵌"的过程，即个体从各种前现代的传统关系（如亲族共同体、地方性共同体）中脱离出来而"个体化"，作为"分离自在之独立个体"进入高流动性的陌生人大社会的过程。在这个陌生人大社会中，社会成员与成员之间的关系是一种既在客观上相互依赖（比如因专业分工而形成的相互依赖，这种相互依赖在当今全球分工体系下已扩展至全球范围）同时又很"抽象"的关系，即这种相互联系、相互依赖不是具体的、活生生的个体之间的带有人际情感的联系和依赖，而是非人格化的角色或功能性的联系与依赖。在这种陌生而抽象的关系下，人们对他人既不了解，也缺乏了解的动机，于是，同情不可避免地受到遏制。换言之，在陌生而抽象的关系中，人与人之间最基本的情感不是同情友爱，而是疏离、冷漠甚至疑忌。托克维尔就曾描述分析现代民主的社会状态（即所有社会成员都身份平等，没有世袭的地位差别的社会状态）所带来的社会成员之间的彼此隔绝以及相应的以自我为中心的"个人主义"情感，即"一种只顾自己而又心安理得"的、"使每个公民同其同胞大众隔离，同亲属和朋友疏远"② 的情感。实际上，除了托克维尔，近代以来的许多思想者如黑格尔（市民社会"是个人私利的战场，是一切人反对一切人的战场"③）、马克思（资本主义社会的个体是"封闭于自身、封闭于自己的私人利益和自己的私人任意行为、脱离共同体的个体"④）、滕尼斯（现代"社会"是一个"每个人都只是为了自己，并且每个人都处于同所有人的对立状态，他们在彼此之

① 鲍曼：《共同体》，欧阳景根译，江苏人民出版社，2003，第4～5页。
② 托克维尔：《论美国的民主》（下卷），第625页。
③ 黑格尔：《法哲学原理》，第309页。
④ 马克思：《论犹太人问题》，载《马克思恩格斯文集》（第1卷），第42页。

间划分出严格的行动领域和权力领域的界限，每个人都禁止他人触动和突破界限，触动和突破界限的行为被视作敌对行动"的社会①）、齐美尔（货币向一切社会关系的渗透使人与人之间的关系变得"客观化"），乃至存在主义哲学家等，都各自以不同的视角和语言指出了现代社会的这种克制同情心表达的社会关系情态。

如果说现代社会结构下人与人关系之间的抽象陌生化、抽象化克制了，至少是不利于同情（以及不忍、悲悯等）的激发和表达，那么，与这种结构形态相应的现代社会运行方式，特别是其正式的组织与制度的原则，则通常要求人们在行动中保持情感上的中立，换言之，通常是以人们在其行动中排除基于特定的人与人之间的关系而产生的同情、怜悯等情感的干扰为前提的。近代以来，"理性"（rationality/reason）一开始主要被看作宗教信仰、天启（revelation）或习传的权威的对立面，后来则主要指情感（emotion/feeling）的对立面。② 因此，现代社会总体运行方式的"理性化"，既是思想意识上"除魅"的过程，也是在组织、制度和在各种关系中排除个人情感涉入的过程。韦伯的理性化理论（包括主要用来分析行动的工具理性化和主要用来分析组织制度的形式理性化），齐美尔通过货币分析所揭示的现代人的"计算性格"，马克思、恩格斯所说的"人和人之间除了赤裸裸的利害关系，除了冷酷无情的'现金交易'，就再也没有任何别的联系了"，以及帕森斯所说的现代社会中与情感涉入相对立的"情感中立"，等等，尽管表达方式不同，但实际上都说明了现代社会运行方式，尤其是其正式的制度、组织和关系，在总体上对于情感的排斥倾向。确实，弗洛伊德的理论赋予了情感冲动非常重要的地位，但是，他揭示给我们的，恰恰是这种情感冲动在现代社会中所受到的压抑，不受控制的情感冲动导致的是异常行为或"精神病"。所有这些，都直接或间接地引向鲍曼在《生活在碎片之中——论后现代道德》中所做出的基本判断："现

---

① 滕尼斯：《共同体与社会——纯粹社会学的基本概念》，张巍卓译，商务印书馆，2019，第129页。
② 雷蒙·威廉斯：《关键词：文化与社会的词汇》，刘建基译，生活·读书·新知三联书店，2005，第384~386页。

代行动已从伦理情操强加的限制下解放出来了。做事的现代方式并不要求动用情感与信仰，相反，伦理情操的缄默与冷淡是它的先决条件，是它令人震惊的有效性的最重要条件。"鲍曼还说："现代性并没有使人们更为残暴；它只想出了这样一种方式：让残暴的事情由那些不残暴的人去完成。在现代性的标签下，邪恶不再需要邪恶之徒。"① 撇开鲍曼在此所指向的大屠杀这一残暴的具体现代性事件，那么，这句话其实也就是说，现代性虽然没有连根拔除人性中天生固有的——姑且这么认为——同情怜悯之心，但是使现代社会得以高效运转的方式却无法容纳这种人性情感。

如上所述，亚当·斯密强调进入他人的处境对于生发同情怜悯之心的重要性，也即一个人越能身临其境地进入他人所处的境况，他就越能够设身处地地体验到对方的痛苦或欢乐，进而产生相应的道德行为。社会心理学家米尔格拉姆著名的"权威-服从"实验在很大程度上验证了亚当·斯密的这一观点。该实验一方面表明，正式或合法的权力能够迫使人们（扮演教师的真被试）服从自己的命令而做出伤害别人（扮演学生的假被试，即实验者的助手，在实验中要经常故意出错而被扮演教师的真被试"电击"）的行为，但另一方面，该实验的变式又表明，行为者（真被试）越靠近受害人（假被试），越能身临其境地看到、体验到受害人因自己的行为遭受的痛苦，他就越有可能拒绝权威的命令而终止自己的伤害行为。② 问题在于，在现代性的做事原则通常要求人们在行动中保持情感中立的同时，现代社会运行中的技术因素又对人们进入他人的处境发生阻隔作用，也即使行为者无法真切地看清他的行为对那些最终受其行为影响的他人所造成的真实后果，无法身临其境地进入后者的境况，无法设身处地地体验后者或欢欣或痛苦的体验。首先，精细而复杂的职能分工，使每一个行动者在最终可能对他人产生严重后果的一个整体行动中只承担——通常是被动地——一个专门的、细微的环节，从而根本不会去想也根本无法看清自己的行为对他人将产生的影响，"每位行动者只能做一种特定的、不受外

---

① 鲍曼：《生活在碎片之中——论后现代道德》，第 225～226 页。
② 金盛华主编《社会心理学》，高等教育出版社，2005，第 344～348 页。

界影响的工作并且产生一种没有原定目标、没有关于其未来用途的信息的对象",没有哪一个人承担的行为"决定"着整体行动的最终结果,"而只是与最终结果保留着一种脆弱的逻辑联系——参与者们可能问心无愧地声称那是只在回顾时才易于察觉的一种联系"[1]。换言之,精细而复杂的分工形成了一个复杂的互动系统,在这个复杂的系统中,人们"自然而然地看不见因果关系"[2]。其次,在这个复杂的系统使行为者看不清自己行为的因果关系从而被隔绝在行为对象的处境之外的同时,现代社会的"远距离行动"的技术,则轻易地将"行为的有碍观瞻或者道德上丑陋的结果'放远'到行动者看不到"的远方,从而使行动者之行为结果的承受者从"人性的视野中消失",而"只要看不到行为的实际结果,或者只要不能把所见到的一切清楚地与自己清白无辜或芝麻点大小的动作,如扣动扳机或拉开引线等联系起来,道德的冲突就不可能出现,或者只会哑然地出现"[3]。举例来说,看到一个柔弱的生命在你面前挣扎痛苦时,你会生出强烈的同情恻隐之心,但是在按下一个可能导致千百里之外无数生灵灰飞烟灭的按钮时,却反而可能没有心理上的障碍。

第四节　道德舆论与社会结构

社会公众针对他人之道德行为做出的反应即道德舆论构成道德事实的又一个层面。道德舆论所包含的情感因素与前述两个层面密切相关:因对道德规则的诚服、敬重,从而在看到别人做出符合或违背道德规范的行为时就欣悦、赞赏或悲伤、愤怒;一个心怀同情、慈悲、怜悯之情的人在看到别人的善举或恶行时,也会激发起类似的赞赏或愤怒的情感。当这种情感以某种方式表达出来,并与其他许多人的类似情感汇合起来时,便会一方面对行为者产生巨大的情感影响,或感到自豪荣耀,或感到羞耻丢脸,

---

① 鲍曼:《生活在碎片之中——论后现代道德》,第223~224页。
② 鲍曼:《现代性与大屠杀》,第36页。
③ 鲍曼:《现代性与大屠杀》,第36、253页。

另一方面则强化既有道德的权威性。但问题的关键在于，舆论的表达形成及其作用，同样会受到社会结构形态的制约。

在分析机械团结的社会时，涂尔干指出，在这种社会中，任何违反或破坏集体意识（道德）的行为都往往被视为犯罪。任何犯罪都被看作对社会整体、对"强烈而普遍的感情"的侵害冒犯，因而必然遭到社会成员的普遍唾弃。"既然犯罪所触犯的感情是最具有集体性的，既然这种感情表现出了特别强烈的集体意识，那么它根本不可能容忍任何对立面的存在。如果这种对立面不仅是一种纯粹理论上的，字面上的，而是行动上的，那么它就猖狂到极点，我们无法不义愤填膺地予以反击。"① 换言之，在机械团结的社会中，社会对于道德行为，尤其是对于破坏道德的不道德行为的集体反应在情感上是非常强烈的，因而道德舆论的作用是强大的。不过，如此这般的道德舆论的形成和作用，既与集体意识或者说社会的整体道德意识的情态有关，也与一定的社会结构条件或形态紧密相连。对不道德行为的反应的社会性，来自受伤害的情感的社会性，所有人都感到受了伤害，所有人都会挺身而出，这种反应是普遍的，也是集体的，因此"它不可能在分离出来的个人身上发生，只能在共同的和一致的群体中间发生"。涂尔干举例说，当一个小镇上发生伤风败俗之事时，人们总是"停下脚步，走家串户"，或在特定的场合飞短流长地谈论这件事，借此表达一种共同的愤恨情绪——"在所有交织在一起的共同感受里，在所有各种不同的愤慨中，一股愤怒的情绪发泄了出来，尽管在特定的情况下这种愤怒还不太确定，但它毕竟是所有人的愤怒，这就是所谓的公愤"。也就是说，这种"公愤"，只能（至少是容易）出现和作用于相对静态、成员之间高度同质并彼此密集互动的熟人小共同体中，而在高流动性、成员之间彼此异质、相互疏离隔绝甚至匿名化的个体化陌生人大社会中，则难以形成和发挥作用。② 静态的熟人社会中成员之间的高度同质性导致集体意识（道德）及情感的强烈性，进而导致社会成员对破坏集体意识（道德）、冒犯

---

① 涂尔干：《社会分工论》，第 62 页。
② 涂尔干：《社会分工论》，第 64~66 页。

集体情感之行为的反应的高度一致性和强烈性，而成员之间互动的密集性则使这种共同反应容易汇聚成社会舆论，也使这种舆论能够对个体形成他难以躲避的巨大压力。但问题是，现代社会恰恰是一个个体化的陌生人大社会，这个社会的基本情态是高流动性、成员之间彼此异质、相互疏离，甚至彼此隔绝、相互匿名。在这样一种基本社会情态下，首先，社会成员的流动性、异质化使得集体意识（道德）不可能在具体行为层面上形成，而只可能形成在一般的、抽象的价值层面上，这不可避免地会削弱集体意识（道德）以及与此相连的情感的强烈性，进而弱化人们对破坏集体意识（道德）之行为的反应的强烈性。其次，在这个成员之间流动、异质、疏离，甚至彼此隔绝、相互匿名的陌生人大社会中，一方面，作为不断流动的陌生而匿名的大众中之一员，行动者因其善举或恶行而受到的赞誉或谴责所带来的荣耀自豪或羞耻丢脸等情感会自然趋于淡漠，因为荣耀主要是人前的荣耀，而丢脸主要是人前的丢脸，于是舆论对于个体的压力趋于弱化；另一方面，同样作为陌生而匿名之大众，沉陷于托克维尔所说的那种"个人主义"情感之中而彼此孤离隔绝的旁观者，则既很少去留意关注别人的具体行为，无论是恶行还是善举，而相互之间又极少甚至根本没有积极的互动交流，于是，正常的道德舆论就大大淡化甚至消散了。因此，就像涂尔干所说的那样，在现代社会，"舆论得不到个体之间频繁联系的有效保证，它也不可能对个体行动实行充分的控制，舆论既缺乏稳定性，也缺乏权威性"[1]。在极端情况下，甚至会出现鲍曼所描述的那种状况：社会隔绝使"成千上万的人可能被杀害，而同时千百万人却毫无异议地坐视暴行"[2]。

确实，滕尼斯的观点似乎有所不同，在他看来，公共舆论正是现代道德的基础。[3] 应该承认，现代社会有过一个时期，新型传播媒介与公共知识分子的结合所形成的现代舆论起到重大作用，早一些的如伏尔泰积极参与其中的围绕"卡拉事件"的舆论，晚一些的如左拉、涂尔干等积极参与

---

① 涂尔干：《职业伦理与公民道德》，第12页。
② 鲍曼：《现代性与大屠杀》，第240页。
③ 滕尼斯：《共同体与社会——纯粹社会学的基本概念》，第446页。

和推动的围绕"德雷福斯事件"的舆论。但需要指出的是，这种公共舆论和上面所说的作为道德反应、作为通过自发的"飞短流长的谈论"表达共同的道德情绪从而给相关行为者施加道德压力的道德舆论不是同一回事。滕尼斯明确指出，公共舆论是"人凭借其全部的自觉意识确定"的，其"真正主体是学者的共和国"，① 因此，它实际上是学者或知识分子通过理性、自觉的公共讨论而形成的一致意见，其目的是要由其自身来"确立起普遍有效的准则，这样的准则并非建立在盲目的信仰之上，而是建立在对它所承认并接受的学说之正确性的清楚认识之上"②。质言之，它是滕尼斯心目中促成现代社会之道德准则"形成"的舆论，而非促成既有道德准则"实现"的舆论。此外，问题还在于，这种舆论，一方面，作为公共知识分子推动的"自觉"的舆论，它多半围绕比较重大的，且一般具有政治意涵的公共事件而产生，不同于由人们日常生活中对他人的道德行为自发产生的道德反应所形成的道德舆论③，另一方面，即使是这种舆论在现代社会后来的发展中也蜕变异化了。早在 20 世纪 50 年代，米尔斯就曾通过区分"公众"与"大众"指出了舆论的这种扭曲。在"公众"当中：（1）有许多人在表达意见和接受意见；（2）公众交往的组织确保公众所表达的任何一种意见都能立即得到有效的回应；（3）由这种讨论所形成的意见能在有效的行动中，包括反对主导性的权威体制的行动中，随时找到宣泄途径；（4）权威机构并不对公众进行渗透，因此公众在其行动中多少是自主、自治的。而在"大众"当中：（1）表达意见的人要比接受意见

---

① 滕尼斯：《共同体与社会——纯粹社会学的基本概念》，第 461 页。
② 滕尼斯：《共同体与社会——纯粹社会学的基本概念》，第 437 页。
③ 帕克曾指出，报纸所具有的功能类似于以前乡村中的闲话，但是，它在社会控制的能力上还是不及乡村里的闲话。因为报纸的报道是有禁忌或者说有所保留的，比如，除非当事人参加竞选或做出一些格外能够引起公众关注的行为，否则，他们的私人生活对报纸来说就意味着一种禁忌，而不会成为其关注的话题，但闲话就没有这样的禁忌或保留（帕克：《城市：有关城市环境中人类行为研究的建议》，杭苏红译，商务印书馆，2020，第 50 页）。但在今日大众社会中，围绕具有道德意涵的日常行为或事件的"闲话"已经基本消失或失去作用了。有人可能寄希望于网络社会中的舆情，但实际上网络社会中舆情的焦点基本跟着"流量"走，普通但具有道德意涵的行为或事件根本不可能成为舆情的焦点，网络舆情不可能产生传统"闲话"的道德舆论作用。

的人少得多，因为群体成了受大众传媒影响的个人的抽象集合；（2）主导性的传播组织使得个体无法或很难做出即刻的、有效的回应；（3）运转中的意见能否付诸实施，掌握在组织并控制这些运转渠道的当局手中；（4）大众没有自主性，相反，权威机构的代理人渗透到大众当中，从而削减了大众通过讨论形成意见时的任何自主性。① 也就是说，随着由"孤独的人群"所构成的"大众社会"的来临，随着资本或权力对社会的渗透和钳制（也即随着哈贝马斯所说的"公共领域的殖民化"），现代社会的"舆论"越来越沦为被当局操控的手段与工具，越来越失去道义与情感的内涵与力量。而在那种"自觉的"舆论蜕变异化为资本或权力操控的产物的同时，那些在彼此疏离的、原子化的陌生个体构成的"孤独的人群"中自发产生的"舆情"，则正如托克维尔、勒庞以及莫斯科维奇等以各种不同的方式所一再揭示的那样，大多已不再是公众基于对某种正当、权威或神圣的道德观念、规范、法则的一致认同、崇敬而形成的带有鲜明情感性的道德反应，更多的只是一种弥散性、传染性、裹挟性的欲望或负面情绪的表达和释放，这在今天的网络社会中可以说已被表现得淋漓尽致。②

如果一种道德随着社会本身的变迁在人们的心灵中失去了正当性或神圣性，从而不再能够激起人们的敬重感，那么，它也就失去了对人们行为的约束力；如果诸如同情、怜悯、恻隐等人性情感，即便如亚当·斯密、休谟所说是根植于人性中的"原始情感"，在新的社会结构和运行情态下，难以在现实的社会生活中被实际地激发出来，那么，它们也就无法转化为实际的道德行为；如果新的社会结构和运行情态一方面使正常健康的道德舆论难以形成，另一方面又使个体很容易躲避或感受不到道德舆论的影响，无论这种影响带给个体的是羞耻还是荣耀，那么，舆论也就失去了至少是大大降低了对个体的道德压力或促进功能。如果道德情感的这三个层面都发生了这般变化，则就意味着随着社会的变迁转型，道德也必须做出相应的调整转型。这种转型既包括道德内容的调

① 米尔斯：《权力精英》，王崑、许荣译，南京大学出版社，2004，第386页。
② 王小章：《群氓是怎样炼成的？》，《读书》2018年第8期。

整，也包括道德形式的转变。

可以看出，带来前述这些道德情感变化的社会变迁，其根本就在于在现代化的进程中从封闭、静态、同质、成员之间密集互动的熟人社会向开放、流动、异质、成员之间彼此疏离的陌生人社会的转变。与外界的隔绝、社会的静止凝固、物质及精神生活的一致、内部成员之间高度的相互依赖和密集的互动交往是一种对社会成员的各种具体行为而不仅仅对一般的价值观做出严格的规定，且很少给个体成员留下灵活机动的余地的道德，一种强调个体"自我牺牲"的道德获得社会成员的承认、接受、尊重的基础，也是道德舆论生效的基础，同样，社会成员之间关系的熟悉性、接近性、具体性（初级社会关系），也是诸如同情、怜悯等情感容易被激发的基础。而当社会形态从传统的小共同体熟人社会演变为现代陌生人大社会，这种传统的道德形态也就失去了现实社会基础。可以说，假如在传统小共同体熟人社会中，"陌生人"是道德秩序的"他者"，那么，在今天，陌生人或陌生人关系则是新道德秩序必须面对的基础性事实。①

在本书第三章、第四章、第五章中，我们将具体阐释道德随着社会结构形态和相应的运行方式的转型而要经历的转型，包括在道德类别上，"私德"和"公德"的分立，在道德内容上，作为现代社会道德之核心关切的公德对于"消极义务"的突出，在道德形式上，道德规范从特殊主义向普遍主义、从非正式不成文向正式成文的表现形式的转变，以及作为道德主体的行动者之身份认同的重塑，等等。我们将会看到，通过这种转变而形成的新道德，其情感性在表现上会不如传统道德那样浓烈，其"理性"特征相对而言则更加明显。但是，这并不因此而否定道德的情感性。一方面，这种转变本身是顺应社会结构的转变所带来的人们情感之转变的结果，是理性地认识和因应情感变化的结果；另一方面，这种新道德也并不全然否定或排斥情感的作用。它依然肯定一种道德要有"可实践性"就必须获得人们的认可与敬重，它特别强调，一种可行的、有效的道德，不能激起它所施行的对象对它的抵触甚至逆反情绪；它同样承认诸如同情、

---

① 王小章：《"陌生人"：从秩序的他者到新秩序》，《浙江学刊》2019 年第 2 期。

怜悯等人性情感会自发推动人们的道德行为，推动人们向陷入困境的人伸出援助之手，只是鉴于这种人性情感在现代社会的人与人关系中难以现实地激发出来促动人们的道德行为，从而无法保证需要救助的人得到救助，才以正式成文律则的形式确保每一个人通过第三方中介履行必须的"积极义务"，它也是顺应人们不喜欢受到陌生人无端干扰的自然情感，才强调"消极义务"；它无疑也肯定包含道德情感的舆论作用，只是因看到今日社会道德舆论及其作用的局限，才不得不依赖于正式机构对于人们之道德或不道德行为的表彰或制裁。可以这么说，假如传统道德的情感性主要表现为直觉性的、未加思索的下意识道德激情或冲动，那么，现代道德的情感性则更多地体现为对道德内容及其情感意涵经过理性检讨、反思后的自觉的"情理"。

附录2

"民主社会"与道德

——托克维尔之情感进路的道德社会学[*]

摘　要：作为"社会事实"，道德具有鲜明的情感性，而情感则是社会性的。托克维尔以社会形态为视角，以情感为进路，分析揭示了民主社会形态下与道德事实诸层面相应的各种具有重要道德意涵的情感现象，包括荣誉感的变化、导致普遍社会冷漠的"个人主义"、对于差异和"他者"的妒忌或"怨恨"、对于分泌着"赤裸裸的唯我主义"的物质享受的无节制的追求、以及舆论的消散与畸变等。在此基础上，托克维尔进一步分析阐述了要从"民主社会的内部发掘自由"、产生人们期望的幸福果实所需要的道德品行以及培育锻造这种

---

*　本文原刊于《浙江学刊》2022 年第 3 期。

道德品行的路径。

关键词：托克维尔；民主社会；情感；道德

在《论美国的民主》第二卷的草稿中，托克维尔说，赞同民主的人们必须认识到，"民主只有同德行、灵修、信仰……相结合，才能产生他们所期望的幸福果实"①。这句话虽然没有进入《论美国的民主》的定稿，但是，却可以说最直接地表达了托克维尔思考道德现象的基本切入点和宗旨，或者说，最明确地道出了托克维尔之"道德社会学"的出发点，也即民主与道德的关系。一般认为，道德社会学的奠基人是法国社会学家涂尔干，从确立了一种相对规整的学科形态的角度来说，这当然是没有问题的。不过，如果着眼于涂尔干本人为道德社会学所确定的基本任务——在历史的进程中，那些具有"制裁作用的行为规范"是如何确立的，形成这些规范的原因是什么，它们服务于哪些有用的目的，它们在社会中是如何运作的，换言之，个体是如何应用它们的，也即道德的起源和功能运作②——那么，作为他前辈的托克维尔，乃至托克维尔的前辈孟德斯鸠，早就已经在事实上从事着道德社会学的探索。所不同的只是，如果说涂尔干从其对于"社会必须成为社会的"和"任何社会都是道德的社会"的认识出发，他的道德社会学主要服务于他对于"社会团结"的关怀，那么，托克维尔出于他对"自由"的无条件的热爱，他关于民主与道德的道德社会学思考则是服务于如何"从上帝让我们生活于其中的民主社会的内部发掘自由"③ 这一宗旨的。

一

跟托克维尔的所有思考一样，他对于道德现象或者说道德与民主关系

---

① Alexis de Tocqueville, *Democracy in America* (*Historical - Critical Edition*) (Indianapolis: Liberty Fund, 2010), p. 693.

② 涂尔干：《职业伦理与公民道德》，第 3 页。

③ 托克维尔：《论美国的民主》（下卷），第 873 页。

的思考，从属于民主与自由这一他毕生的中心主题①，而始于民主社会对于人的心智尤其是情感的影响。在托克维尔对于"民主"一词的使用中，具有民主的社会状态和民主的政治制度的双重意涵。民主的政治制度是指体现和实践人民主权原则的、公民们拥有切实的能力、手段、途径来有效地参与全国性或地方性公共事务治理的政府体制。民主的社会状态，则是指所有社会成员都身份平等的、没有世袭地位差别的社会状态。他把这种状态看作现代社会的根本特征。"身份平等是一件根本大事，而所有的个别事物则好象是由它产生的"，"身份平等的逐渐发展，是事所必至，天意使然"②。作为一种普遍的历史趋势，托克维尔还认为，平等化必然渗透到社会生活的各个方面。③ 正是这种作为社会状态的民主即平等化，对于人们的心智特别是情感产生了具有重大道德后果的深刻影响。也就是说，托克维尔首先从一种特定的现代社会形态（平等）开始，观察这种社会形态对人们的心智情感的影响，揭示这种心智情感的道德意涵（包括对于原有道德法则、道德观念的影响以及对新道德的激发），从而呈现道德的社会根源。这也就是托克维尔道德社会学的"社会形态"视角，或者更具体地说，"社会形态"视角下的"情感进路"。

在具体考察托克维尔眼中民主的社会形态带给人们心智特别是情感的影响之前，有必要先来就道德与情感的关系做一点说明。关于人类道德行为的心智属性，在西方近代思想史上大体有两种观点。一种以弗朗西斯·哈奇逊、大卫·休谟和亚当·斯密为代表，他们立足于经验主义，认为理智是激情的奴仆，除了服务和遵从激情之外，没有其他功能。道德建立在我们对他人苦难的同情这种情感的基础上，建立在感同身受的基础上，情感性是道德的基本心智属性，人类的情感和欲求不同，道德原则和道德行为便不同（从利益、快乐最终与特殊的偏好、欲望、情感相联系而言，功利主义道德学说本质上也从属于这一派）。另一种以康德为代表，他从形式主义的绝对主义出发，拒绝前者之上述基于经验主义的观点，认

---

① 王小章：《经典社会理论与现代性》，第 59 ~ 63 页。
② 托克维尔：《论美国的民主》（上卷），第 4、7 页。
③ 托克维尔：《论美国的民主》（上卷），第 53 ~ 59 页。

为绝对意义上的善良意志本身所特有的、无可估量的价值，正在于它的行动原则摆脱了一切只由经验提供的偶然原因的影响，给道德奠定基础的不是具有偶然性、变异性的情感欲求，而是我们的理性意志，理智作为某种先验的、对一切理性存在者都具有普遍约束力的东西，为人类行为确立道德法则。不过，康德在肯定道德的心智属性是理性而非情感的同时，其"头顶星空、心中道德律"的著名话语，则分明使我们感受到道德行为中所包含的另一种情感，那就是对道德律本身的敬重之情。也就是说，以上两种观点虽然基于不同的立场而对道德行为之根本动力的认识不同，但实际上都肯定或承认道德的情感因素或情感性能。值得一提的是，2021 年刚刚去世的李泽厚先生对于这两种观点做了某种程度上的综合。他将与道德关联的情感分作两个层面，即"道德情感"和"人性情感"。人性情感即同情、恻隐、不安、不忍、悲悯等，它们与动物性的自然情欲相联系，但不同于自然情欲，而是自然情欲经过社会化、理性化的产物，它们构成了道德行为的"助力"。"道德情感"即康德所说的"敬重"，也就是道德行为主体因感到道德律令的正当性、神圣性而产生的惊叹、赞美、崇敬之情，这也是道德理性本身所携带、伴生的情感，属于道德行为的"动力"，而道德行为主体因自己能够抑制自己的自利、自私、自负，强制自己服从道德律令而产生自豪感、高尚感，或因没有服从道德律令而产生的羞惭感，则是道德情感的直接衍生。① 实际上，如果我们将道德哲学对于道德律、对于德性的抽象思辨转向作为道德社会学考察对象的由道德准则、道德行为以及公众对于特定道德行为的反应所构成的"道德事实"，那么，道德的情感因素和性能就更加明显。大体上，我们可以将这些情感因素或性能分为三个层面：一是对于道德法则以及具体的道德规范的敬重、诚服之情；二是具体的道德行为情境中推动或阻碍行为者之道德行为的情感如同情、怜悯、冷漠、怨恨等；三是公众对于行为者之道德行为的情感反应如赞叹、敬仰、愤怒、鄙视等（它们构成了道德舆论的情感动力）。

---

① 参见王小章《道德的转型：李泽厚的道德社会学》，《杭州师范大学学报》（社会科学版）2021 年第 6 期。

为什么要在考察托克维尔眼中民主的社会形态带给人们心智特别是情感的影响之前要先来说明道德与情感的关系？原因在于，正是道德的这种鲜明的情感因素或情感性能为托克维尔在"社会形态"视角下以"情感进路"考察分析道德现象提供了合理性。与作为纯粹心理形式的道德理性（也即李泽厚所称的"人性能力"）所具有的恒常性①不同，情感——无论是道德情感还是人性情感——更加直接地受制于由各种具体社会关系构成的社会形态。一些在传统社会形态下曾为人尊崇敬畏的规范、法则在新的社会形态下可能会失去神圣性、正当性，从而可能再也激不起人们的曾经的那种情感；而在面对面的关系或熟人社会中很容易激起、生发的同情、恻隐之心，在当今的"程控社会"或陌生人社会中则可能会为无动于衷的冷漠所代替；相应的，违背一条已经过时的道德法则，自然也不会激起公众的愤慨或鄙视，而由陌生人构成的大众对于他人的高尚和卑鄙常常表现出同样地冷漠。质言之，如果说道德具有情感性，那么，情感则具有社会性。于是，考察分析具体社会形态下人们那些具有深刻道德意涵的特定情感及其表现的变化，便成为认识道德之社会根源的一条进路，同时，也是揭示道德变革方向的进路。

那么，托克维尔究竟关注了民主社会形态下哪些具有重要道德意涵的情感现象呢？我们不妨从构成上述道德事实的三个层面来分别叙述。

二

托克维尔曾经指出，人类有三大痛苦：第一，疾病；第二，死亡；第三，怀疑。他又认为，"人们不能没有教条式的信仰"②。对于托克维尔来说，怀疑是一种毒素，堪比地狱。当然，这里的怀疑是指"对上帝，对自己的灵魂，对造物主和自己同类应负的各种一般义务"这些根本性问题和

---

① 王小章：《道德的转型：李泽厚的道德社会学》，《杭州师范大学学报》（社会科学版）2021 年第 6 期。

② 谢尔顿·S. 沃林：《两个世界间的托克维尔——一种政治和理论生活的形成》，段德敏、主立云、熊道宏译，译林出版社，2016，第 71 页。

观念的怀疑，因为"对这些基本问题持有怀疑态度，将使自己的行动听凭偶然的因素的支配，也可以说是任其混乱和无力"①。这种怀疑以及由其带来的轻慢，会摧毁个人幸福和社会秩序的基础，是世界分崩离析的信号，是导致社会解体的意义崩塌的象征。而怀疑和轻慢的对立面，则是信仰，甚至"教条式的信仰"，以及由这种信仰所带来的对于被当作"天经地义"之事物的尊崇、敬服、畏惧之情，具体到本文所讨论的道德，则就是对于道德律令、法则、规范之神圣性、正当性的肯定、信服以及相应的对于这种道德律令、法则、规范的敬畏、尊崇。托克维尔说："人类永远和普遍需要制定出一套使任何人在任何地方和任何时代都不敢违反、害怕违反时会遭到斥责和耻笑的道德规范。违反道德规范的行为，被称之为作恶；遵守道德规范的行为，被称之为为善。"② "不敢""害怕"就是系于道德规范在人们心中的神圣性、正当性而生出的具体道德情感。

但略显吊诡的是，托克维尔说"人类永远和普遍需要制定出一套使任何人在任何地方和任何时代都不敢违反、害怕违反时会遭到斥责和耻笑的道德规范"，但他的具体分析考察却使人认识到，随着时代和社会的变化，人们对于曾经被认为是神圣的天经地义的道德规范之体认和情感，也不可避免地在变化。这既体现在那些所谓普遍的法则上，也体现在特殊的规范上。比如，托克维尔曾在多处指出，平等为人心敞开了喜欢物质享受的大门，导致人们对于物质享受的无节制的追求，或者说，一种"唯物主义"的精神情感，这种精神情感会"很快使人相信一切只是物而已"③。托克维尔在这里所说的"一切"，无疑包括诸如"对上帝，对自己的灵魂，对造物主和自己同类应负的各种一般义务"这类份属"任何人在任何地方和任何时代都不敢违反"的普遍性导的法则。不过，托克维尔从"社会形态"视角对于道德情感的考察，最明显的还是体现在对于特定团体、阶级或社会的特殊道德规范的分析上，其中又最集中地表现在对于"荣誉"的专门分析中。

---

① 托克维尔：《论美国的民主》（下卷），第535页。
② 托克维尔：《论美国的民主》（下卷），第775~776页。
③ 托克维尔：《论美国的民主》（下卷），第677页。

荣誉，包括其对立面耻辱，既是一种特定的被接受、认可的褒贬标准，也是与这种褒贬标准相联系的情感体验。在托克维尔之前，孟德斯鸠曾在论述"政体的原则"时讲到"荣誉"。所谓"政体的原则"是指一种政治情感，即使得特定的政体得以有条不紊地运作的情感。荣誉则是"君主政体"的"原则"，其实质内容就是人人尊重自己的地位所赋予的一切，包括对内与对外，每个人都本分处事，把恪守和履行与自己地位相应的职责义务视作一个人最重要的荣耀。① 将"荣誉"看作孟德斯鸠所述三种政体之一的君主政体的原则（另两种即共和政体和专制政体对应的情感原则，分别为"道德"和"恐惧"），意味着当政体变化时，这种使特定政体得以运转的道德情感也将变化，而政体，在孟德斯鸠看来是受制于诸如领土幅员、气候、人口等客观条件的。托克维尔关于"荣誉"的分析在很大程度上承续了其前辈孟德斯鸠的这种社会学思想。

托克维尔将荣誉看作人们赖以获得尊重、赞美和尊敬的行为规范，本质上是根据某种特殊情况建立的，属于特定社会、阶级或集团的特殊的褒贬标准。"荣誉，在它最受人们重视的时候，比信仰还能支配人们的意志；而且，甚至在人们毫不迟疑和毫无怨言服从信仰的指挥时，也会基于一种虽很模糊但很强大的本能，感到一个更为普遍、更为古老和更为神圣的行为规范的存在。"② 作为一种被视为神圣不可侵犯的特殊道德规范，荣誉受到特定社会、阶级或集团成员的敬重尊崇，恪守遵从，则荣耀自豪，冒犯背离，则耻辱羞惭。但是，托克维尔指出，这种受到特定社会、阶级或集团敬重尊崇的褒贬标准，是在特定的社会条件下形成确立起来的，是与特定的社会形态相联系的。比如，在封建社会，人们的行为通常并不是根据行为本身的价值受到褒贬，而是根据行为主体和客体来评定其好坏。同样的行为出于贵族时是善，出于平民时则为恶；施于平民不受罚，施于贵族则严惩。而这样一种根据一个人的地位来判定其行为之荣辱的褒贬标准，其根源就在于贵族社会本身的等级结构，也是为着维护这一等级结构的。

---

① 参见雷蒙·阿隆《社会学主要思潮》，葛智强、胡秉诚、王沪宁译，华夏出版社，2000，第 16~17 页。

② 托克维尔：《论美国的民主》（下卷），第 775 页。

再如，中世纪的贵族崇尚勇武，这也是与"封建贵族是靠战争起家的，并且是为了战争而存在的"[1] 这一点密不可分的。托克维尔还从"政治方面"考察了封建社会的荣誉："中世纪的社会状况和政治制度的特点，就是国家政权从不直接治理公民，可以说公民根本就不知道有什么国家政权。每个人只知道他必须服从某某人，并通过这个他并未谋面的人同其他所有的人发生联系。因此，在封建社会，整个国家制度都是建立在属民对他们的领主本人的忠心上的。这种局面一旦消失，整个国家立即陷入无政府状态。对政治领袖的忠心，也是所有贵族成员每天使用的判断价值的标准……永远忠于领主，必要时为他牺牲，与他同甘共苦，无论他做什么辅助他：这些就是封建主义的荣誉在政治方面的主要原则。"[2]

但是，随着封建贵族社会的没落，随着民主时代的来临，这种曾经被视为神圣而倍受尊崇并激发出相关者深切情感的荣誉观，也消散了，即使偶尔还可以看到零星碎影，也不过是"像庙还存在，但已无人信仰的宗教"[3]。在美国，出现的是另一种全然不同的荣誉观。在这里，凡是能够促进社会正常发展和有助于工商业的安然稳妥的德行，都受到特别的尊重，反之，就受到公众的鄙视。比如，靠劳动发家在封建社会曾被贵族视为羞耻，甚至即使已经穷困潦倒，为了不让别人耻笑而依旧游手好闲，但在美国，靠劳动发家则是荣耀，游手好闲才是羞耻。再如，虽然美国人的荣誉贵族制时代的荣誉观崇尚勇敢，但是，在美国，人们崇仰的不是中世纪贵族社会那种好战的勇敢，而是"敢于冲破海洋的惊涛早日抵达港口，毫无怨言地忍受荒漠中的艰苦和比所有的艰苦更难以忍受的孤寂"的勇敢，这种勇敢对于维持和繁荣美国社会是极其必要的，因而个人一流露缺乏这种勇气，就必然受人鄙视。[4] 最后，托克维尔还指出，在民主时代，不仅关于荣誉的规定的具体内涵与封建贵族时代不同，而且这种规定的数量也发生了变化。这不难理解。如上所述，荣誉本身是属于特定社会、阶级或集

---

[1]　托克维尔：《论美国的民主》（下卷），第 778 页。
[2]　托克维尔：《论美国的民主》（下卷），第 779 页。
[3]　托克维尔：《论美国的民主》（下卷），第 781 页。
[4]　托克维尔：《论美国的民主》（下卷），第 783 页。

团的特殊的褒贬标准，因此，关于荣誉的规定，在一个没有等级制度的社会一定会少于等级制社会，而在一个任何阶级都难以存在的平等社会中，有关荣誉的规定则更将接近于大多数人所采用的道德准则。到这时，作为特定社会、阶级或集团的特殊的褒贬标准实际上已不复存在——"人们之间的差异和不平等使人们产生了荣誉观，而随着差异和不平等的消逝，荣誉观也将逐渐冲淡，最后同它们一并消失"①。换言之，那些在贵族社会曾被各个特定的阶层或集团所信奉恪守的神圣的道德规范、褒贬标准，在民主时代再也激不起人们的敬重之情，反而常常成为滑稽的笑料，代之而起的，是社会中大多数人所采用的普遍的道德准则。当然，对于在新的民主时代里获得正当性的这种道德准则的恪守或背离，也会受到来自自我与社会的或荣或耻的褒贬，但与这种褒贬对应的荣誉观，是一种全然不同于贵族制社会的民主社会荣誉观。

三

在托克维尔对于民主社会形态下具有重要道德意涵的情感现象的描述中，最令人瞩目的，无疑是他对于那些会在具体情境中推动或阻碍行为者之道德行为的情感的揭示。而其中最重要的，也是关注托克维尔之"民主心理学"的研究者们共同关注的，则要数以下三者：一是民主社会之"民主人"的那种只顾自己从而导致普遍的社会冷漠的"个人主义"；二是对于绝对平等的偏执追求所导致的对于差异和"他者"的不容忍与妒忌或"怨恨"；三是对于分泌着"赤裸裸的唯我主义"的物质享受的无节制的追求或者说"物欲主义"。

大凡稍稍了解托克维尔的都会对他关于民主社会之"个人主义"的分析描述留下印象。在民主的社会状况下，由于没有恒久的阶级，也就没有团体精神，没有世袭的产业，也就缺乏凝聚地方关系或家庭情感的强固纽带，于是，由于没有有效可靠的中介，社会成员便易陷于一种彼此隔绝或

---

① 托克维尔：《论美国的民主》（下卷），第 788 页。

者说"原子化"的状态之中。换言之，民主化（平等化）的过程实际上也是个体从传统的各种社会联系或者说共同体中"脱嵌"出来走向个体化、陌生化的过程，那种以自我为中心的"个人主义"情感正是这个过程的产物。① 与利己主义这种更多源于人的本性的情感不同，托克维尔指出，个人主义是"民主人"的情感，是随着身份平等的扩大而发展出来的"一种只顾自己而又心安理得的情感，它使每个公民同其同胞大众隔离，同亲属和朋友疏远。因此，当公民各自建立了自己的小社会后，他们就不管大社会而任其自行发展了"②。"民主人"的这种"个人主义"情感，一方面导致了，或者说其另一面就是，对于公共事务、对于政治的冷漠，另一方面则遏制了个人对于他人的"同情"，对于困顿之中的他人伸出援助之手。

需要指出的是，关于民主社会状态与"同情""助人"的关系，托克维尔的论述似乎存在着某种相互抵牾。一方面，如上所述，"民主人"的"个人主义"妨碍着"同情"，妨碍着个体向困顿之中的他人伸出援助之手，但另一方面，在《民情怎样随着身份平等而日趋温和了》中，他则又指出，只有彼此相同的人之间，才会有真正的同情，因此，在贵族制时代，只有同一阶级的成员之间才可能生出同情之心，而在人人地位平等、人人在思想和感情上大致一样的民主时代，每个人都能够判断出其他一切人的所思所感，因此，"在民主时代，很少有一部分人对另一部分人尽忠的现象，但是，人人都有人类共通的同情心"③。如何看待托克维尔的这种看似相互抵牾的论述？也许可以这样理解，一方面，民主（平等）化使人变得彼此相似，相似使得人与人之间更容易相互理解和同情，但是要使这种同情被现实地激发出来，并进而生发一种相互帮扶的道德责任、义务意识乃至转变为实际行为，则需要其他结构的、制度的或习俗的因素的支持和配合。比如，任何一个挨过饿的人都能体会别人挨饿的感受，但是看到

---

① 托克维尔：《论美国的民主》（下卷），第 625～627 页；《旧制度与大革命》，冯棠译，商务印书馆，1992，第 34、134 页。
② 托克维尔：《论美国的民主》（下卷），第 625 页。
③ 托克维尔：《论美国的民主》（下卷），第 704 页。

一个与自己关系紧密的亲人挨饿和看到一个与自己不相干的人挨饿所引发的情感以及进一步的行动则并不相同；再如，社会心理学的研究表明，同样一个人，当他独自一个人看到某人处于困境中和与其他许多人一同看到某人处于困境中时，其出手援助的现实可能性会大大不同。民主社会所带来的人的相似性有助于人们产生抽象的、一般意义上的相互理解和同情，但是由民主社会状态的彼此隔绝、疏离、陌生所带来的"个人主义"则妨碍着同情之心在具体关系、情境中的现实发生，更影响着其转化为实际的助人行动。也就是说，在民主社会，一方面作为纯粹的、原子化的个体之总和的社会整体成为人们一种很弱、很浮泛的道德关怀对象，另一方面，在现实的实际生活中，每个人只关注满足自己的需要。①

实际上，影响民主社会之同情心的表现的，不只是"个人主义"，还有由对于绝对平等的偏执追求所导致的对于差异和"他者"的不容忍、妒忌或"怨恨"。正如有人指出的，在《论美国的民主》的下卷中，"托克维尔试图描绘的是建立在独一无二的原则基础上的'民主人'的精神和道德世界，这个原则就是平等，首先被理解为现代人的道德理想和希望前景的平等"②。托克维尔指出，民主社会所造成的最强烈的激情，就是对于平等本身的热爱，这种热爱是民主时代鼓励人们前进的主要激情。③ 问题在于，"一个民族不论如何努力，都不可能在内部建立起完全平等的社会条件……当不平等是社会通则的时候，最显眼的不平等也不会被人注意；而当所有人都处于几乎相等的水平时，最小一点不平等也会使人难以容忍"④。于是，就出现了一种看似怪异实则不难理解的现象："随着特权的逐渐减少，人们对于特权的憎恶反而日益加强。"⑤ 有学者指出，托克维尔看到了"存在着某种民主的偏离，不知不觉中促使社会从平等走向统一，

---

① 达尼埃尔·雅克：《托克维尔与政治封闭问题》，载雷蒙·阿隆、丹尼尔·贝尔等《托克维尔与民主精神》，陆象淦、金烨译，社会科学文献出版社，2008，第 223 ~ 224 页。
② 达尼埃尔·雅克：《托克维尔与政治封闭问题》，载雷蒙·阿隆、丹尼尔·贝尔等《托克维尔与民主精神》，第 216 页。
③ 托克维尔：《论美国的民主》（下卷），第 620 ~ 621 页。
④ 托克维尔：《论美国的民主》（下卷），第 669 ~ 670 页。
⑤ 托克维尔：《论美国的民主》（下卷），第 846 页。

从统一走向单一，从单一走向专制"①。对于平等的追求，蜕变为对于普世无差异的同一性或单一性的追求，而所谓的"专制"，就是这样一种心态情绪，即对于普世无差异的同一性或单一性的追求而导致对于差异的不容忍，对于"他者"特别是对于优越者的妒忌或怨恨，就像深受托克维尔影响的勒庞日后在分析民主（平等）思想对现代人心理状态的深刻影响时所说的："任何人在社会财富或智力上只要一超出一般人的水平，就会招来嫉恨，这种对优越性的仇恨心理盛行于社会所有阶级中，从下层工人阶级到上层资产阶级，概莫能外。其结果就是嫉妒、诽谤、好斗、嘲讽、迫害、愤世嫉俗以及对正直、无私和知识的不信任。"② 于是，对于绝对同一性（identity）的追求吊诡地导致了人与人之间真正的认同（identification）的崩解。这种吊诡的现象日后被舍勒概括成一条"怨恨"的社会学原理：在一个"人人都有'权利'与别人相比，然而'事实上又不能相比'"的社会中，必然会"集聚强烈的怨恨"。③ 在这种使社会成员彼此疏离甚至敌视的情感之下，诸如同情、怜悯等亲和性的情感都不可避免地被压抑了。④

对于分泌着"赤裸裸的唯我主义"的物质享受的无节制追求，构成托克维尔笔下又一种"民主人"的突出情感。如前面提到的，喜欢物质享受的大门，同样是"平等"为之敞开的。在贵族制国家，富人惯于摆阔，而不为物质享受操心，因为财富对他们来说是垂手而得；穷人则惯于安贫，因为他们根本没有希望获得物质享受，同时现实生活的悲惨处境限制了他们的想象力。但是，当等级的界限取消，特权不复存在时，"穷人的心里也产生获得享乐的念头，而富人则唯恐失去享乐"，于是所有的人都开始

---

① 阿涅丝·安托万：《托克维尔论政治与宗教》，载雷蒙·阿隆著《托克维尔与民主精神》，第 181 页。

② 古斯塔夫·勒庞：《革命心理学》，佟德志、刘训练译，山西人民出版社，2020，第 324 页。

③ 舍勒：《道德建构中的怨恨》，载刘小枫选编《舍勒选集》（上），上海三联书店，1999，第 406 页。

④ 亚当·斯密的观点有所不同，他认为，经过适当培养、调整和缓和的怨恨情绪，有助于促进他人的同情和正义的实现。不过，亚当·斯密把"怨恨"视为个人受到严重伤害后愤愤不平并要求得到旁观者公正的同情的自然情感，这与此处所谈的"怨恨"在所指上并不完全一致，也与日后尼采、舍勒等使用"怨恨"一词的含义不同。

操心、关注物质享乐。① 在消失了传统等级的民主社会中，"没有什么东西是固定不变的，每个人都苦心焦虑，生怕地位下降，并拼命向上爬；金钱已成为区分贵贱的主要标志，还具有一种独特的流动性，它不断地易手，改变着个人的处境，使家庭地位升高或降低，因此几乎无人不拼命地攒钱或赚钱。不惜一切代价发财致富的欲望、对商业的嗜好、对物质利益和享受的追求，便成为最普遍的感情"②。在托克维尔看来，实际上推动着从1789 年法国大革命到 1848 年革命的主要激情，也正是这种物质欲望或者说"贪婪"。③ 而这种欲望的泛滥，如上所述，将会"使人相信一切只是物而已"，从而导致"整个民族萎靡堕落"。④ 日后，无论是涂尔干，还是韦伯、马克思，这些取向不同的思想家都没有例外地将这种物欲主义看作现代道德弊病的基本症候，虽然他们并没有将它与民主的社会状态相联系。

四

在写给其政治导师皮埃尔－保罗·罗瓦耶－科拉德的一封信中，托克维尔这样陈说他写作《论美国的民主》第二卷的意图构想："在全书的进程中研讨了平等现象对于舆论和人们的感情产生了哪些影响这个哲学价值大于政治价值的问题之后，我最终着手研究经过如此变化的这种舆论与感情对于社会进程和政府应该产生什么影响。"⑤ 对舆论的关注，是托克维尔研究考察民主社会状态的一个重要主题，自然也是其情感进路的道德社会学的重要内容。舆论是道德作用过程中的重要因素，在德国社会学家滕尼

---

① 托克维尔：《论美国的民主》（下卷），第 660 页。
② 托克维尔：《旧制度与大革命》，第 35 页。
③ 托克维尔：《托克维尔回忆录》，董果良译，商务印书馆，2004，第 108 ~ 109、180、187 页。
④ 托克维尔：《旧制度与大革命》，第 35 页。
⑤ 转引自阿瑟·卡勒丁《托克维尔启示录：〈论美国的民主〉中的文化、政治和自由》，载雷蒙·阿隆、丹尼尔·贝尔等《托克维尔与民主精神》，第 19 页注③。

斯看来，它是现代社会之道德的基础。① 严格意义上的道德舆论，应该是社会成员基于对某种正当、权威或神圣的道德观念、规范、法则的普遍一致的认同、崇敬而形成的对于遵守或违背这种观念、规范或法则的行为和行为者的带有鲜明情感性的一致反应，包括赞叹、颂扬、景仰、谴责、鞭挞、排斥等。这种舆论既可以成为道德行为的动力，比如当行为者意识到道德的行为能够获得人们的颂扬而带来荣誉感时，也可以成为道德行为的压力，比如当行为者意识到背德的行为将导致人们的谴责、鄙视而带来耻辱感时。而托克维尔对于民主社会之舆论的考察则向我们揭示：在民主（平等）的社会状态下，一方面个体具有脱离正常舆论之影响的自然趋势，另一方面民主（平等）的社会状态又往往导致正常舆论的畸变。

道德舆论的形成和作用紧密联系于自豪（荣誉感）、羞辱、义愤等道德情感，而这些情感通常在一个成员与成员之间常常发生面对面的互动交往的、稳定的熟人共同体中才更容易发生，因为，自豪（荣誉）是人前的自豪，丢脸（羞辱）也是人前的丢脸。但是，如上所述，现代民主社会恰恰是个体从传统共同体中"脱嵌"出来走向个体化和陌生化的、高度流动性的"匿名化"大众社会。在这样的社会中"舆论抓不住把柄，它所谴责的对象可以立即隐藏起来，躲避它的指控。荣誉在民主国家不太使人值得自豪，也很少有人当中显示"②。质言之，在民主社会，一方面，作为不断流动的陌生而匿名的大众之一员，行动者的自豪、羞辱等情感自然趋于淡漠；另一方面，同样作为陌生而匿名之大众中的一员，沉陷于"个人主义"情感之中的旁观者，则根本很少去留意关注别人的具体行为。于是，正常的道德舆论在民主社会大大淡化甚至消散了。就像涂尔干日后说的那样，在现代陌生人社会，"舆论得不到个体之间频繁联系的有效保证，它也不可能对个体行动实行充分的控制，舆论既缺乏稳定性，也缺乏权威性"③。

在正常的舆论趋于淡化甚至消散的同时，托克维尔注意到，"平等的

---

① 滕尼斯：《共同体与社会——纯粹社会学的基本概念》，第 446 页。
② 托克维尔：《论美国的民主》（下卷），第 787 页。
③ 涂尔干：《职业伦理与公民道德》，第 12 页。

进步赋予了舆论以新的特点"①，或者更精确、更直白地说，民主的社会状态带来了正常舆论的某种畸变。如上所述，严格意义上的道德舆论，应该是社会成员基于对某种正当、权威或神圣的道德观念、规范、法则的普遍一致的认同、崇敬而形成的对于遵守或违背这种观念、规范或法则的行为和行为者的带有鲜明情感性的一致反应。也就是说，真正正常的道德舆论，以某种权威性的道德观念、道德价值共识的存在为前提，是以这种道德权威为准绳的评价性、情感性反应。但是，在民主的社会状态下，所谓"舆论"却常常是前述那种对于平等的追求与不可能绝对平等的社会结构之间的张力所导致的欲望的解放和攀比的普遍化的产物，也即驱动它的是一种"群氓式心态"——既然所有人都是平等的，那么，别人拥有的，我也应该有，别人能做的，我也可以做，别人可说的，我也可以说！或者反过来，既然我没有，为什么别人可以有？既然我不能做，为什么别人就可以做？既然我不能说，为什么别人就可以说？② 因此，它不是对于道德权威、道德共识的表达、捍卫、守护，而是一种弥散性、传染性、裹挟性的欲望的表达和释放。由此形成的"舆情"很容易为别有用心的人所操弄利用：在民主的社会状态下，"舆论"固然同样作为群众力量的产物而形成，但"一旦群众丧失以往作为贵族……价值源泉的崇敬感，他们就会放任欲望膨胀，从而听任狡猾的蛊惑人心的宣传家们摆布，来满足自己的欲望，或者毋宁说是盲目相信自己的力量"③。这样一种所谓的"舆论"，其作用不是对道德的匡扶，而是对个体或少数人的压迫，是"多数（人）的暴政"④。这种情形，很像今天我们时常看到、遇到的"道德绑架"，而无论怎样的绑架，都绝对绑架不出真正的善意善行。

---

① 克洛德·勒福尔：《压迫思想的威胁》，载雷蒙·阿隆、丹尼尔·贝尔等《托克维尔与民主精神》，第 171 页。
② 王小章：《群氓是怎样炼成的?》，《读书》2018 年第 8 期。
③ 克洛德·勒福尔：《压迫思想的威胁》，载雷蒙·阿隆、丹尼尔·贝尔等《托克维尔与民主精神》，第 173 页。
④ 托克维尔：《论美国的民主》（上卷），第 299 页。

五

荣誉感或者说对于特定道德准则之崇敬感的变化、导致普遍的社会冷漠的"个人主义"、对于差异和"他者"的不容忍与妒忌或"怨恨"、对于分泌着"赤裸裸的唯我主义"的物质享受的无节制的追求以及舆论的消散与畸变，构成了托克维尔笔下民主社会形态下最基本的具有重要道德意涵的情感现象。

如本文开头所指出的，托克维尔的道德社会学是服务于他如何"从上帝让我们生活于其中的民主社会的内部发掘自由"这一根本宗旨的。自由是托克维尔无条件的挚爱，也是他眼中民主得以产出"幸福果实"的根本所在（在托克维尔看来，任何"幸福果实"如不与自由伴随，则都将蜕变为奴役的因素），或者说，就是他期待于民主所能产生的最根本的"幸福果实"本身。但是，这种"幸福果实"不是民主的社会状态能够自发地产生的，恰恰相反，民主的社会状态自发地产生着各种对于自由的威胁因素①，其中就包括上面所述的诸种有重要道德意涵的情感现象。在这些情感现象中，除了关于荣誉感的变化中所提到的对于普遍性道德准则的认同敬重将取代曾被各个特定的阶层或集团所信奉恪守的特殊道德规范、褒贬标准，其余各项在托克维尔看来可以说都是个人真正自由的毒素。为什么？按照托克维尔看似吊诡实则恳切的观点，在民主的社会状态下，原子化的个体们越是封闭于"个人主义"的情感，越是怨恨疏离他人，越是沉湎于"唯我主义"的个人物质欲望，则他的个人权益越得不到保障，因为，由此形成的对于公共事务的集体冷漠最有利于最终将能够剥夺任何个人权利的专制权力的形成；畸变的舆论越是压迫少数的正当权利，每个人的权利越没有保障，因为谁都有可能成为那个被压迫的"少数"。一言以蔽之，在民主的社会状态下，个体越是只关注于个体一己之情感欲望（这是上述注重情感现象共同的也是最突出的后果），个体自由就越没有保障。

---

① 王小章：《经典社会理论与现代性》，第 68～78 页。

因此，为了"从上帝让我们生活于其中的民主社会的内部发掘自由"，为了使这个社会正常良性地运转从而给生活在这个社会中的人们带来美好而幸福的果实，就必须克服、化解民主社会状态自发产生的自由的毒素。

为了在民主社会状态下维护少数的权利和个人自由，托克维尔指出："给社会权力规定广泛的、明确的、固定的界限，让个人享有一定的权利并保证其不受阻挠地行使这项权利，为个人保留少量的独立性、影响力和独创精神，使个人与社会平起平坐并在社会面前支持个人：在我看来，这些就是我们行将进入的时代的立法者的主要目标。"① 这是政治和法律的手段。这当然是必需的，但又是不够的。外在的制度手段只能防范、阻遏舆论的畸变所形成的"多数人的暴政"，却无法克服民主社会状态下个体内心的那些毒害社会正常良性运行、最终毒害个体真正自由的情感。因此，要"从上帝让我们生活于其中的民主社会的内部发掘自由"，要使这个社会正常良性地运转从而给人们带来美好而幸福的果实，还必须在社会成员中培育某种相应的道德修行，"自由与其说是制度的女儿，毋宁说是品德的女儿，而品德是信仰的女儿"②。而如果说，前述那些在民主的社会状态下很容易自发滋生的情感现象对人们之道德精神所产生的共同的，也是最突出的影响，是使人们越来越只关心个体自己，从而越来越与他人疏离，与社会隔绝，那么，培育能够使民主社会良性运行并生出"自由女儿"的品德的关键，就在于要克服这种只顾一己的孤离情感，培育随时顾及他人并自觉对社会担责的公共精神。

当然，更关键的在于如何克服这种孤离情感并养成关心他人，对社会担责的公共精神。上文提到，托克维尔认为，自由是品德的女儿，而品德是信仰的女儿。因此，托克维尔关注宗教信仰的作用，希望通过宗教的介入来保障个人的道德世界。民主的社会状态开启了个人主义、物欲主义的大门，而宗教的最大功能，就在于激发与此相反的禀性："没有一个宗教

---

① 托克维尔：《论美国的民主》（下卷），第880页。
② 《托克维尔全集》（法文版）（第三卷）（第二册），第494页，转引自索尼娅·沙博《阿历克西·德·托克维尔著作中的公民教育、国民教育与教育自由》，载雷蒙·阿隆、丹尼尔·贝尔《托克维尔与民主精神》，第165页。

不是把人的追求目标置于现世幸福之外和之上，而让人的灵魂顺势升到比感觉世界高得多的天国的。也没有一个宗教不是叫每个人要对人类承担某些义务或与他人共同承担义务，要求每个人分出一定的时间去照顾他人，而不要完全只顾自己的。"① 也就是说，宗教一方面约束个体无休止的欲望，另一方面则推动个体去为人类承担责任和义务，从而从正反两个方面形塑人们的道德世界。问题在于，宗教之于道德的这种功能，是以宗教信仰在人心的扎根为前提的，否则，就无从言起。而信仰的形成扎根，从根本上讲是一个在绵绵不绝的传统下习传的过程，而不是能够强行灌输的。为了在民主的时代发掘出自由的果实，托克维尔期望"改变旧的法制而不触动旧的信仰"②。他确实于一定程度上看到了这种情形，但是，他也不能不承认："我们这个时代的人，当然很少有虔诚的信仰。"③ 实际上，托克维尔自己，就始终挣扎于人应该有信仰的信念和事实上却没有信仰的苦恼之中。

如果宗教在民主的时代因其本身上的式微而已不堪充当道德之父，那么如何形成能使民主社会良性地运转从而给人们带来美好而幸福的果实所需要的道德呢？这就要谈到托克维尔另外两个方面的论述。一是关于"明智理解的自我利益"④ 的论述。"明智理解的自我利益"是美国人处理个人利益一个全体利益的原则，也是托克维尔认为"一切哲学学说中最符合当代人的需要的理论"⑤。这个原则的基本观念是，在身份平等的民主时代，世界上没有任何力量能够阻止人们去追求个人的自我利益，因此，高调地要求人们去牺牲自己而成就和表现自己的高尚美德是白费口舌，但是我们可以通过让人们认识个人利益与全体利益的相通相符而培育人们这样的信

---

① 托克维尔：《论美国的民主》（下卷），第 539～540 页。
② 托克维尔：《论美国的民主》（下卷），第 521 页。
③ 托克维尔：《论美国的民主》（下卷），第 546 页。
④ "明智理解的自我利益"（self - interest well understood），《论美国的民主》中文版译者翻译为"正确理解的利益"，也有人翻译为"不言而喻的私利"（参见哈维·C. 曼斯菲尔德《托克维尔》，马睿译，译林出版社，2016，第 62 页），不过，从托克维尔所阐释的这句话的意涵看，笔者认为，翻译为"明智理解的自我利益"更为准确。
⑤ 托克维尔：《论美国的民主》（下卷），第 654 页。

念：某些牺牲对于牺牲者本人和受益者都是必要的，为他人服务也是在为自己服务，个人的自我利益恰恰在为善之中。"明智理解的自我利益"原则"不要求人们发挥伟大的献身精神，只促使人们每天作出小小的牺牲。只靠这个原则不足以养成有德之人，但它可使大批公民循规蹈矩、自我克制、温和稳健、深谋远虑和严于律己。它虽然不是直接让人依靠意志去修德，但能让人比较容易地依靠习惯走上修德的道路"①。可以看出，"明智理解的自我利益"原则立足于自我利益与全体利益的关系而导出的"修德"之路，乃是利用"个人的利益来对抗个人本身"，这是一条以"利导"代替"说教"的现实主义的道德进路。实际上，这条进路，在托克维尔之前，孟德斯鸠、亚当·斯密甚至霍布斯等都曾直接或间接地涉及，而最后由赫希曼概括为以"利益"驯服"欲望"的进路。②

关于如何锻造使民主社会带给人们美好而幸福的果实所需要的道德，托克维尔另一个值得关注的论述是有关道德教育的论述。托克维尔将教育看作"心灵和品德的训练"，他重视教会、学校这些机构在形塑公民道德上的作用，认为教会应该向青年人灌输公民精神，所有的现代学校都应该将"启迪人智的教育和匡正人心的教育"结合起来，注重培养儿童公共生活的习惯，向学生灌输公民责任意识。③ 但是，托克维尔并没有高估教会、学校这些机构在培育、训练公民责任感、公共精神方面的作用。他认为，现代社会的道德教育，从根本上讲是一种公民实践教育，民主社会所需要的公共精神、公民责任，最终只能在公民对于公共事务的实际参与中来培育。在谈到美国人的公共精神时，托克维尔指出："每个人为什么像关心自己的事业那样关心本乡、本县和本州的事业呢？这是因为每个人都通过自己的活动积极参加了社会的管理"，因此，"公民精神是与政治权利的行使不可分的"。④ 在指出只有通过对公共事务的参与实践来培育公民的公共

① 托克维尔：《论美国的民主》（下卷），第 653 页。
② 阿尔伯特·赫希曼：《欲望与利益：资本主义胜利之前的政治争论》，2015。
③ 索尼娅·沙博：《阿历克西·德·托克维尔著作中的公民教育、国民教育与教育自由》，载雷蒙·阿隆、丹尼尔·贝尔《托克维尔与民主精神》，第 162~170 页。
④ 托克维尔：《论美国的民主》（上卷），第 270 页。

精神之后，托克维尔又指出："很难使一个人放弃自我去关心整个国家的命运，因为他不太理解国家的命运会对他个人的境遇发生影响。但是，如果要修筑一条公路通到他的家园，他马上会知道这件小公事与他的大私事之间的关系，而且不必告诉他，他就会发现个人利益和全体利益之间存在紧密联系。"① 在此，托克维尔实际上提醒我们，在通过公共参与培育公共精神时，必须有一个由小而大的阶程。也就是说，要引发培育人们的公共精神，不能一下子从"大公"开始，恰恰必须从"小公"开始。通过对那些小范围的公共事务的参与介入，切身地体会到公共事务与自己利益之休戚相关的联系，进而在这种参与介入中，慢慢地认识到，在这个世界上，除了存在着使人与人之间分离开来的、相互冲突的利益，还存在着许许多多使人与人之间联合起来的、彼此相通的利益，进而在这种体认中，逐步地、习惯成自然地引发人们的公共关怀、公共精神。显而易见，托克维尔此处关于培育公民道德、公共精神的立足点，依旧是个人利益和全体利益的关联，就此而言，他对于"明智理解的自我利益"的论述与他对于系于公共实践的公共精神的论述，乃是一体之两面。

---

① 托克维尔：《论美国的民主》（下卷），第632页。

第三章

道德形式的转型（1）：从特殊
主义到普遍主义

从上一章的叙述分析可以看出，带来道德事实诸层面上道德情感变化的社会结构及相应的运行方式的变迁，其根本在于在现代化的进程中从封闭、静态、同质、成员之间密集互动的小共同体熟人社会向开放、流动、异质、成员之间彼此疏离的陌生人大社会的转变，或者说，从传统乡村所代表的以初级关系为主的小共同体社会向现代城市所代表的以次级关系为主的现代大社会的转变。① 与外界的隔绝、社会的静止凝固、物质及精神生活的一致、在外界隔绝的情况下内部成员之间高度的相互依赖和密集而直接的互动交往，还有由此形成的每个人与每个人之间的特殊私人关系，也即马克思所说的个体只是"一定的狭隘人群的附属物"的社会状态，是一种在内容上不仅仅对一般的道德价值而且对社会成员的各种具体行为做出严格规定，很少给个体成员留下灵活机动的余地，在形式上容许，甚至强调因人而异的特殊主义的，常常以非正式、无意识的状态存在的道德，是获得社会成员之认受、尊重的基础，也是道德舆论生效的基础，同样，成员之间关系的熟悉性、接近性、具体性（初级社会关系），也是诸如同情、怜悯等情感容易被现实地激发出来的基础。而当社会形态从传统的小

① 帕克：《城市：有关城市环境中人类行为研究的建议》，第31～32页。

道德的转型
道德社会学的探索

共同体熟人社会演变为现代开放化、流动化、异质化、个体化、一体化（全球化）的陌生人大社会，这种传统的道德形态也就失去了现实社会基础，因而必须相应地转型。从本章开始，我们将用三章的篇幅，来讨论随着社会的转型，道德从形式到内容所需要的转型。

第一节 道德相对主义站得住脚吗？

如果说，对于传统道德来说，小共同体社会的封闭性以及相应的独特社会生活条件是它的一个基础性的事实，那么，对于通过转型而要确立的现代道德来说，它就必须面对由现代社会的开放、流动所形成的社会一体化，而今这种一体化更是进入了全球化。而一种值得注意的现象是，随着全球化社会的到来，不仅在理论上，而且在社会成员的心态上，我们似乎已经步入了一个道德相对主义的时代："在面对我们这一时代一些最具分歧性的公共问题时，道德相对主义总是位居要津。"[①] 在前现代社会中，对于与其他社会隔绝的特定社会的成员来说，往往只有某种特定的、唯一的价值立场、生活态度，这导致了他们基本一致的观察世界、思考社会的方式；在缺乏差异性之参照的情况下，他们很难想象别样的可能，从而自然而然地容易形成道德绝对主义的信念，即相信自己所信奉的道德观念、道德标准的绝对性、唯一性、普世性。现代性打破了社会生活状态的这种封闭和静止，社会的开放和流动将客观存在的道德多样性、歧异性，乃至彼此的冲突性无遮无蔽地带到了人们面前，而全球化时代的到来则将这种开放、流动以及相应的异质、杂处推向了前所未有的深度和广度。由此，道德的多样性而非单一性、特殊性、普世性、变异性、恒定性，成了人们生活体验中的"新常态"。与此相应，绝对主义的道德信念开始滑向相对主义：我们的道德世界只是众多道德世界中的一个，我们无法对另外的道德

---

① 史蒂文·卢克斯：《道德相对主义》，陈锐译，中国法制出版社，2013，"序"第3页。

世界做出评判，即使做出了，这种评判对于被评判的那一道德世界来说，也没有什么道德价值。

应该承认，在避免自我中心主义的道德独断论、抵拒文化殖民主义、维护文化多样性及其彼此之间的平等等方面，道德相对主义曾经发挥并且还可以继续发挥其功用。但是，这种功用并不意味着道德相对主义本身没有问题。道德相对主义本身的最大问题是，它在拒绝某种特定道德标准（如西方社会的道德标准）的普世性宣称的同时，进一步否定人类普遍道德的存在可能，放弃对人类普遍道德的追寻，从而陷入特殊主义的陷阱，进而成为下面这种行径的理论辩护：在"特殊性"的名义下固守固有的道德标准，拒绝现代文明世界的基本价值、基本规则。实际上，这也是一种"自我中心主义"。可以这么说，假如殖民主义的自我中心主义是一种"扩张式"的自我中心主义，那么这种自我中心主义就是一种"自闭式"的自我中心主义。

当然，关键在于，道德相对主义的这种理论辩护正确吗？

在审视思考道德问题时，可以有两种不同的方式或者视角。一种是以一个外在观察者的身份来看待道德现象，即从人类学或者社会学的角度来看待它们。在这种视角下，人们会看到道德因社会、文化的不同而不同，甚至因群体的差异而有所差异。这种视角努力客观地描述不同的道德规范及其作用方式，说明它们如何产生，以及如何规范和影响人们的行为和思想。思考认识道德问题的另一种方式或者视角是作为道德活动的行为人或参与人，从道德实践的内部来思索看待道德。从这一立场出发，思考者会严肃认真地面对下面这些问题：我与其他人应该做什么？什么是正确的？什么是错误的？什么是好的或善的？什么是坏的或恶的？什么是我的责任或义务？什么是绝对不能为的？……在这种立场下，道德成为应用于思考者自身以及与他处于相同地位的任何其他人的原则，这时，道德往往是单一的而非多元的，即使这种道德与其他价值相冲突，但在当下只有这种"唯一的道德"。前一种思考道德的立场可以称为"关于道德的描述性观点"，而后一种立场则是"关于道德的规范性观点".① 显然，从道德行动者，也即从道德实践内部的角度来看，道德绝对主义无疑是比相对主义更为可取的观点。如果一个道德行为人在践行一种具体的道德行为时，不是将这种行为视为没有选择的绝对必须，而只将其视为一种从特定立场出发的相对的权宜选择，那么，道德就会成为公说公有理婆说婆有理、此亦一是非彼亦一是非的说辞，进而更可能沦为韦伯所说的每个人都将道德看作在特定情境下服务于自己所需的"招之即来，挥之即去"的"计程车"的道德机会主义或道德实用主义。道德绝对主义的问题在于，它将道德看作完全超越于具体社会环境脉络的东西，隔绝了特定道德与它产生和作用于其中的环境的联系，因而，当你从一个外在观察者的角度来看道德现象时，你会发现那些彻底的道德绝对主义者往往会昧于道德在时间和空间中的变迁和多样性，而将其看作绝对恒定的东西。而在道德绝对主义呈现问题的地方，道德相对主义恰恰显示出其优势。

道德相对主义立足于客观存在的道德多样性，并努力客观地描述和解释这种多样性，就此而言，它首先是一种"关于道德的描述性观点"，不过，道德相对主义并不全然停留于这种描述性观点，它进一步主张要维护、捍卫这种道德多样性，并以多种不同的道德之间不可通约为由而主张道德特殊主义，因此，它又具有明显的价值取向的意味，是一种"主义"，也即具有明显的"道德规范性观点"的性质。前面说道德相对主义相比于道德绝对主义有其优势之处，主要是就其作为一种"关于道德的描述性观点"而言。作为一种"描述性观点"，道德相对主义以外在观察者的身份来看待道德现象，体现的是一种人类学或者社会学的观点立场。道德相对主义的基本观点是：第一，不同社会有不同的道德规范；第二，一个社会的道德规范在也只在这个社会范围之内决定什么行为是对的或者什么行为是错的；第三，没有客观的标准来判断一个社会的道德规范比另一个社会的道德规范更好，没有在所有时代被所有人坚持的道德真理；第四，我们自己社会的道德规范只是众多规范中的一种，没有特殊的地位；第五，对

---

① 史蒂文·卢克斯：《道德相对主义》，第20～22页。

其他文化的正确态度是宽容，以自己文化的标准评判其他文化是一种自大和僭越。① 其中第五点也显示了道德相对主义作为规范性观点的特征。道德相对主义的这些基本观点一方面呼应了近代以来实证社会科学关于事实（"是什么"）与价值（"应该是什么"）的截然两分，另一方面，自20世纪以来更得到了人类学之文化相对主义的支持（实际上很大程度构成了文化相对主义的核心理念）。文化相对主义反对作为殖民主义张本的文化进化论认为，每一种文化都是在特定的环境中产生形成的，都是因应特定之自然的、历史的环境而满足社会之需要、维护社会之运行的产物（这体现出文化相对主义吸取了功能主义的思想）；任何一种特定的文化，都只能从其产生于其中的特定环境中才能得到理解，才能发现相对于其产生的特定的环境都有其合理性、适应性，因此，不同文化之间没有可比性，更不存在上下高低、进步落后之分别。而道德，作为文化的基本要素，自然也是产生并适应于特定社会环境的，只能在其产生并作用于其中的特定社会环境中来认识与理解，对任何一种特定而具体的道德做任何脱离具体社会环境的一般化的评判都是不科学、非理性的，不是蛮横霸道，就是隔靴搔痒。

可以看出，作为一种"描述性观点"，道德相对主义将特定的道德紧密联系于这种道德产生和作用于其中的特定社会来加以认识与理解的思维方式和涂尔干的道德社会学观念不无相通。

涂尔干将社会与道德看作一体两面：从特定社会需要特定道德来维系（即道德的社会功能）的角度，涂尔干将社会看作一种"道德事实"，而从道德的形成产生与性质的角度，他又将道德看作外在于并强制性地约束个体的客观的"社会事实"。② 他认为，道德是各种明确规范的总体，就像具有限定性边界的模具，框定着我们的行为。但是"我们不能通过从某些普

---

① 詹姆斯·雷切尔斯、斯图尔特·雷切尔斯：《道德的理由》（第7版），杨宗元译，中国人民大学出版社，2014，第16~17页。

② 涂尔干的道德社会学中蕴含着历史决定论的倾向，当然这是另一个问题，对此问题的检视参见王小章《马克思主义社会学：打通实证与理解的藩篱》，《社会学研究》2018年第5期。

遍原则中推导出这些规范"①，因为，道德"是在集体需要的压力下形成和巩固起来的一套功能系统"②。也就是说，特定社会的道德是由该社会特定的状况决定的："在某个特定的时代（当然也可以说"特定的社会"——引者），想要获得一种不同于社会状况所确定的道德是不可能的。社会的本性蕴涵着道德，若想要一种与之不同的道德，就会否认社会的本性，结果只能否认自身。"③ 因此，"无论如何，我们不会去鼓吹一种与相应于我们的社会状况的道德完全不同的道德"④。

"无论如何，我们不会去鼓吹一种与相应于我们的社会状况的道德完全不同的道德"，这与道德相对主义者反对以自己社会的道德标准去评判其他社会的道德的做法显然是异曲同工、殊曲相通的。那么，这是否意味着，从（涂尔干的）道德社会学的角度来看，道德相对主义就没有问题而完全可以接受呢？确实有学者——当代著名社会学家同时是道德社会学的探索开拓者鲍曼——将涂尔干的道德社会学看作一种道德相对主义，"如果道德唯一的存在基础是社会的意志，而它唯一的功能就是使社会继续存在下去，那么实质性地评价具体道德体系这个问题就切实地从社会学的议程中被抹去了。……由于社会需要是道德的唯一实质，那么所有道德体系从唯一可合理地（客观地、科学地）估量与评价的角度——它们对需要的满足程度来说——都是均等的"⑤。但实际上，鲍曼对于涂尔干的道德社会学的这一批评是存在偏颇的。涂尔干尽管肯定"道德是随群体生活而生的"，但他同时明确指出，"群体有各种不同的类型，如家庭、法团、城市、国家以及国际的群体。这些各种各样的群体构成了一个等级体系，人们可以根据相关领域，根据社会范围，根据其复杂程度和专业程度，找到相应级别的道德行为"⑥。也就是说，在社会的发展变迁进程中，形成了社

---

① 涂尔干：《道德教育》，陈光金译，载渠敬东主编《涂尔干文集》（第6卷），商务印书馆，2020，第32页。
② 涂尔干：《职业伦理与公民道德》，第247页。
③ 涂尔干：《社会学与哲学》，第41页。
④ 涂尔干：《社会学与哲学》，第66页。
⑤ 鲍曼：《现代性与大屠杀》，第225页。
⑥ 涂尔干：《社会学与哲学》，第56页。

会群体的不同类型和层次，不同层次类型和层次的社会群体需要不同的道德，因此，我们不能只是固守某个层次群体（如民族、国家）的道德并以此来拒绝确立其他层次群体的道德。而这，恰恰正是道德相对主义的问题或者说病灶所在。

如上所述，道德相对主义并不单纯地是一种关于道德的"描述性观点"，而且还是一种"主义"，一种关于道德的"规范性观点"，而且，作为一种道德的"规范性观点"，它并不停步于只是消极地"反对以自己社会的道德标准去评判其他社会的道德"，还积极地维护和捍卫道德的多样性，进而以不同的道德之间不可通约为由主张道德特殊主义，怀疑、放弃并反对对普遍性道德的寻求。而道德相对主义的问题，就其作为一种"描述性观点"而言，并不在于其所具有的与道德社会学相通的观察与理解视角，而在于它并没有将这一视角贯彻到底，即它只执着于某一类特定的社会群体（如族群），而没有将视野拓展至所有类型、层次的群体。而就其作为一种"规范性观点"而言，则在于它以其并不彻底的"描述性观点"为基础而在"规范性观点"上进行了跳跃式推进，在于它对于道德特殊主义的固守和对普遍性道德的拒绝：从逻辑上说，从"特定的道德只有联系于这种道德产生和作用于其中的特定社会来加以认识与理解"可以推出"不能以自己社会的道德标准去评判其他社会的道德"，但是，却不能由此进一步推出作为正面价值取向的道德特殊主义，更不能由此得出普遍性道德不存在或不能找到的结论；而从经验性的方面看，道德相对主义对于道德特殊主义的固守和对普遍性道德的拒绝的背后，实际上体现了它对社会和历史所持的静态的观点，也即无视或者说否定现实的社会环境本身的变化。特定的道德固然产生、形成、作用于特定的社会，只有联系于这特定社会的特定状况才能加以认识与理解，但是，这特定社会本身是置身于不断变化的历史进程中，并随这一历史进程而变化的，这种变化既包括其自身的演变发展，也包括横向上其与其他社会、其他文化的接触碰撞。实际上，在《路德维希·费尔巴哈和德国古典哲学的终结》一文中，针对黑格尔所说的"凡是现实的都是合乎理性的，凡是合乎理性的都是现实的"，恩格斯就指出："在发展进程中，以前一切现实的东西都会成为不现实的，都会丧失自己的必然性、自己存在的权利、自己的合理性……凡在人类历史领域中是现实的，随着时间的推移，都会成为不合理性的。"[1] 而道德相对主义恰恰昧于这种社会历史变化，进而企图在变化的社会中固守不变的道德或道德的不变。而道德社会学的观点则不同，它肯定特定社会的道德取决于该社会特定的状况，因此只能在该社会中"寻找它们的原因和条件"，但它不止步于此，而进一步肯定，社会状况的变化决定了道德也必须随之变化。在《自杀论》的结尾处，涂尔干指出：

> 一个民族的精神体系实际上是确定的力量体系，不可能通过简单的禁令来打乱和重新安排。实际上，这种精神体系取决于各种社会成分的组合和组织。既然是一个以一定数量的个人以一定的方式构成的民族，就会产生一系列集体的思想和习惯，只要决定这些思想和习惯的条件不变，这些思想和习惯就保持不变。事实上，集体存在的性质必然根据其组成部分的多少和按哪一方式组成而变化，它的思想和行为的方式也随之而变化；但是我们只能改变集体存在本身才能改变其思想和行为的方式，我们不能改变集体存在而不改变其组织结构。因此，我们在把以自杀的不正常发展归结为其症状的弊病称之为道德上的弊病时，决不是想把这种弊病归结为可以用一些好话来消除的某种表面上的疾病。恰恰相反，由此向我们暴露的道德气质的变化证明我们的社会结构发生了深刻的变化。[2]

在这段话中，涂尔干一方面肯定，作为一种"确定的力量体系"，只要道德产生于其中的社会的条件不变，它就"不可能通过简单的禁令来打乱和重新安排"，但是，另一方面，他则又明确指出，当社会的结构或者说条件已然发生变化，而道德未能相应地调整或者依旧固守既有的道德，那么，这个社会的道德气质就会呈现病态。换言之，新的社会状态、社会条件需要并

---

① 恩格斯：《路德维希·费尔巴哈和德国古典哲学的终结》，载《马克思恩格斯文集》（第4卷），第269页。

② 涂尔干：《自杀论》，第368~369页。

呼唤着新的道德，我们必须努力去寻求这种新的道德。道德相对主义虽然在作为"描述性观点"时与道德社会学的视角有款曲相通之处，但是，它没有将道德社会学的立场贯彻到底，于是，最终在不同社会、不同文化之间的接触、互动、碰撞已成无可回避、不可逆转的事实的新社会条件下，在人类社会成员的联系与交往已经无可逆转地走向一体化、全球化的新社会情态下，徒劳地固守在隔绝状态之下产生作用于各社会内部的那种特定道德，而这，也正是笔者称其为"自闭式"的自我中心主义的原因所在。实际上，早在170多年前，马克思、恩格斯就指出，资本主义"大工业"已经开创了"世界历史"，"过去那种地方的和民族的自给自足和闭关自守状态，被各民族的各方面的互相往来和各方面的互相依赖所代替了。物质的生产是如此，精神的生产也是如此。各民族的精神产品成了公共的财产。民族的片面性和局限性日益成为不可能，于是由许多种民族的和地方的文学形成了一种世界的文学。资产阶级，由于一切生产工具的迅速改进，由于交通的极其便利，把一切民族甚至最野蛮的民族都卷到文明中来了"[①]。文学如此，道德自然也是如此。在"世界历史"的时代，当人本身走出了狭隘的本地、本族的特定圈子，道德自然也就要突破这个狭隘的特定圈子。

第二节　"差序格局"还能继续吗？

假如说道德相对主义是一种昧于社会历史的发展变化而拘泥于、自闭于地方或族群的特殊性的特殊主义道德理论，那么，费孝通以"差序格局"一语所揭示的，则是一种别具中国特色的、立足于传统熟人社会之熟人关系的特殊主义道德。问题是，当社会在现代化的进程中从熟人社会演变为陌生人社会之后，作为一种道德形态的"差序格局"还能够继续维持吗？

1. "差序格局"的双重意涵和传统道德的中西之别

论引起的关注和讨论之多，以及在社会大众中的流布之广，在费孝通

---

① 马克思、恩格斯：《共产党宣言》，载《马克思恩格斯文集》（第2卷），第35页。

所提出的诸多概念中，恐怕无逾于"差序格局"了。仅费孝通先生去世以后，就有阎云翔、翟学伟、廉如鉴、张江华、郑伯埙、罗家德等学者围绕这一概念进行了种种讨论，这些讨论的角度不同，或想挖掘这一概念更深、更丰富的内涵，或致力于澄清围绕这一概念的一些疑惑迷雾，或着眼于这一概念在某些特定领域中的应用或解释力，当然也有指出这一概念存在的不足与局限的，但在总体上都肯定这一概念的重要理论价值，肯定它是费孝通先生留给人类知识宝库的一份重要思想遗产。不过，就此处我们所讨论的论题而言，笔者倒觉得，有一篇并非社会学、人类学领域的学者所写的文章特别值得注意。那就是朱苏力发表在《北京大学学报》（哲学社会科学版）2017 年第 1 期上的《较真"差序格局"》一文，该文指出费孝通后来放弃了"差序格局"这个概念无疑是反映了费孝通的学术敏感、精细和较真。笔者之所以觉得该文值得注意，是因为它提出了一个观点，即认为"差序化是每个自然人，无论中外，应对和想象其生活世界的天然且基本的方式"，因而"差序格局"这一概念"很难具有作为社会学基本概念的学术潜能"，"不具描述或概括历史中国，甚或乡土中国社会格局的意义"。① 说实话，笔者也不认同"差序格局"这个概念"不具描述或概括历史中国，甚或乡土中国社会格局的意义"（见下文论述），但是，"差序化，是每个自然人，无论中外，应对和想象其生活世界的天然且基本的方式"却提醒笔者注意到"差序格局"所包含的双重意涵，以及其所涉及的道德伦理格局上的中西古今之别。

什么是"差序格局"的双重意涵？还是先来看费孝通自己的表述吧。

> 以"己"为中心，像石子一般投入水中，和别人所联系成的社会
> 关系，不像团体中的分子一般大家立在一个平面上的，而是像水的波
> 纹一般，一圈圈推出去，愈推愈远，也愈推愈薄。在这里我们遇到了
> 中国社会结构的基本特征了。我们儒家最考究的是人伦，伦是什么
> 呢？我的解释就是从自己推出去的和自己发生社会关系的那一群人里

---

① 朱苏力：《较真"差序格局"——费孝通为何放弃了这一概念?》，《北京大学学报》（哲学社会科学版）2017 年第 1 期。

所发生的一轮轮波纹的差序。……伦重在分别，……"不失其伦"是在别父子、远近、亲疏。伦是有差等的次序。……在我们传统的社会结构里最基本的概念，这个人和人往来所构成的网络的纲纪，就是一个差序，也就是伦。《礼记·大传》里说，"亲亲也、尊尊也、长长也，男女有别，此其不可得与民变革者也"。①

仔细体味这段话，我们不难看出，前半部分是对于以"己"为中心形成的客观的社会关系形态的一种事实描述，而后半部分则是通过对"伦"的解释呈现了行之于中国社会的、与前述客观的差序性的社会关系形态相应的伦理规范、处事准则，也即一种分亲疏、序尊卑、别男女、爱有差等，区别对待、因人而异的特殊主义取向的道德伦理。也就是说，作为一种在人们的社会行动中不断地生产和再生产的社会关系、社会交往的稳定而持续的形态或者说秩序，"差序格局"实际上包含着事实与规范这样两层含义，即客观关系的"差序格局"和伦理规范、道德态度的"差序格局"。尽管费孝通没有明确指出这两个层面，但是他的叙说是明显而清楚地包含着这两个层面的意涵的。对于前者，即客观关系的"差序格局"，费孝通还特别指出了两种既有区别又彼此联系的表现形态，即"根据生育和婚姻事实所发生"的亲属关系的"差序格局"，以及"地缘关系"的"差序格局"。②对于后者，即伦理规范、道德态度的"差序格局"，费孝通除了强调中国传统之分亲疏、别远近的人伦纲纪，还通过分析说明"一切价值以'己'作为中心"的"自我主义"，彰显出在客观关系的"差序格局"下不同于"个人主义"观念的中国人特有的伦理取向，而在《系维着私人的道德》一文中，则更是明确指出，这种"系维着私人的道德"是一种与"一根根私人联系所构成的网络"（也就是客观关系上的"差序格局"）相应的传统"乡土中国"所特具的道德，"从己向外推以构成的社会范围是一根根私人联系，每根绳子被一种道德要素维持着"③。

---

① 《费孝通全集》（第6卷），第128页。
② 《费孝通全集》（第6卷），第126～127页。
③ 《费孝通全集》（第6卷），第129、134页。

　　"差序格局"是一个兼具"事实"与"规范"双层意涵的概念。这一点对于这个概念本身的意义或生命力来说意味着什么呢？是不是依然像朱苏力认为的那样"不具描述或概括历史中国，甚或乡土中国社会格局的意义，因此很难具有作为社会学基本概念的学术潜能"呢？显然不能这样看。因为，虽然差序化本身确实是每个人同他人交往并想象其生活世界的普遍分享的一种自然倾向，从而不足以构成一种客观且别具一格的社会格局，但是，差序化的伦理准则、道德取向却不是普遍分享的自然倾向，而是特定文化的产物，体现的是特定社会（比如传统中国社会）的精神气质。特定的社会格局，即在人们的社会行动中不断地生产和再生产的社会关系、社会运行的稳定而持续的秩序，不仅仅是"自然倾向"的产物，而是"自然倾向"与特定伦理在特定的外部环境和社会结构条件下共同作用的产物。由此，糅合了客观事实和伦理取向两个层面之意涵的"差序格局"概念，并非"不具描述或概括历史中国，甚或乡土中国社会格局的意义"，恰恰相反，它反而能够引发人们关注和思索——缘何在一种"普遍分享的自然倾向"之下，传统"乡土中国"却形成了一种别具一格的社会生活格局或者说秩序？

　　那么，为什么在传统"乡土中国"会形成一种不同于"团体格局"的别具一格的"差序格局"呢？这显然不能归因于作为普遍分享之"自然倾向"的"差序性"，因为，作为普遍分享的"自然倾向"确实给中西方都带来某种程度的差序性关系，这既体现在亲缘交往上，也体现在地缘交往上。"差序格局"之所以是传统"乡土中国"之特定的社会格局，主要在于上面所说的规范性层面即中国的伦理特质。费孝通指出，中国传统社会里所有的社会道德"只在私人联系中发生意义"，"一个差序格局的社会，是由无数私人关系搭成的网络。这个网络的每一个结附着一种道德要素，因之，传统的道德里不另找出一个笼统性的道德观念来，所有的价值标准也不能超脱于差序的人伦而存在"①。与此不同，甚至相反，西方社会的道德与他们的宗教紧密相连，而在共同的神即上帝的观念之下，产生了两个重要的派生观念。一是每个个人在神前平等，二是神对每个个人的公道。

---

① 《费孝通全集》（第6卷），第131、136页。

"耶稣称神是父亲，是个和每一个人共同的父亲，他甚至当着众人的面否认了生育他的父母。为了要贯彻这'平等'，基督教神话中，耶稣是童贞女所生。亲子间个别的和私人的联系在这里被否认了。"① 由此，确立起了人人平等、每个个人与团体的关系都一样的伦理上的团体格局。当然，必须承认，中西方之间伦理上重"差序"和伦理上重"团体"的差别是相对的。中国也有主张"爱无差等"，如墨子之提倡"兼爱"；西方也并非一概在伦理上拒绝亲疏远近的"差等"，这只要想一下西方法律对于诸如遗产继承人顺序以及对于孤儿孤老的抚养赡养之责任人的顺序规定即可明了。但是，在总体伦理精神上，也不能不承认，它们在各自的文化内部都不属于主流。

实际上，早在费孝通之前，韦伯就分析指出了中西方在伦理精神上的明显不同。韦伯指出，西方宗教（尤其是清教）是拒斥、否定现世的，其伦理与现世之间是一种巨大的、激烈的紧张对立。面对源自此种宗教的"价值基准"，"'现世'就被视为在伦理上应根据规范来加以塑造的原料"。② 而中国不同，儒教对这个现世采取的是无条件肯定与适应的伦理，它倡导向外适应，适应现世的状况。于是，"中国的伦理，在自然生成的（或被附属于或被拟制成此种性质的）'个人关系团体'里，发展出其最强烈的推动力。这与最终要达到人（作为被造物）的义务之客观化的清教伦理，形成强烈对比。对那位超俗世的、彼岸的上帝所负有的宗教义务，促使清教徒将所有的人际关系——包括那些在生命里最自然亲近的关系——都评量为不过是另一种超越生物有机关系之外的、精神状态的手段与表现。虔诚的中国人的宗教义务则是相反的，促使他在既定的有机个人关系内部里去发现他自己。……一个中国儒教徒的义务总是对具体的人——无论是死是活——尽孝道，并对那些与他亲近的人——根据他们在自己生活中的地位——善尽恭顺之道"③。也就是说，与西方在拒斥现世的伦理精神下发展出一种"宰制现世的理性主义"不同，中国在适应此岸世界的伦理

---

① 《费孝通全集》（第 6 卷），第 132 页。
② 韦伯：《韦伯作品集 V：中国的宗教·宗教与世界》，康乐、简惠美译，广西师范大学出版社，2004，第 318 页。
③ 韦伯：《韦伯作品集 V：中国的宗教·宗教与世界》，第 319～320 页。

精神下形成了一种"适应现世的理性主义"，其伦理是要尽可能"让人们停留在自然发生的或是社会性上下关系所形成的个人关系里，而且神圣化'五伦'等亲属或拟亲的个人关系所产生的孝顺义务"①。

2. 在陌生人社会中，作为道德规范的"差序格局"还能维持吗？

如果上面的叙说表明，不同于"团体格局"的"差序格局"之所以是传统"乡土中国"之特定的社会格局，主要是由于中西方之"适应现世"和"拒斥现世"的伦理分野，那么，这是否也进一步意味着，"差序格局"与"团体格局"之区别主要就是中西方之异，而不是古今之别呢？问题却又并非那么简单。实际上，"差序格局"与"团体格局"的区别既是中西之异，也是古今之别。如果说，中西之别主要体现为上面所说的伦理规范层面上的分野，那么，古今之别则首先表现在（但不限于）客观事实层面上的变化，而且，正是这个古今之变，对作为一种特殊主义取向的伦理道德的"差序格局"提出了挑战。而此处这个"古"与"今"的所指，主要就是传统"熟人社会"与现代"陌生人社会"。事实上，在《乡土中国》的开篇《乡土本色》中，费孝通即指出了，"乡土社会"是一个熟人社会，而"现代社会是个陌生人组成的社会"②。只要置身于"熟人社会"，也即熟人关系和熟人间的交往在人们的社会关系和社会交往中占据主导地位，而陌生人和陌生人交往只是社会生活中的他者和异类的社会，那么，作为每个人同他人交往并想象其生活世界的普遍分享的一种自然倾向，差序化必然在人们基本的日常社会生活中形成客观社会关系上的"差序格局"。因为，在熟人社会中，也只有在熟人社会中，人们才能（也必然）分辨和确定生活中每个人与自己在亲缘、地缘上的亲疏远近，并相应地展开差序化的交往，从而形成差序化的关系格局。而在一个"陌生人关系"取代了"熟人关系"而成为社会中占主导地位，成为人们社会生活中时刻要面对的基本关系的"陌生人社会"中，每个置身于其中的人所面对的都是一样的陌生人，自然也就无法分辨出他们与自己的亲疏远近，也就

① 林端：《儒家伦理与法律文化》，中国政法大学出版社，2002，第90页。
② 《费孝通全集》（第6卷），第112页。

不可能由亲疏有别的交往而形成差序化的关系格局。就像齐美尔说的那样："人们与陌生人只能共同具有某些比较普遍的品质。"① 他还进一步以情爱这种亲密关系对此加以说明，当双方觉得他们的关系与众不同时，他们才感受到亲密，而当他们发现原本以为与众不同的关系实际上只是众数之一时，彼此之间的陌生感就会油然而生。陌生人关系是这样一种关系状态，即使"存在某种相同、和谐、接近，但是感觉到，这种相同、和谐、接近原来不是仅仅这种关系所独有的，而是某种更为普遍的东西，这种东西潜在地适用于我们和人数不定的很多人之间，因此，并非赋予那种唯一实现的关系以内在的和排他性的必然性"②。因此，在客观关系的层面，陌生人社会天生只能是一种团体格局。而现代社会，由于发达的市场网络以及发达的交通、信息技术，由于吉登斯所说的社会交往的"脱域"技术，人们的社会交往大大地突破了狭隘的传统熟人圈子，进入了广阔而陌生的大社会，在这个社会中，占据主导地位的不再是"熟人－熟人"关系，而是"陌生人－陌生人"关系，每个人与所有人在客观上都处在同一个平面上，与整个陌生人社会（公共社会）处于同样的、普遍性的关系之中。③

---

① 齐美尔：《社会是如何可能的：齐美尔社会学文选》，林荣远编译，广西师范大学出版社，2002，第 345 页。

② 齐美尔：《社会是如何可能的：齐美尔社会学文选》，第 346 ~ 347 页。

③ 在社会学的研究传统中，一直有学者关注现代社会人与人之间关系的陌生化。除了上面提到的齐美尔，还有如齐美尔的美国学生帕克，在帕克的笔下，现代的社区从根本上讲是一个陌生人的世界，在那里，"成千上万的人长期毗邻而居，相互之间的关系却赶不上一些泛泛之交。在这样的城市中，初级群体中应有的亲密关系削弱了，附着于其上的道德秩序也逐渐解体了"（帕克：《城市：有关城市环境中人类行为研究的建议》，第 33 页）。再如 2017 年去世的鲍曼所述："在现代世界，外来者（即陌生人）无处不在且无法消除，这是生活中必不可少的现象。"（鲍曼：《生活在碎片之中——论后现代道德》，第 206 页）再如受卢曼社会系统理论传统影响的两位德国学者纳赛希和施蒂希韦。纳赛希注意到，20 世纪末以来，陌生人研究的经验基础发生了实质性的变化，目前的社会状况是，人们对陌生人更了解，而对熟人更陌生；而施蒂希韦则更明确地指出，在当代社会中，社交结构中的敌友关系并不是主流状态，反而是例外状态，而在敌人和朋友之外的大量陌生人的存在反而成了社会交往中最常见的现象，由此，在当代社会中，为个体生活提供参照的基础性参照框架，是以陌生人为典型形象而构造出来的（参见泮伟江《谁是陌生人?》，《读书》2018 年第 8 期）。这些研究向我们表征，社会越是向前发展，人们在社会交往（包括直接交往和间接交往）中首先和主要要应对的就越非"熟人－熟人"关系，也不是"熟人－陌生人"关系，而是"陌生人－陌生人"的关系。

这样，"差序格局"与"团体格局"的区别，既表现为中西方之异（主要在伦理规范取向上），也表现为古今之别（首先是在客观关系层面上）。笔者曾经撰文指出，在费孝通那里，"乡土中国"代表着不同于现代"法理社会"的传统"礼俗社会"，与"乡土中国"或"乡土社会"对应的，不是空间形态意义上的城市社会，而是历史序列上的"现代社会"。[①] 因此，属于"乡土中国"的"差序格局"，也就不仅是中国社会的格局，同时也是传统社会的格局。但现在的问题是，当中国社会于总体上同样从传统乡土型熟人社会进入了现代陌生人社会，从而"差序格局"中之客观社会关系的层面无法再维持之后，伦理规范取向上的"差序格局"还能不能继续维持下去？答案显然是不能。伦理上的"团体格局"并不一定要与关系结构之事实上的"团体格局"相结合（伦理可以是一种"宰制现世"的伦理），但是，伦理上的"差序格局"却唯有在客观的社会关系层面上的"差序格局"下才能运作生效。因为，所谓伦理上的"差序格局"，就像费孝通所说的那样，意味着"所有的价值标准不能超脱于差序的人伦而存在"，也就是说，所有的法律和道德，都"得看所施的对象和'自己'的关系而加以程度上的伸缩。……一定要问清了，对象是谁，和自己是什么关系之后，才能决定拿出什么标准来"。而置身于陌生人社会的结果恰恰是，再也不清楚"对象是谁，和自己是什么关系"，[②] 或者说，根本不存在与"自己"的特殊关系，也就无法选择采取特定的标准。因此，费孝通说："陌生人所组成的现代社会是无法用乡土社会的习俗来应付的。"[③] 换言之，在一个以"陌生人－陌生人"关系为主导性关系的现代社会中，作为一种特殊主义道德的"差序格局"从总体上是无法继续维持的。

---

① 王小章：《"乡土中国"及其终结：费孝通"乡土中国"理论再认识——兼谈整体社会形态视野下的新型城镇化》，《山东社会科学》2015 年第 2 期。
② 《费孝通全集》（第 6 卷），第 136 页。
③ 《费孝通全集》（第 6 卷），第 113 页。

第三节　迈向普遍主义的道德

通过以上两节，我们看到，作为一种昧于社会历史发展变化而拘泥于、自闭于地方、族群之特殊性的特殊主义道德理论，道德相对主义是站不住脚的；而"差序格局"一语所描绘的基于传统熟人社会之熟人关系的特殊主义道德，在陌生人社会中也是无法继续维持的。无论是道德相对主义的站不住脚，还是"差序格局"的难以为继，都表明道德伦理上的特殊主义在总体上必将走向终结，道德必须也必将走向普遍主义。

如上所述，作为一种描述性观点，道德相对主义与道德社会学有款曲相通之处，它的问题在于没有将道德社会学的立场贯彻到底。从道德社会学的立场出发，道德既然"是在集体需要的压力下形成和巩固起来的一套功能系统"，则一方面它必须契合决定着"集体需要"的特定社会结构形态以及相应的运行方式，另一方面又要从历史的、动态的、变迁的观点来认识这种契合，也即当社会结构形态及相应的运行方式在历史进程中改变了时，道德也就必须相应地改变自身，必须为新的社会状态寻求确立起一种与这种状态相适应的新的道德。从道德社会学的这一基本观点出发，在今天要寻求确立这种新道德，就必须首先认清我们今天所面临的新的社会状态。当然，对此，具有不同关切的人不可避免地会有各种不同的且各自言之成理的认识，但是，有一点应该可以成为基本的共识，那就是，历史的变迁已经将人类带入一体化、全球化的时代，全球化已经使"地球村"成为切切实实的现实，在这个"村庄"中，原先彼此疏离甚至彼此隔绝的不同民族、不同社会之间频繁的相互接触、相互交往越来越成为常态，甚至，几乎在每一个城市中，来自不同文化的人们都处于异质杂处的生活状态。在这样一种新的社会状态之下，任何一个特定的社会、民族或来自特定文化的个体，在与其他社会、民族或来自其他文化的个体交往、互动时，都不再可能单方面地固守自己社会、民族、文化原先所固有的道德，除非使用强力甚或暴力使对方屈从于自己，而这就不是道德的范畴了，就像人类驯化动物不属于道德的范畴一样。面对不同社会、民族或来自不同文化的个体之间的频繁相互接触、相互交往的新社会状态，我们需要确立新的道德，或者，从道德"是在集体需要的压力下形成和巩固起来的一套功能系统"的角度说，"全球社会"这种新的集体生活状态正迫切地呼唤着一种适应这种集体生活需要的新的道德。费孝通在晚年曾一再提到这个问题，他指出，今天，"人与人之间在经济上绑在一起了，但是不懂得人与人怎么相处，民族之间怎么相处，国家之间怎么相处，仗着强权行事，这样下去是不行的。经济已经把全人类绑在一起了，可是我们没有一个道德的观念和共同的做人的标准。假如人与人之间没有共同的守则，那么这个世界怎么样呢？现在全世界的人都要求有一个新秩序，一个新的大家能遵守的秩序。这个新秩序的基础已经有了，就是经济上已经大家绑在一起，有了一个全球的经济秩序。可是能让大家接受的做人的基本标准却还没有树立起来"①。而在 1993 年应邀出席在印度新德里举办的第四届"英迪拉·甘地国际学术会议"时，他在题为《对"美好社会"的思考》的讲演又更明确地指出：

> 在群体能够在自给自足的封闭状态下生存和发展时，各个不相关联的群体尽可以各是其是，各美其美，各不相干。但是，在人类总体的发展过程中，这种群体相互隔绝的状态已一去不复返了。群体间的接触、交流以至融合已是历史的必然。因此在群体中不仅人和人之间有彼此相处的问题，而且群体和群体之间也有彼此相处的问题。价值观点的共同认可使人和人结合成群体成为可能，而群体之间价值观点的认同使群体之间相互和谐共处进而合作融合，却是个更为复杂和曲折的过程。②

但是，无论怎样"复杂和曲折"，置身于"群体相互隔绝的状态已一

---

① 《费孝通全集》（第 14 卷），第 179～180 页。
② 《费孝通全集》（第 14 卷），第 212 页。

去不复返，群体间的接触、交流以至融合已是历史的必然"的时代，我们都必须去寻求这种共同认可的价值或者说道德。借用今天流行的"人类命运共同体"的概念，全球化已经在客观事实的意义上使全人类成为"祸福一体"的"命运共同体"，而为了使这个"命运共同体"不致走向"共同的悲剧"而是走向"共同的善好"（即费孝通所说的"美美与共"），为了使客观的"祸福一体"上升为伦理精神、情感上的"祸福同当"，即由"同命运"（the common fate）进一步上升到"共命运"（to share the common fate），我们必须去寻求确立一种与客观事实意义上的人类命运共同体相适应的规范性道德。① 而作为适应全球社会需要的道德，这种道德必然是一种普遍性的（universal）道德。

"地球村"的现实要求确立普遍性的道德，"差序格局"在陌生人社会中的难以为继同样喻示着道德需要从因人而异、区别对待的特殊主义走向一视同仁的普遍主义。确实，由于传统道德作为一种文化习性所具有的惰性（"文化堕距"），面对陌生人对于熟人社会道德秩序的挑战与威胁，一直以来生活在传统道德秩序下的人们的第一反应通常不是思考如何确立新道德秩序，而是努力去维护习惯了的旧秩序。鲍曼就曾通过援引人类学家列维－斯特劳斯的观点指出了两种典型的此类反应或者说策略。一种是"禁绝策略"，即将那些被认为是不可救药的怪人和其他与集体格格不入的人"清除"出去，禁止与他们进行身体接触、对话、社会交往和所有各种通商、共餐、通婚。显然"清除"的另一面就是"禁止入内"，即阻止陌生人进入熟人社会，捍卫熟人社会的纯粹性；另一种是"吞噬策略"，即对异己成分的"非异化"，容纳、吸收、吞没外来体，通过代谢作用，将他们变得与接纳体一致，实际上也就是"同化"策略，即改造外来的陌生人，使其成为熟人生活中与其他成员同样的一分子。② 姑且不论这两种反应策略在伦理上于今天应该与否，显而易见的是，仅仅从事实上看，它们本身实际上只有在"熟人群体－陌生人"的格局下，

---

① 详见本书第七章。
② 鲍曼：《流动的现代性》，欧阳景根译，上海三联书店，2002，第157～159页。

即熟人群体作为普遍的主流社会而存在，而陌生人只是边缘人群的格局下，才有可能。而在一个"陌生人－陌生人"关系已经成为基本的、主导的关系的陌生人社会中，则显然是不可能奏效的。实际上，除了鲍曼所说的这两种"策略"，面对陌生人社会的来临，在我们中国社会中也有一种常见的反应（同样作为"文化堕距"的一种表现），那就是行动者依旧抱着传统的处事习惯不放，而通过自己的一些主动的操作努力去改变陌生人社会的陌生人关系，也即通过我们常见常闻的"做人情""拉关系"，而在陌生人社会中经营出一个熟人"圈子"。在这个"圈子"之内，行动者依旧按照那种以"己"为中心的"自我主义"价值准则行事，依旧维系、贯彻那种"系维着私人的道德"，而这个"圈子"之外的社会和世界，则往往成为为了自己的利益可以牺牲的对象。也许，从传统伦理作为一种文化习性所具有的惰性的角度，这种反应并非完全不可理解。但是，从人们对这种反应方式之普遍的反感态度——甚至连如此行为的当事人也往往并不认可这种行为的正当性——来看，这种反应显然不是现代社会的一种恰当合理的选择。①从根本上讲，它是"系维着私人的道德"在"陌生人社会"中的滥用，是源于中国传统乡土型熟人社会的特殊主义伦理对于陌生人社会之普遍性关系的扭曲，属于费孝通所说的乡土社会中所养成的生活方式

---

① 笔者觉得，在此也许应该对"社会资本"这个概念做一点省思。实际上，"社会资本"有两种意思，或者说，有两种类型的社会资本。一种是以作为整体的社会或社群为持有主体的社会资本，如在福山、普特南那里；另一种是以个体为持有主体的社会资本，如在布迪厄、林南那里。当社会资本的所指是后者时，实际上主要是指个人的社会关系网络，包括他可以经营、结纳的关系网络。关系有"弱关系"和"强关系"。"弱关系"对个体的作用主要体现在"信息影响"，即个体可以通过他的这种关系网络获得对他有用的信息，如有研究者关于社会关系网络对于个人找工作的影响的研究所揭示的，这种"信息影响"一般不太会影响、扭曲现代社会的普遍主义的"一视同仁"的伦理原则。但"强关系"对于个体的功用、影响不止于"信息影响"，甚至主要不在于"信息影响"，而在于更加直接的资源，特别是权力资源的影响，比如个人可以借助于"强关系"直接获得一份工作。这种"强关系"下的"权力影响"必然会妨碍、破坏、扭曲现代社会的普遍主义伦理原则。进而，就这种"权力影响"必然会妨碍、破坏、扭曲现代社会的普遍主义伦理原则而言，它必然也会进一步败坏现代社会的普遍主义信任，从而损害以社会或社群整体为持有主体的"社会资本"。

在进入现代社会的过程中所产生的"流弊"①。

由此，真正正当合理的选择只能是顺应客观的社会关系形态的变化，调整我们的伦理准则、道德精神。质言之，在纯粹私人交往、私人生活之外的社会公共交往、公共生活中，摒弃特殊主义取向的伦理，进而确立起与陌生人社会之普遍性关系相适应的、对事不对人的普遍主义道德伦理。

最后，关于这种普遍主义的伦理，有两点也许还需要说明一下。

第一，普遍主义是在公、私德分立的前提下针对公德而言的。在传统的小共同体熟人社会中，关乎人何以成人、成为何等样的人的私德和关乎社会生活秩序、调节维系群体人际关系的公德，或者，用李泽厚的说法，宗教性道德和社会性道德，通常是浑然不分的。②联系传统小共同体熟人社会的那种封闭性、静止性、同质性，这种浑然不分是可以理解的。在这样的社会中，个体高度依赖、依附于共同体（因为他无法从共同体外部获取生存、生活所必需的资源和各种必要的帮助），或者如马克思所说，只是共同体的附属物或财产，道德则是在长期几乎静止凝固的生存方式中一代代习传下来的集体意识或"集体无意识"，个体在这样的"集体无意识"面前没有任何选择余地，甚至，就像滕尼斯所说的，是没有任何反思余地的，③个体不可能在作为集体无意识存在的道德之外自觉地选择和成就自

① 《费孝通全集》（第6卷），第113页。值得一提的是，如果说"做人情""拉关系""搞圈子"是"熟人社会"的那种"系维着私人的道德"在"陌生人社会"中的滥用，是熟人社会的特殊主义伦理取向对于陌生人社会之普遍关系的扭曲，那么，与之对应的另一种现象，即"杀熟"，则一方面是置身于陌生人社会中的行骗者对于源自"熟人社会"的伦理的一种恶意利用，另一方面则是受骗者将源自"熟人社会"的伦理误用于陌生人社会。"君子一言，快马一鞭"式的诚信与信任与熟人社会中不可避免的重复交往与博弈是分不开的，但陌生人社会中人与人之间的交往恰恰是"没有过去、而且多半也是没有将来"（鲍曼：《流动的现代性》，第148页）的一次性、偶然性事件，即使是原本的熟人，一旦进入了陌生人社会，其交往也必然受制于陌生人社会的客观逻辑，即只要一方想回避或终止继续交往，往往就能够回避或终止。这也表明，以"陌生人-陌生人"关系为主导的陌生人社会必然会反过来改造原有的熟人关系。"杀熟"的发生，从直观表面看，是源于当事双方相互期待上的不对称，即诚朴的一方不幸遭遇了欺诈的一方，但往深里看，它实际上体现了一种道德的错位和不适，即熟人社会伦理在陌生人社会的不适应。
② 李泽厚：《伦理学纲要》，第21～24、184页。
③ 滕尼斯：《共同体与社会——纯粹社会学的基本概念》，第99～100页。

己的人生，后者以一种"规范与价值同一"的方式一方面维系着作为整体的共同体，另一方面则作为生活、生命之价值的源泉规范引导着个体的人生，对于个体来说，在这样一种道德之下的"处世"即"为人"，"为人"即"处世"，参与、促进社会之善，即成就个体生命之善。但是，当现代化打破了传统小共同体熟人社会的那种封闭性、静止性、同质性，现代社会的流动性、开放性、与外界联系的便捷性、密切性带来了价值观念、信仰、生活方式不同甚至相互冲突的各色人等的异类杂处，也改变了个体与社会之间的关系，前者不再是无选择地依赖、依附于后者。在这种情形下，社会或能在"最大公约数"意义上谋求到罗尔斯所说的"重叠共识"，但是，这种"重叠共识"绝不可能像在传统封闭同质的小共同体中那样成为唯一的一种统一的道德价值追求，笼罩、占领每一个个体的全部心灵。原本价值观就互不相同的人们可以，而且必然会在此之外，各自选择自己认为"好"的、"善"的生活，而这些各自选择的"好"或"善"，"无论利己主义还是自我牺牲"，则都不太可能获得普遍的认同，更无法激起普遍的敬重之情，套用费孝通的话，即只能"各美其美"，前提只是不妨碍别人"美其所美"，追求其所美。当然，社会的正常秩序还必须维持，因此，也就必须要有维持这种正常秩序所需要的公共道德。于是，私德与公德，或曰，宗教性道德与社会性道德，两相分离，前者作为关乎人何以成人、成为何等样的人的问题，成为一个如韦伯所说的"每个人选择自己的生命守护神"的问题，成为"私人领域"的问题，而聚焦于社会秩序的调节和维系的后者则作为公共问题实际上成了现代社会之道德的核心关切。①而上文之所以要说"在纯粹私人交往、私人生活之外"，是因为，在私人交往、私人生活的范围之内（自然也是熟人的范围之内），作为每个人同他人交往并想象其生活世界的普遍分享的一种自然倾向，"差序化"的交往应对方式不仅是自然的，而且，作为个人的私人生活方式也应该是允许

---

① 必须指出，公、私德分立，关乎人何以成人、成为何等样的人的私德问题成为"私人领域"的问题，只是意味着社会的、公共的外部力量不能强制性地介入干预，但并不意味着私德的形成与社会无关。实际上，自我选择和认同需要价值或意义标准，但个体自我不能凭空创造或发明价值或意义标准，它们只能来自个体与他人的交往、对话。

的。普遍主义伦理主要施用于社会公共生活中。

第二，普遍主义伦理无疑更为适应陌生人社会之普遍性关系，但是，这并不意味着这种伦理会自动自发地来到并扎根，实际的情形恰恰如前文所说，一直以来习惯于熟人社会之特殊主义取向的人们，往往会将这种处事原则带入陌生人社会（哪怕他们自己对这种行为从内心里也并不认可），因此，普遍主义取向的处事原则的确立和扎根，还需要一种自觉的努力。而作为这种自觉努力的方式，舆论自然可以发挥一定作用，但是，正如我们在第二章已经指出的，在"陌生人社会"中，舆论的作用会日趋弱化。而当舆论的作用日趋弱化的时候，这种自觉努力只能更多地托付给一些相对比较正式的组织，特别是国家的相关职能机构。也就是说，在培育确立普遍主义伦理精神方面，国家必须发挥更大、更积极的作用。而这实际上意味着，与推崇"无讼"的传统乡土社会更倾向于以约定俗成、不言而喻的道德习俗来代替法律相反，在现代陌生人社会，恰恰需要更多地将某些属于"公共道德"范畴的行为规则明确化、正式化，乃至法制化，以更为正式的制度并依靠国家相关的职能机构来规训社会成员，以更具强制性的方式——当然最初的他律会慢慢转变为自律——改变人们的自我中心主义倾向，养成以普遍主义的原则行为处事的习性。这也表明，在现代陌生人社会，"德治"是需要"法治"来推动和保障的。而这，正是下一章要集中讨论的问题。

第四章

道德形式的转型（2）：从"道德代替法律"到道德的正式化

在说到当代中国人的道德状况时，有一种说法，认为在讲道德前，先要守规矩，从而把对规范的遵守与讲道德当作了两码事。实际上，关于守规矩与讲道德的关系，可以从两个层面上来分辨。第一，从道德事实的构成而言，如前所述，外在的行为规范与个体的道德意识、道德心理特别是现实的道德行为是构成道德事实的两个层面，既然是两个层面，那么规范与个人的道德自然不能完全等同。李泽厚就曾明确区分了作为规范的"伦理"与作为个人内在心理形式、心理结构的"道德"："伦理"是外在社会对人的行为的规范和要求，通常指社会的秩序、制度、律令、规范、风习等，而"道德"则是人的内在规范，是个体的行为、态度、心理状态，即内在心理形式、心理结构，是个体内在的强制，也就是理性对各种个体欲求从饮食男女到各种"私利"的自觉压倒或战胜，使行为自觉或不自觉地符合规范。第二，外在的规范和内在的道德"两者"不能等同，这只是明确了一个方面，但这"两者"之间是什么关系？守规矩与讲道德是完全两码事？还是讲道德就是守规矩？对此又有两种观点：一种以涂尔干为代表，基于所有道德都是既有社会之产物的基本观点，涂尔干认为，所谓道德的行为，也就是遵守、顺从既有社会之规范，也即对规范负责的行为（从"使行为自觉或不自觉地符合规范"可以看出，李泽厚基本上也是属于这种观点）；另一种则可以鲍曼为代表，他认为，个人的道德能力有

"前社会的起源"，社会的作用不是"生产"个体的道德能力，而是"操纵"个体的道德能力，真正道德的行为是"对他人负责"的行为，而不是对规范负责的行为，"负责任并不意味着遵守规则；它常常要求个人蔑视法规或以法规不允许的方式行事"①。

　　涂尔干与鲍曼的不同观点，很大程度上与他们各自所处的不同语境有关。置身于 19 世纪末 20 世纪初的涂尔干所面对的是社会在从传统向现代的转型变迁过程中，由于传统道德的失效、失灵，个体欲望失去约束而泛滥，"贪婪自上而下地发展，不知何处才是止境"②，在这种泛滥的贪婪欲望面前，社会团结或者说正常的社会秩序面临着巨大的威胁。因此，涂尔干的问题意识，或者说他所感受到的使命是如何因应社会结构的现代转型，重建与新的结构形态相适应的道德规范与准则，以控制、约束那泛滥的野性欲望。也就是说，涂尔干依然置身在"霍布斯式的问题"，即如何确立社会秩序以防止人与人之间的"全面战争"，涂尔干的道德理论是消除混乱、建立秩序的现代性工程的一部分，因此它强调的是要以道德规范控制、约束个体本能。鲍曼不同，甚至正好相反。鲍曼置身于消除混乱、建立秩序的现代性工程已经大获全胜的语境之中，同时也是"奥斯维辛"之后的语境之中。因此，他面临的问题就不是如何确立现代社会秩序的问题，而是如何防止"奥斯维辛"重现的问题，更明确地说，是如何防止现代社会建立和维护自身秩序的体制机制本身合乎逻辑、合乎自身规则地，或者说，"合法"地导致"奥斯维辛"的问题。鲍曼目睹了现代社会的一个重大现象，不是道德的社会性生产，而是邪恶的社会性生产。正因为"奥斯维辛"式的邪恶是既定社会自身的产物，是人们遵循这个社会的规则的产物，因此，抵拒邪恶的道德力量只能到这种既定社会之外去寻找。质言之，如果不愿意陷入不能自拔的绝望，就必须肯定人的道德能力有"前社会的来源"，进而肯定道德不等于遵守既定社会的规范。

　　之所以要在此分说涂尔干与鲍曼的不同语境，不仅仅是因为联系这种

---

① 鲍曼：《生活在碎片之中——论后现代道德》，第 336 页。
② 涂尔干：《自杀论》，第 237 页。

不同的语境可以更好地理解他们观点上的不同，更是因为，如果我们撇开他们语境上的不同，则他们恰恰向我们提示了守规则与讲道德之关系的两个方面。一方面，可能没有人会认为一个正常的人类社会可以没有秩序——秩序既是社会维系自身的需要，也是每一个个人正常生活的需要，否则，他只能在没有丝毫预期性的混乱中惶惑不宁——进而，也没有一个人会认为个人可以罔顾既有社会的规范准则而自行其是（况且，个人的所"是"也未必真"是"）；另一方面，恐怕也没有一个人会把不折不扣地遵守、顺从既有社会的既定规范准则直接等同于一个人的道德良知，相反，很多人会同意鲍曼所说，道德责任常常要求"个人蔑视法规或以法规不允许的方式行事"，否则，我们也就不会敬重"虽千万人吾往矣"或"横眉冷对千夫指"这样的行为所体现的大丈夫人格或道德精神，而当面临"邪恶的社会性生产"时，也只会沉溺于"平庸之恶"中而别无选择。着眼于前一方面，道德社会学必须关注"具有制裁作用的行为规范"及其作用方式〔在《职业伦理与公民道德》中，涂尔干开宗明义地指出，"道德和权利科学的基础应该是对道德和法律事实的研究。这些事实是由具有制裁作用的行为规范构成的。在这一研究领域里，需要解决以下问题：（1）随着时间的推移，这些规范是如何确立的；换言之，形成这些规范的原因是什么，它们服务于哪些有用的目的。（2）它们在社会中的运作方式；换言之，个体是如何应用它们的"[1]〕。着眼于后一方面，则又必须对这种规范保持必要的警惕。因此，重要的是要维护个人的道德良知与外在伦理规范之间的必要张力。本章即围绕道德规范，特别是其表现形式与作用方式随着社会的现代转型而转型来对此做一点分说。

第一节 "无讼"：道德代替法律

社会行为规范，就其表现形式而言，可以分为两个极端的类型：一个

---

① 涂尔干：《职业伦理与公民道德》，第3页。

类型是不成文的、不明确的，甚至不自觉的，但又是不言而喻地可意会的——习惯上当我们说到"道德"时往往想到的就是这一类；另一个类型则是像法律一样清晰明确的，常常还是正式地明文规定的——习惯上我们往往把这类规范称作纪律或法律。社会中大量现实存在并起着作用的道德规范常常介于这两个极端之间。不过，在今天的社会中，我们也可以看到一个现象或者说趋势，那就是原先通常以不成文、非正式的"道德习俗"的形式发挥作用的许多规则，如今慢慢地开始转化为正式成文的规章律则。举例来说，属于私德范畴的如赡养抚养、夫妻权责等，属于公德范畴的如垃圾分类、保护环境卫生、遵守交通规则等。可以这么说，在社会的现代化转型中，我们经历了并正在经历着一个从黄仁宇所说的"以道德代替法律"到"道德正式化"或者说"律则化"的转变。

"道德代替法律"是历史学者黄仁宇眼中古代中国实施国家和社会治理的最基本也是最突出的特征。在《万历十五年》中，黄仁宇一再地指出明朝用道德代替法律来实行治理的倾向："本朝不是以法律治理天下臣民，而是以'四书'中的伦理作为主宰，皇帝和全国臣民都懂得父亲对儿子不能偏爱，哥哥对弟弟负有教导及爱护的义务，男人不能因为宠爱女人而改变长幼之序。正因为这些原则为天下人所普遍承认，我们的帝国才在精神上有一套共同的纲领，才可以上下一心，臻于长治久安。"帝国"在全国广大农村中遏制了法制的成长发育，而以抽象的道德取代了法律，上自官僚下至村民，其判断标准是'善'和'恶'，而不是'合法''非法'"，"这个庞大的帝国，在本质上无非是数不清的农村合并成的一个集合体，礼仪和道德代替了法律，对于违法的行为作掩饰则被称为忠厚识大体"。① 当然，《万历十五年》讲的是明朝的事情，但在黄仁宇的眼中，治理上的"道德代替法律"绝非明朝所独有，而是传统中国一直具有的基本一致的特点。在历代皇朝，官僚政府所获得的支持，都主要来源于"社会习俗和社会价值观"，并始终声称自己的治理目标在于"道德教化"，政府"一面授权于本地血缘关系的权威，减轻衙门工作的份量，一面以最单纯而简短

---

① 黄仁宇：《万历十五年》（增订本），中华书局，2007，第 79、135、165 页。

的法律，密切跟随着当时的道德观念，作为管制全国的工具"①。

实际上，早在黄仁宇之前，费孝通即已在《乡土中国》，特别是在其中的《无讼》中描绘和揭示了传统中国国家和社会治理的这一特征。② 费孝通指出，传统乡土社会是一种礼治秩序，所谓礼治就是对传统规则的服膺。生活各方面，人和人的关系，都有着一定规则。行为者对于这些规则从小就熟习、不问理由而认为是当然的。维持礼俗的力量不在身外的权力，而是在身内的良心。所以这种秩序注重修身，注重克己。理想的礼治是每个人都自动的守规矩，不必有外在的监督。这当然需要长期的习染熏陶，把外在的规则化成内在的习惯。也就是说，维持礼治秩序的手段是道德教化，而不是诉讼折狱。打官司是一件羞耻的事，表明教化不够。因此，乡人之间发生了冲突，当事人不应告发走诉讼的途径——这就是黄仁宇所说的"忠厚识大体"——而应通过内部的调解（评理）来解决，而调解（评理）的过程，则实际上这又是一个道德教化的过程。

值得一提的是，费孝通与黄仁宇一样，都注意到这种"无讼"或"道德代替法律"的传统在社会现代转型的过程中所遭遇的困境。费孝通注意到，这种"无讼"而强调道德教化的传统礼治秩序与现代法治秩序是冲突的：传统礼治秩序下"乡间认为坏的行为却正可以是合法的行为"。不过他认为："法治秩序的建立不能单靠制定若干法律条文和设立若干法庭，重要的还得看人民怎样去应用这些设备。更进一步，在社会结构和思想观念上还得先有一番改革。如果在这些方面不加以改革，单把法律和法庭推行下乡，结果法治秩序的好处未得，而破坏礼治秩序的弊病却已先发生了。"③ 如果说，在关注"无讼"的乡土传统在社会现代转型的过程中所遭遇的困境时，费孝通更多地表达了对强行推行现代法治的反思的话，那么，黄仁宇则着眼于建立现代国家和社会治理的要求而相对更多、更直接地对"道德代替法律"表达了否定的态度。他认为，道德教化尽管重要，"却并不能弥补因缺乏充分的交通、通讯、金融信贷、会计方法、信息收

---

① 黄仁宇：《现代中国的历程》，中华书局，2011，第170页。
② 《费孝通全集》（第6卷），第152~156页。
③ 《费孝通全集》（第6卷），第156页。

集、资料分析等技术支持所带来的的不足；这些技术，是任何一种现代官僚管理都不可或缺的"①。

应该说，黄仁宇说的并非没有道理。不过，"这些技术，是任何一种现代官僚管理都不可或缺的"这句话，却也向我们透露了古代中国之所以采取"道德代替法律"的治理方式着实是出于无奈。精细周详的法律的有效实施是需要一系列"技术"（如交通、通信、监控、武器、征信等，也包括一系列相应的经济和组织条件）的支撑的，但这些"技术"实际上只在现代社会才真正具备，而在传统中国则是阙如的。当然，如果国家或者说独立的治理单元是一个规模很有限的小国或社群，那么，这些"技术"的缺乏对于有效法治秩序的建立所造成的障碍还不一定是致命的。但是，传统中国恰恰是一个规模庞大的大一统的国家。

这里涉及传统中国和封建时代之欧洲在政治体制和社会治理上的相同与不同。相同的是，一方面，由于以高度自给自足的农村经济为基础，传统简单社会不像现代复杂社会那样对"有为政府"有诸多功能性需求；另一方面，国家的治理手段由于受到前述经济上、组织上、技术上的限制，渗透社会、干预个体的实际能力是非常有限的，因此，国家特别是中央政府，不管是自觉还是不自觉，相对于地方社会而言，通常是"无为"的，地方社会实际上主要处于一种自治的状态。"超于地方性的权力没有积极加以动用的需要。这不但在中国如此，在西洋也如此。"② 而不同的是，在制度安排上，在封建时代的欧洲，正如托克维尔指出的那样："从未有过一位君主专制得和强大得能够不用次级君主政权的帮助而亲自管理一个大帝国的全土，也没有一位君主试图毫无差别地让全体臣民一律遵守划一的制度的一切细节，更没有一位君主亲自走到每个臣民的身旁手把手地教导和指挥他们。"③ 换言之，实际的治理是归于各个领主，"归于拼图状私人领地的男爵之手"④，由他们在各自有限的领域内按其自身的意愿和利益进

---

① 黄仁宇：《现代中国的历程》，第8页。
② 《费孝通全集》（第5卷），内蒙古人民出版社，2009，第37~38页。
③ 托克维尔：《论美国的民主》（下卷），第867页。
④ 黄仁宇：《现代中国的历程》，第11页。

行，而不是由某个统一的代理机构在一个明确划分出来的、凌驾于其他领域之上的公共领域中根据某个普遍的、包容一切的政治组织的意志来实施的。在自己的治理区域内，他们"可以自行审理案件，自己募兵和养兵，自己收税，甚至常常自己制定和解释法律"①。由于治理单元规模有限，前述"技术"方面的限制对于法律的有效实施所产生的制约也就有限，但传统中国不同。黄仁宇指出，由于农耕文明所要求的对治水、救灾、抵御北方游牧民族的侵犯等功能性需求的满足，不是规模有限的小共同体能应付得了的，而需要动员大规模的人力、物力，需要广大范围内成员的统一行动，因此，这些功能需求很早就催生了一个大一统的中国和相应的中央集权的官僚制管理方式。不过，这个大一统的中国和中央集权的官僚制管理制度的真正的实际效力主要也只体现在上述治水、救灾、军事行动等这些涉及全国的事务上，而在日常社会秩序的管理方面，由于缺乏前述这些必要的"技术"，中央政府和官僚体制的意志就无法真正有效地贯彻抵达社会的底层。于是，从国家和社会治理的角度来看，古代中国就呈现一个结构性的缺陷，那就是"在顶端的帝王权威与中层以下的大量纳税人之间，存在着一个管理的真空地带"②。而填补这一治理"真空地带"的方式，在非正式的制度安排上，就是费孝通所描述的"双轨政治"："一、中国传统政治结构是有着中央集权和地方自治的两层。二、中央所做的事是极有限的，地方上的公益不受中央干涉，由自治团体管理。三、表面上，我们只看见自上而下的政治轨道执行政府命令，但是事实上，一到政令和人民接触时，在差人和乡约的特殊机构中，转入了自下而上的政治轨道，这轨道并不在政府之内，但是其效力却很大的，就是中国政治中极重要的人物——绅士。绅士可以从一切社会关系：亲戚、同乡、同年等等，把压力透到上层，一直可以到皇帝本人。四、自治团体是由当地人民具体需要中发生的，而且享有着地方人民所授予的权力，不受中央干涉。于是人民对于'天高皇帝远'的中央权力极少接触，履行了有限的义务之后，可以鼓

---

① 托克维尔：《论美国的民主》（下卷），第854页。
② 黄仁宇：《现代中国的历程》，第11页。

腹而歌，帝力于我何有哉！"① 而填补这一治理"真空地带"的具体治理手段，则就是"道德代替法律"或者说崇尚"无讼"的礼治秩序，"治理如此庞大的帝国，不依靠公正而周详的法律，就势必依靠道德的信条"②。

第二节　道德的正式化

可以看出，从国家权力在其没有受到制度性约束时本身所具有的天然扩张性来说，只要它有能力对基层社会实行直接的有效控制，它自然地会倾向于这样一种直接的控制，因此，在传统中国，采取"道德代替法律"的治理方式实际上乃是在当时历史条件约束下的一种无奈之举或者说情非得已。而所谓无奈或情非得已，换一个说法，也就是在传统中国采取"道德代替法律"的必要性。一个超大规模的国家，虽然早早地建立了中央集权的全国性的官僚机器，但古代社会缺乏通过"公正而周详的法律"对基层社会实施有效治理的一系列"技术"条件和手段，于是，就有必要采取道德教化的方式。一方面维系着以皇帝为象征的帝国的统一（所谓君亲师合一的君主，既是统一帝国的象征，也是道德的化身）；另一方面则借助道德敦化实现基本的社会治理，维护基层社会的礼治秩序。不过，除了"必要性"，还要有"可能性"，即传统中国为何能够采取"道德代替法律"的方式来实现有效的社会治理。就像法律的治理需要一系列"技术"方面的条件和手段才可行一样，道德的治理同样需要一系列相应的条件。法律明确地规定哪些行为是必为的，哪些行为是必不可为的；法律的精确意义要有专门的机构来解释；法律强调明确的证据，对于有明确的证据证明违反了法律规定的人，法律规定了明确的制裁方式；所有这些，都决定了，从良好的法律的制定，到法律条文的解释，到对违法证据的收集鉴定，到采取适当而严明的制裁，法律的治理需要一系列的成本不菲的"技

① 《费孝通全集》（第5卷），第40页。
② 黄仁宇：《万历十五年》（增订本），第213页。

术"条件。道德——前文所说我们传统习惯意义上所说的"道德",也就是黄仁宇所说"道德代替法律"的道德——的治理则不同。道德规范通常不是有意识地制定的,而是习传的;一般是不成文的,不言而喻的;真正有效的,即对人们的心灵有内在约束力的道德规范不需要解释,而是心领神会的;道德重视的不是外在明确的证据,而是内在的良知良能;对于违背道德者的制裁,以及不可避免会发生的冲突纠纷的化解,不是靠专门的机构,而是靠共同体公认的权威,靠自发的舆论。所有这一切决定了要真正做到"无讼"的道德治理或者说"道德代替法律",需要一系列相应的"社会"条件。这些条件包括以下几个方面。第一,社会成员对于生活的意义、价值等具有无反思的一致理解,对于自身与君主所代表的国家、与直接所属的共同体、与其他社会成员的关系等必须具有道德上的共同一致的信念,用社会学家滕尼斯的话来说,就是要有一种心理上、精神上的"共同领会"或"默认一致",用涂尔干的话来说,就是要有一种强烈的"集体意识"。第二,为了形成和维持这种道德精神、道德意识上的"共同领会"、"默认一致"或"集体意识",实际实施道德教化、治理的单元——实际上也就是那集合成庞大帝国的数不清的乡村或村族共同体——必须是熟人共同体,而要形成这样的熟人共同体,这个教化治理单元只能是小规模的,并且是相对闭塞、绝少流动的①(人类学家罗伯特·雷德菲

---

① 需要指出的是,在传统中国,真正实际施行道德治理,维系礼治秩序的基本单元,是在地方乡村群落,即通常所谓"皇权不下县"中的"县"之下的"乡",在古代自给自足的自然经济和简陋落后的交通、通信技术条件下,这种乡村自然是相对封闭和绝少流动的,但也并不是全然与"国家"绝缘的,而是维系着某种联系,从而能够在形式上或在象征性的意义上维持大一统的帝国格局。这种联系一是通过费孝通所说的以乡绅为枢纽的"双轨政治"——但在这种双轨政治下乡村共同体与国家或代表国家的政府之间的那种联系,也并不直接建立发生在地方社会成员(村民)和代表国家的政府之间,而是以地方社会中的头面人物即作为"双轨政治"的枢纽的地主绅士为中介,因此,对于传统社会中的普通村民来说,通常只跟乡村内部的这些头面人物打交道,而不直接与政府打交道,因而,他们长久以来实际上在头脑中只有村庄、宗族的概念,而没有国家、民族的概念(参见杨奎松《谈往阅今》,九州出版社,2012,第24～25页)。二是通过国家就是伦理"内在化"。人类学学者项飙指出,中国传统的儒家文化之所以能支持起那么大的国家体系,很重要的将国家伦理在意识上加以"内在化":帝国的基本原则是内在于每一个人、每一个地方的,因此,"每一个'地方',都有一套帝国,除了没有皇帝。它所想象的地方与中心的关系不是等级化的关系,有高有低,而是像月照千湖,(转下页注)

尔德曾指出要维系滕尼斯所说的那种"共同理解"，共同体必然是独特的、小的、自给自足的。独特，意味着与他者的清晰分离；小，意味着共同体内部成员之间交流互动的全面性、经常性；自给自足，意味着共同体与"他者"之分离隔绝的全面性，打破这种分离的机会少之又少。缺乏这三位一体的特性或者说前提，上述那种没有反思的"共同理解"是不可能维持的①），而且，就像在第二章中所指出的那样，这样一种在规模有限、相对闭塞、绝少流动的社会条件下形成的稳定的熟人共同体，也是产生既有道德规范得以"实现"的有效的"道德舆论场"的必要条件，是对不可避免地会出现的违背道德的"败类"实施有效的舆论制裁的必要条件。第三，礼治秩序的维护，特别是对不可避免的纠纷的调解，尽管不依赖于正式的机构，但需要大家信服的道德权威，因此，治理单元内部必须要有，而且要留得住，这样有身份、有人望的道德权威。没有这些基本的"社会"条件，要想实施有效的道德教化、道德治理，维持社会的礼治秩序，是不可能的。实际上，我们也可以这样来理解，缺乏通过法律来治理的一系列"技术"条件，构成了"道德代替法律"的消极性的条件，因为这意味着国家权力没有能力有效地改造自发的礼治秩序，而上述的这些"社会"条件，则是"道德代替法律"的社会土壤，是实现和维持礼治秩序的正面积极条件。只要回顾一下建立在自给自足的小农经济基础之上、组织能力以及交通和通信技术都很简陋落后的传统中国，特别是那集合成庞大国家的数不清的乡村或村族共同体的状况，就可以发现，这些基本的"社会"条件，可以说正是传统中国的基本特征。

但问题是，今天的情形已大大地不同了。在现代化转型的过程中，传统中国那种使"道德代替法律"得以可能，使"无讼"的"礼治秩序"得以维系的社会条件都慢慢地消失了。经济的市场化，连同组织、交通、通信等技术方面的发展变革，一方面使社会具有高度流动性，另一方面则大大强化了社会的联系，带动了社会的一体化。由此，第一，传统上那种

（接上页注①）每一个湖里都有自己的月亮，靠这样构造一个共同性。所以说内在化"（项飙、吴琦：《把自己作为方法——与项飙谈话》，上海文艺出版社，2020，第25页）。

① 参见鲍曼《共同体》，第5~9页。

作为实际治理单元的狭小、相对封闭、静态的乡村共同体在这个过程中逐步松动解体了，成了明日黄花，相应的，过去那种共同体成员在精神、心灵上对于伦理秩序、生命意义的"共同领会"、"默认一致"或"集体意识"变得难以维持，而且，即使这种传统的一致信念在一些乡村还留有一丝夕阳残照下影子，对于随时可以离开乡村的个体成员来说，其实际的影响力、约束力也已大大降低了。此外，正如费孝通、杨奎松、项飙等都纷纷指出的那样①，现代化的进程打断了城市和农村、中心与边缘的人才循环，乡村的生活在人们心目中越来越成为"不值得过"的生活，人生的价值越来越与能否进入和留在"中心"联系在一起，由此，如今的乡村已很难再找到真正有身份，特别是有德行、有人望的道德权威了。② 第二，确实，那些在高度的社会流动性带动下走出传统乡村的个体，大多会转而进入别的现代意义上的群体，特别是职业群体，但是，与传统上那些乡村共同体相比，这些职业群体的成员在同质性（仅仅表现在职业生活上，而在生活方式、价值观念等其他方面则还是高度异质的）、稳定性（现代职业群体具有空间和代际的高度流动性）、封闭性（流动性即意味着开放性）等方面，进而在凝聚力以及群体对个体的自然约束力上是不可同日而语的，因此，尽管涂尔干对职业群体及其法团组织在重塑现代道德精神方面的功用寄予厚望，但要想在职业群体中形成笼罩传统乡村共同体的那种"共同领会"、"默认一致"或"集体意识"，是绝无可能的，实际上，涂尔干也从无此想。第三，在职业群体等特定群体之外并包含这些群体于自身的那个现代大世界，更是一个规模巨大的，成员的背景、价值观念、生活方式等彼此异质的陌生人社会，在这样一个陌生人社会中更无可能形成前面所说的那种无反思的"共同领会"、"默认一致"或"集体意识"。第四，在这样一个陌生人社会中，就像我们在第二章中讨论指出的，一方

---

① 《费孝通全集》（第5卷），第52~60页；杨奎松：《谈往阅今》，第12页；项飙、吴琦：《把自己作为方法——与项飙谈话》，第75~79页。

② 发挥"乡贤"或"新乡贤"在乡村治理中的作用近年来被炒得很热，但实际上，只要稍稍对那些所谓的"乡贤议事会"等的构成做一点调查，即可发现，现在的所谓乡贤，主要是些"强人"或者说"成功人士"，而绝少为真正有人望的道德权威。

面，道德舆论的影响本身大大弱化甚至消散了，另一方面，在一种匿名的社会状态下，个体很容易躲避、摆脱舆论的压力。所有这些情形表明，在现代社会，再要想像传统时代那样以"道德代替法律"来维持那种礼治秩序，已经不可能了。

以"道德代替法律"来维持的礼治秩序不可能了，但是，社会依旧存在并必须延续，社会生活的基本秩序必须得到保障。既然以"道德代替法律"来维持的那种礼治秩序在现代社会状态下已无可奈何花落去，剩下的选择，或者说，无可选择的选择，唯有以"法治秩序"来替代。举例来说，人与人之间基本的信任是任何正常的社会生活都所必需的。在传统型的相对封闭静态的熟人共同体中，这种信任源于不可避免的重复交往与博弈。经过一次又一次的重复博弈之后，逐步地，信任与自己打交道的对方成了一个人的一种心理定式，这时，就建立了彼此之间的信任（就此而言，信任不是非理性的，而是始于理性/怀疑，成于"后理性"），于是，双方就可以有"君子协定"，这就是传统儒家伦理话语下之礼治秩序本质。但是，在陌生人之间要建立彼此信任的情形就完全不同。第一，陌生人之间彼此对对方的情况几乎都一无所知，在这种情况下，怀疑是理性，也是常情，而信任则是赌博。第二，陌生人社会中陌生人之间的交往是不确定的、偶然性的、难以重复的、多半是一次性的，就像鲍曼说的，"陌生人的相遇是一件没有过去（a past）的事情，而且多半也是没有将来（a future）的事情（它被认为是，并被相信是一个摆脱了将来的事情），是一段非常确切的'不会持续下去的往事'，是一个一次性的突然而至的相遇，在到场和它持续的那个时间里，它就会被彻底地、充分地完成，它用不着有任何的拖延，也不用将未了之事推迟到另一次相遇中"①。因此，陌生人社会中的信任就不可能像在熟人共同体中那样，彼此之间借助于重复博弈来建立起信任。那么，他们之间又如何建立起信任呢？在陌生人之间的交往中，你要让自己相信对方不会违背承诺，你必须得对对方有所制约。既然此时你不能借助于重复博弈来"拿住"对方（对于熟人的承诺，我们可

---

① 鲍曼：《流动的现代性》，第 148 页。

以说："不怕他说话不算数，他以后还有事要求我帮忙！"），那么，你唯有寄希望于对方因背信而蒙受的损失将超过因此而获得的好处，从而一个理性的人不会做出这种选择。于是，陌生人之间建立信任的关键问题就成为，什么力量能够确保对方因背信而蒙受的损失将超过因此而获得的好处。最基本、最可靠的只有来自中立第三方机构（执法部门）的制裁。[①]因此，陌生人社会之信任，只能通过由具有公信力和正式权威的第三方机构来确保的明确的契约来建立，谁违背契约，谁就将受到第三方机构的公正制裁，并且，他因这种制裁而蒙受的损失，将超过通过违约而获得的好处，这就是"法治秩序"。陌生人社会的信任从根本上讲是对第三方机构（执法机构）的信任。当然，反过来说，如果这种机构本身失信，那么，对于这个社会的信任和诚信来说，是灾难性的。对此，我们的感受应该是异常深切的。

随着社会结构形态的现代转型，我们的社会治理和相应的秩序不可避免地在经历一个从"道德代替法律"（"礼治秩序"）到道德正式化或者说"道德律则化"（"法治秩序"）的转变。"礼治秩序"主要通过不成文、不明确，甚至不自觉但又不言而喻的"共同领会"、"默认一致"或"集体意识"来维系，"法治秩序"则主要通过清晰明确的，常常还是正式明文规定的规则（包括该怎样、不该怎样的行为规范以及对违背规范者该怎样制裁、由什么机构来制裁的明确规定）来体现和保障，当然，这种规则，未必一定是严格意义上的法律，它们可以是法律，也可以是纪律、公约、规章、守则或其他规范——这也就是为什么我们说"道德的律则化"，而不是"道德的法律化"的缘故——但它们的共同特征是，都必然是相对严明的。而如果说，上述社会结构形态的转变，即社会的流动化、一体化、

---

① 笔者做过调查，在陌生人社区中，当遇到直接或间接地影响到自己正常生活的不文明行为时，只有极少数人（7.7%）表示会当面直接进行规劝制止，但是，不进行当面直接的干预，并不意味着对于这种行为不加干预。调查中，绝大多数受访者表示，当遇到这种情况时，他们会选择向有关部门，特别是物业和业委会反映，要求物业和业委会出面干预；有的受访者还表示，当实在解决不了时，会不惜诉诸法律途径。这在我们对物业的调查中也得到了印证。而这，在崇尚"无讼"的中国传统熟人社会中是难以想象的（王小章、孙慧慧：《道德的转型：迈向现代公德社会》，《山东社会科学》2018年第9期）。

陌生化、异质化等提供了从“道德代替法律”（“礼治秩序”）到“道德律则化”（“法治秩序”）之转变的必要性，那么，包括政府机构在内的各种专门的治理主体（机构）对于在社会的现代化过程中不断发展提升，并且推动着上述那种结构转型的一系列组织的、交通的、通信的、金融的、核算的、信息收集的、资料分析的等现代技术成就——也就是黄仁宇所说的“任何一种现代官僚管理都不可或缺的”那些技术——的掌握和使用（这当然与这些治理主体在经济社会发展进程中不断提升的经济能力相联系），则为这种转变提供了可能性。换言之，促使“道德代替法律”（“礼治秩序”）变得不可能的技术，正是使得“道德律则化”（“法治秩序”）成为可能的技术。

第三节　让社会无意识浮上水面：走向反思性的道德

如上所述，随着社会结构形态的现代转型，社会治理和相应的秩序不可避免地在经历一个从“道德代替法律”（“礼治秩序”）到道德正式化或者说“道德律则化”的过渡转变。不过，不少人对传统上一直由“道德习俗”来治理的社会生活领域如今越来越多地由正式颁布的规章律则来管理表示疑虑或明确反对。在笔者参加的一些研讨会、咨询会上也常常听到这样的声音。应该说，就这些声音中所包含的对于社会自生自发秩序的尊重，对于“社会”自主性的维护，以及对各种现代治理主体特别是国家或政府权力过度干预和宰制社会的担忧警惕而言，笔者以为是可以理解的，且心有戚戚焉。① 不过，在心有戚戚于对这种过度干预和宰制的忧虑警惕

---

① 比如，像下面这则某社区的“公告”，就明显地体现了这种令人忧虑的过度干预和宰制。该公告云，根据上级通知精神，经社区两委会议决定，为厉行节约，杜绝浪费，从2020年9月1日起，禁止操办一切非婚丧嫁娶事宜；婚丧嫁娶一律从简，婚事酒席每桌不得超过8个菜，迎亲车辆不得超过6辆，丧事酒席每桌不得超过7个菜，婚事丧事的用酒均每瓶不得超过30元，烟不得超过10元，此外取消其他一切传统的婚丧习俗。两委会的决定还相应地规定了对于违背规定者的严厉处罚措施。实际上，诸如此类体现出明显不当的过度干预和宰制倾向的现象，在我们当今的社会生活中并不鲜见。

的同时，笔者认为必须看到：第一，如上文所分析的，从"道德代替法律"（"礼治秩序"）到"道德律则化"（"法治秩序"）的转变乃是社会的现代转型过程中不可选择的一个必然的趋势；第二，这个转变本身实际上并不一定意味着各种现代治理主体，特别是国家或政府权力对于社会的过度干预或宰制，而只意味着，传统上那种不自觉的、几乎是无意识维系的社会治理和生活秩序转变为现代自觉的、有意识的社会治理和生活秩序，即转变为反思性的社会秩序，这个使传统上的社会无意识浮上水面并在对话讨论中形成，最终转变为"律则"的共识的"反思"过程，从理论上讲，乃是各种现代治理主体，特别是社会与国家（政府）之间的互动过程，这个互动过程才是真正的关键。

如前所述，传统上那种维系着"礼治秩序"的"共同领会"、"默认一致"或"集体意识"是习传的，它们不仅一般是不成文、不明确的，而且还往往是不自觉、无意识的。这不仅仅是因为对于生活于其中的个体来说，这种"共同领会"、"默认一致"或"集体意识"是在潜移默化的熏陶中不知不觉地接受和内化的，更是因为在封闭静态的状态下，他们长期沉浸在一种单一而绝少变化的生活秩序和意识模式之下，由于缺乏差异性的参照刺激，由于没有"他者"的借镜，他们一方面把既定的一切视作天经地义、理所当然，另一方面又会对这一切熟视无睹，从而使这一切沉淀到自觉意识之下，成为一种"社会无意识"。用滕尼斯的话来说，传统上的这种"共同领会"或"默认一致"不是思想见解互不相同的人们在经历了争吵、对抗、谈判和妥协后达成的一致，而是不证自明、不言而喻、自然而然的，是先于所有的一致和分歧的，作为生活于其中的成员，对于那种"共同领会"是没有选择、无所谓赞同或异议的，也即没有反思的。可以说，传统的"礼治秩序"之最根本的基础，就是这样一种不假反思的"理所当然"，或者说"社会无意识"。

正如一再指出的那样，现代社会高度的开放性、流动性将这一切彻底地改变了。以前一直生活于某一封闭的社群之中而囿于一种单一的、静止的世界图式和伦理观中的人们，如今不可避免地要接触到各种不同的甚至相互冲突的世界图式和伦理观。当曾经相互隔绝的、彼此异质的人走到一起，从而原先各自都不假思索地当作理所当然、天经地义的那种生活方式、道德观念相互发生碰撞冲突，或者说，遭遇到了"他者"的挑战，这时，遭遇的各方就再也无法对自身曾经下意识地接受和抱持的一切继续不假思索地当作天经地义了。于是，"两个强有力的潮流在此汇集一处，且以压倒之势彼此相互加强：一个是具有固定价值观和规范的统一的理智世界消失了；另一个是迄今为止一直隐藏着的无意识突然变成意识的明亮白昼"①。曾经在各自的小社群内作为社会或集体无意识而存在的那些"共同领会"、"默认一致"或"集体意识"，汇聚到大世界中后纷纷浮上意识的水面，就像涂尔干当年早就注意到的那样，在现代社会，原先"零星散落于社会各处"的、"处于模糊或无意识状态"的各种观念和情感，逐渐浮出表面，进入了社会意识的区域。② 在这种意识的明亮白昼之下，没有固有的天经地义，只有不同的世界图式、价值观念、道德意识的杂陈和冲突。

但是，社会不能够在这样一种杂陈和冲突中存在。因此，这种杂陈和冲突，迫使人们不得不去思考、探索这个已经变化了的，在其中各种小社群再也不可能保持老死不相往来的彼此隔绝的现代世界的道德基础，因为，正常的社会生活必须继续，社会秩序必须维持，因此，保障正常生活和秩序的规则必须确立起来。而真正有内在约束力的规则，必须获得规则所施用对象的认受，因而必须建基于真正的社会共识。如果只是一部分人制定出来而强加给另一部分人的，那么，对于那另一部分人来说，所谓的遵守规则只不过是弱者对于强者的"屈从"，而"屈从不过是一种事实的状况而已，并没有受到任何道德的承认。人们只能在权力的威迫下逆来顺受，直到他们迫切渴望复仇的那一天。通过这种方式达成的和平条约总归是临时性的，协议的形式不能安抚人们的心灵"③。因此，真正的现代社会良序最终只能建基于真正的共识。于是，如何寻求和确立这种作为在各种观念多元杂陈的社会背景下之道德规范的基础的共识，便自然而然地成为

---

① 卡尔·曼海姆：《意识形态与乌托邦》，黎鸣、李书崇译，商务印书馆，2000，第 43 页。
② 涂尔干：《职业伦理与公民道德》，第 91～92 页。
③ 涂尔干：《职业伦理与公民道德》，第 13 页。

各方关注的焦点问题。

在此应该提到的是，关于如何寻求、确立这种共识，在当代有两种影响巨大的代表性观点。一种就是我们在第一章中所说的哈贝马斯的"交往理性"论：在一个没有受到权力或金钱干扰扭曲的"理想沟通情境"（没有被权力逻辑或金钱逻辑"殖民化"的"生活世界"）中，背景、观念、主张互异的各方在一种互为主体的交往关系中，通过"更佳论据力量"的论辩商谈，辩驳对方所提出的"有效宣称"（包括"真理宣称""正当宣称""真诚宣称"）来达成具有规范约束力的共识。另一种则是罗尔斯的"重叠共识"论：在现代民主社会中，宗教、哲学和道德学说的多样性，是一个永久性的基本事实；在这个基本事实下，要维护社会基本的稳定而良好的秩序，而不为痛苦的思想争论和敌对的社会阶级所分裂，同时又不完全依靠国家的压迫性权力，则这种秩序必须赢得绝大多数公民自由和自愿的支持；要赢得公民的这种自由和自愿的支持，秩序必须建立在公民们的共识之上，"重叠共识"就是在现代民主社会里，在维持宗教、哲学和道德学说的多样性（"理性多元论"）的同时，去寻求这些学说相互间重叠的共识面；正当（right）优先于善（good），或曰对错优先于善恶，善属于个人的价值追求，属于私人领域，而正当关乎社会秩序、社会整合的基础问题，属于公共领域，在何为善的问题上只能以容忍维护价值多元性，而在何为正当的问题上，则必须也可以借助"公共理性"寻找和确立"重叠共识"。

作为两种代表性的观念，"交往理性"论和"重叠共识"论自然有诸多的不同，但是，在几个基础而又关键的点上实际上是一致的：都立足于在现代社会已成为显著的、无可回避之基本事实的价值多元性；都认为在追求形成基本共识时必须以作为具有自觉意识的自由主体的理性公民的存在为前提；都强调"公共理性"的关键作用[①]。所不同的只是，哈贝马斯

---

① 哈贝马斯对于公共理性的强调自不必说，"交往理性"就是公共理性；罗尔斯则区别了"合理的"（reasonable）与"理性的"（rational）。"合理"是指在主体间关系中体现出来的态度和素质，愿意参与公平的合作，愿意在合作中遵守他人作为平等者通常也会同意的公共规则，而"理性"则是指单个主体对实现目标的高效手段做精心选择，或对总体生活计划中的不同目标做明智排序，在追寻"重叠共识"时，需要的是前者。

将这种公共理性（交往理性）的作用展开寄寓于"理想的沟通情境"，罗尔斯则将追寻"重叠共识"的公共理性放置于"无知之幕"的背后。也许正因如此，在回应哈贝马斯的批评时，罗尔斯不忘肯定："我们在许多哲学问题上仍有一致见解。"① 且撇开"交往理性"论与"重叠共识"论的异同，无论怎样，可以肯定的是，借助于这种公共理性而追寻达成的共识，无论如何都绝对不可能是滕尼斯所说的那种先于所有的一致和分歧的，对于生活于其中的成员来说是没有选择、无所谓赞同或异议的，也即没有反思的，而只能是思想见解互不相同的人们在经历了不可避免也必不可少的争吵、对抗、谈判和妥协后达成的一致，也即是反思性的产物。反思的过程即公共讨论的过程。实际上，对此，涂尔干也早就注意到并指出过。就在指出在现代社会，原先"零星散落于社会各处"的、"处于模糊或无意识状态"的各种观念和情感逐渐进入了社会意识的区域的后面，涂尔干紧接着就指出，观念和情感越明确，就越会彻底地受到反思的支配，也就是说，它们越能得到"自由的批评和争论"，而"社会的范围越大、越复杂，在执行事务中就越需要反思。在一切精密机制的运作过程中，盲目的惯例和一成不变的传统都没有用武之地。……倘若事物按部就班地生成，光靠习惯就足够了；不过，倘若环境持续发生变化，那么习惯反过来就不能形成绝对的控制了。单靠反思，就有可能发现新的、卓有成效的实践，因为只有通过反思，我们才能预测未来。所以说，各种审议机构才会被当作一种制度获得广泛的接受。社会以此为手段，可以为自己提供深思熟虑的思考，这些机构进而会变成持续不断的变化的工具，而这些变化正是今天集体生存所必需的条件"②。也就是说，在大规模的、复杂多变的现代社会，社会运行（包括社会变革）是一个越来越自觉的过程，社会的道德秩序（包括作为这种秩序之基础的规范共识）是一种需要不断接受"自由的批评和争论"的检视审议的反思性的秩序。越是经过"自由的批评和争论"形成的道德共识，越能得到人们的承认而越具有正当性，让人们心

---

① 罗尔斯：《政治自由主义》，万俊人译，译林出版社，2000，第395页。
② 涂尔干：《职业伦理与公民道德》，第95页。

悦诚服，也即越能唤起人们的情感共鸣。而这，与第二章中所说的滕尼斯对于关乎现代社会道德之形成的"公共舆论"的观点显然不无共鸣。就此而言，则所谓从"道德代替法律"到"道德的正式化"或"律则化"，也就是从习以为常的、"无意识"的社会治理和道德秩序走向一种自觉的、反思性的社会治理和道德秩序。而为了这种反思性秩序真正得到普遍的支持认同，而不是一部分人对另一部分人的屈从，就需要一种容许并激发这种反思即公共讨论的机制，也就是涂尔干所倡导的作为沟通〔特别是国家（政府）与公民之间持续沟通〕的"民主"。①

现在，在结束本章之际，我们不妨再回顾一下本章开头通过对涂尔干和鲍曼的比较提出的观点，着眼于社会自身的维系和每个个体正常生活的需要，社会必须要"具有制裁作用的行为规范"，而着眼于鲍曼认为的"前社会起源"的道德良知与外在规范之间的区别，为了防范每个个体都成为不得不机械遵守规范的"螺丝钉"，从而导致"邪恶的社会性生产"，则必须对外在规范保持必要的警惕和戒备。因此，必须维护个人的道德良知与外在伦理规范之间的必要张力。当然，更为关键而现实的是，如何维持这样一种必要的张力。这关系到现代社会的制度设计，其中所牵涉的方方面面的复杂关系和细节自然非三言两语所能说清楚。但无论怎样复杂，有两点在笔者看来对于维持这种必要的张力始终是关键的。

其一，必须使个人始终得以作为道德主体而存在，而使个人作为道德主体而存在的前提，是行动选择的自由，因此，虽然对于社会自身的维系和社会成员的正常生活来说，外在伦理规范无疑是必需的，但是，要使这种外在的伦理规范不成为压制或解除个人道德良知的系统性压力，它就必须给个人的自由意志留下自主的行动选择的空间。这是让个人成为负责任的道德主体的必要条件，实际上也是使一个现代社会保持一种秩序下的活力的条件。鲍曼说过："没有共同体的自由意味着疯狂，没有自由的共同体意味着奴役。"② 因此，必须保持秩序（共同体）和自由之间的平衡与张

① 涂尔干：《职业伦理与公民道德》，第91页；王小章：《现代政治与道德：涂尔干与韦伯的分殊与交叠》，《社会学评论》2020年第3期。
② 鲍曼：《生活在碎片之中——论后现代道德》，第142页。

力。这应该也是哈贝马斯和罗尔斯都强调保障具有自觉意识的自由主体的理性公民的存在的根本原因。实际上早在 180 多年前，法国思想家托克维尔有感于现代民主社会中社会权力咄咄逼人的压力，就曾指出："给社会权力规定广泛的、明确的、固定的界限，让个人享有一定的权利并保证其不受阻挠地行使这项权利，努力为个人保留那已经所余不多的独立性、影响力和独创精神，使个人与社会平起平坐并在社会面前支持个人：在我看来，这些就是我们行将进入的时代的立法者的主要目标。"[1] 质言之，从秩序的角度来看，社会权力支持的规范准则无疑是必需的，但是这种规范准则无论在数量上还是对个体的压力强度上，最好维持在"必需"的"最低"限度上，而尽可能给个人留下自由抉择的空间，这是个人成为自主的行动主体的条件，当然也是成为能够承担道德责任的道德主体的必要条件。

其二，对个人的道德行动来说，自由不能仅仅停留在"一个不受外力干扰的行动空间"的意涵，即不能停留在"不受强制"（be free from）的消极意涵，而必须进入听从自己的道德良知而行动（be free to）的积极意涵，特别是，个人要能够听从自己道德良知的召唤而对他认定为不道德的、恶的伦理规范或外来命令说"不"。不过，这仅是就作为道德主体的个人行动者而言，着眼于维持外在伦理规范与内心道德良知之间的必要张力，个人的这种行动就不能仅仅停留在对不道德的伦理规范的消极抵抗上，还应该转变成积极的变革动力。这就意味着，所有规范准则，包括受正式权力支持的现行规范准则，都必须是向理性质疑、检讨、批判开放的，"任何一种现存制度，不管它是因为年代久远还是其他什么原因受到人们的尊崇，都不能要求免于考察、再审、批判和重估"[2]。而这又需要有一个能够容纳、允许进而鼓励这种理性质疑、检讨、批判，或者，借用康德的话，"理性的公开使用"的"公共空间"。当然，问题到此，就已经不仅仅是道德领域的问题了，而更是政治的问题了。也许正是因此——至少与

---

① 参见托克维尔《论美国的民主》（下卷），第 880 页，译文根据英文版略有改动。
② 鲍曼：《寻找政治》，第 71 页。

此不无关系——涂尔干强调并倡导作为沟通［特别是国家（政府）与公民之间持续沟通］的"民主"，鲍曼则从对于"大屠杀"的道德社会学思考走向了对于"政治"的寻找，而他所寻找的"政治"的核心要素，恰恰就是这么一个"公共空间"。①

而综合以上两点，可看出，维持现代社会中个人内心道德良知与外在伦理规范的必要张力，实质也就是要始终维持伦理规范的永不止息的反思性。

---

① 鲍曼：《寻找政治》，"导言"。

第五章

道德主体身份认同的重塑：
"新人" 与 "新民"*

在第三章、第四章，我们联系社会结构以及相应的社会运行方式的现代转型，讨论了道德形式的转型。接下来，我们将进行实质性的道德心理意识、道德要求内涵之变化的讨论。首先在本章，我们将通过对"新民"与"新人"这两个从清末到"五四"新文化运动所鼓吹和热议的概念的检讨，分析说明道德行为主体之身份认同的转变，进而说明这种转变的道德意涵，在第六章中，再探讨对道德行为主体之道德要求的内容的变化。

第一节 身份认同之参考框架的转换

身份认同，意味着作为行动主体的个人在认识、把握自身之客观实际的身份地位的基础上，进而在主观的价值和情感倾向上认可、接受这种身份地位，即它包含着认知和情感两个层面，并进而对行为选择具有引导作用。身份是在特定的社会关系网络中来确定的，特定的关系构成了主体确认自身身份的参照框架。因而，身份认同的重塑实际上也就意味着这种参

---

* 本章基本内容曾以《新人与新民：认同的重塑与道德的转型》为题发表于《浙江社会科学》2020 年第 7 期，作者为王小章、冯婷。

照框架，即主体用以感知、确认和接受自身之身份地位的社会关系网络的改变，比如，从原本主要从家庭关系或地方性共同体中来感知、接受自己的身份地位，转变为主要从革命团体中的"同志关系"或"国家"中来体认、接受自己的身份地位。需要说明的是，这里有必要区分个人生命（活）史意义上的身份转变和社会变革进程中的认同重塑。前者主要是在常规的日常生活中发生的角色转变，比如一个女孩出嫁后，就要从过去母家中主要在父女、母女关系下对"女儿"这一身份认同，转变为从婆家的翁媳、婆媳以及夫妻关系下来感知、接受自己的身份。而后者，则意味着在社会急剧变革的进程中，随着过去传统的一系列社会关系的解体、式微，以及一系列新的社会关系的产生、确立、生长，社会成员的身份认同普遍地需要并必然地要经历一个转型重塑的过程。自然，在社会变革的过程中发生的这种身份认同的重塑会有主动和被动的区别，一些敏感的人（多为知识分子）会率先觉察到社会的变迁趋势而主动地调整自己的认同，并呼吁广大普通民众也做出这种相应的调整。但是，他们的呼吁能否得到回应，广大普通民众会不会调整、重塑自己的身份认同，从根本上则取决于在社会变革转型的进程中现实社会关系的变革。而随着人们置身于其中的社会关系的变革而发生的身份认同的重塑，作为调节和维系个体置身于其中并用以感知、确认和接受自身之身份地位的社会关系的道德和道德意识，特别是权利、责任、义务的观念，也必然相应地发生改变。

多年来，对于从清末到"五四"新文化运动所鼓吹和热议的"新民""新人"思想的研究，已经耗费了来自不同学科的学者们大量的笔墨。这些研究的取向、角度多有不同，有的着眼于梳理其间关于"新人""新民"之思想内涵的演变，有的着眼于挖掘"新人""新民"思想的渊源，包括西方的渊源和中国传统的渊源，更多的则在"国民性"改造的视野下来审视塑造"新人""新民"的呼吁。[1] 而在此，则要从上面所说的近代中国社会变革转型进程中个人之身份认同重塑和相应的道德转型的角度，来考察分析这一话题。

---

[1] 参见陈亮主编《旧邦维新：新民·新人研究30年文集》，中国发展出版社，2018。

在《从"新民"到"新人"——近代思想中的自我与政治》一文中，台湾学者王汎森认为，从晚清到1920年代，中国人的自我塑造经历了两波运动。第一波为"新民"，以梁启超的"新民说"为主，关心的是如何塑造新的"民"，这新的"民"是脱离奴隶状态而不自私自利、讲公德、有国家观念并准备为国家奉献的现代"国民"，"国民"被设定为一种资格、一种身份、一种应该追求的目标。第二波是"新人"，关心的是个体如何从传统的旧道德、旧伦理的束缚中解脱出来而自我觉醒、自我解放、自我完善，在这一波中成为追求的理想目标的"新人"，是"人类中的一个人"，是近代西方自由思想中作为独立、自由之个体的人。以"新民"为核心的第一波运动主要发生在晚清，而新文化运动的兴起则标志着以"新人"为中心的第二波运动从此取代了第一波运动，从"新民"到"新人"，经历了一个由偏重国家到偏重个体的转变过程。①

如果仅仅从概念史的角度观察，在新文化运动兴起前的晚清，时人更乐谈"新民"，而新文化运动兴起以后，人们则更乐谈"新人"，这无疑是不错的。但若要说新文化运动的兴起标志着从此由偏重国家转向了偏重个体，则并不完全符合事实。实际上，在新文化运动之前，即如梁启超本人，在不同时期也存在强调个人独立自主和强调国家意志民族意识的变化：在1903年游美之前，他服膺的是卢梭的民约论，故而主要宣扬个人独立自由的权利；1903年游美之后，他接受了伯伦知理的国家主义观念，转而强调国家意识，强调个体对国家、民族的责任。此外，在《十种德性相反相成义》一文中，梁启超还认为，偏重个体独立、自由、摆脱禁锢与束缚的德性如独立、自由、自信、利己、破坏等，与强调国家意识、群体精神的德性如合群、制裁、虚心、爱他、成立等，是相反相成的。② 而在新文化运动之后，随着李泽厚所说的"启蒙"与"救亡"之时代主题的变奏③，也不时地发生着在偏重个体和偏重国家之间的变换，而即使在新文

---

① 王汎森：《思想是生活的一种方式：中国近代思想史的再思考》，北京大学出版社，2018，第33～42页。
② 梁启超：《中国人的启蒙》，第188～195页。
③ 李泽厚：《中国现代思想史论》，第7～49页。

化运动期间，"五四"前（偏重个性解放个人权利）和"五四"后（突出民族解放的"国权"）也存在着倾向上的明显不同。不过，尽管把概念上从新文化运动前的"新民"到新文化运动后的"新人"的转变，看成伦理价值倾向上的由偏重国家转向偏重个体，是令人怀疑的，但是，无论是突出个体摆脱旧道德旧伦理之束缚而走向独立自主，伸张个性自由、自我解放，还是强调国家意志民族意识，突出个人作为国民对于国家应负的责任与义务，就其明显有别于旧时代中国人之自我身份意识以及相应的道德伦理观念而言，"新民""新人"的提出和倡导意味着中国人身份认同和道德意识的一个巨大的转变，应是无须怀疑的。

当然，要理解"新民""新人"所表征的中国人身份认同及相应的道德意识的转变，必须了解传统中国人的身份认同及相应的道德意识的特征，而如上所述，身份总是在特定的社会关系网络中来确定的，身份认同的重塑或转变意味着主体用以感知、确认和接受自身之身份地位的社会关系即身份意识参照框架的改变，因此，要理解"新民""新人"所表征的中国人身份认同的转变，实际上必须了解在这个转变之前中国人是在怎样一种关系格局即参考框架下形成其身份认同的。许纪霖曾经指出，与古罗马将国与家截然二分为两大领域不同，在古代中国，家国天下构成了一个连续体，在这个连续体中，中国人没有现代意义上具有自主性的自我，每一个自我都镶嵌在从家国到天下的等级性关系之中，在自我、家族、国家和天下的连续体中获得同一性（身份认同）。不仅如此，在家国天下连续体下，传统中国人的自我身份认同还具有两重性，一重是个体无法离开家国的现实伦理秩序直接与天下沟通，个体的自我总是在一定的宗法和王朝秩序中的，在礼法制度和风俗传统中履行自己的道德职责，并获得具体的身份认同，离开了家国秩序，自我将不复存在；另一重则是个体作为独立的"天民"，可以绕开家国的现实秩序，通过内心的良知而直接与超越的"天理"打通，并从中获得其终极价值。① 应该说，许纪霖道出了古代中国

---

① 许纪霖：《家国天下——现代中国的个人、国家与世界认同》，上海人民出版社，2017，第2~5页。

人身份认同与相应的伦理道德取向上的重要特征，离开了家国天下连续体，便难以理解古代中国人所谓正心诚意修身齐家治国平天下的等级阶梯式的自我人格修行和心志取向，也难以清楚认识在这一连续体中形成的身份认同的相对性、游移（灵活）性，同时，也只有看到传统中国人自我身份认同上的两重性，才能领会他们常常面临的"从道"（理想）与"从势"（现实）之间的紧张与冲突。不过，许纪霖的分析在道出传统中国人身份认同与相应的伦理道德取向上的重要特征的同时，也还存在着值得进一步补充的地方：其一，传统中国关于"公"与"私"的理念以及关系架构；其二，传统中国源远流长、根深蒂固、时刻不忘把人分为"贵"与"贱"、"官"与"民"、"君子"与"小人"的精英主义取向（实际上，家国天下连续体也好，作为"天民"的取向也好，都只是对精英而言才存在的）。这两者相辅相成，共同深刻地影响了古代中国人身份认同和道德伦理的形塑。

在西方，特别是在近代公民权兴起后的西方，"公"（public/publicity）与"私"（private/privacy）尽管是两个对立的范畴，却同时又是彼此勾连贯通的双方，它们共同构成了一个完整而独特的"个体"：个体身上和其他所有个体共同、共通的东西，包括共同的精神和物质的利益、共通的人性等，构成了"公"的基础和源泉，个体所独有的、有别于其他个体的方面，则构成了他的"私"。后者既没有贬义，而且还与独立、完整的个人的观念联系在一起，而前者，也不是与个体无关，而是与所有的个体有关，由此，"公"和"私"共同进入并形成了个体的自我认同。当然，这并不是说任何纯属一己的欲望、利益都可以与"公"和谐并存，而只是说，作为与"公"相对的一方，"私"的存在被认为既是自然的，也是正当的。但是，在漫长的历史中形成并积淀扎根在传统中国人的文化心理结构中的公私观念则与此非常不同。如果说，西方的观念强调突出了"公"与"私"之间通过独立的个体的范畴而相互勾连贯通的话，那么，在没有"独立的个体"意识的中国传统文化观念中，一方面与个体自我有关的方方面面面都被归入"私"的范畴，另一方面则强调"公"与"私"之间的冲突对抗、矛盾分裂、互不相容，并且在这"势不两立"的双方中，"私"

在正统的观念中始终是被贬斥挞伐的一方。不少学者指出，公私对立、此消彼长，要求人们在道德意识和政治理念上"以公灭私""大公无私"构成了中国文化的基本观念。而与这样一种公私分殊、对立相对应的则是制度安排上的贵族与庶人、君子与小人、君主官吏与平民百姓的分化对立，也即中国传统政治和道德体制上浓厚的精英主义传统，在这种体制下，前者（贵族、君子、君主）被不言而喻地看作"公"（国、天下）的化身，后者则成为"私"（个人、家、地方社群）的身位。①

那么，这种公私观念以及政治和道德体制上的精英主义取向，连同许纪霖所说的家国天下连续体意识，是如何影响传统中国人的身份认同以及相应的道德伦理取向的呢？第一，完整的家国天下共同体实际上只是对被认定、被期望为"公"的化身的极少数精英而言的，作为"天民"而在其自我认同中发生影响的更是只有在这极少数精英身上，至于广大平民百姓，其身份认同则主要形成于被设定为"私"的关系范畴中，质言之，普通平民百姓形成其身份认同的参考架构从来没有超出家庭、家族、地方性社群，实际上也没有被期望超越这种限制。② 这也就是为什么梁启超说传统中国人"有族民资格而无市民资格""有村落思想而无国家思想"③ 的根源。第二，尽管对于精英和平民百姓而言，其形成身份认同的参照架构是不一样的，但是，在他们都不存在一个恒定的具体参照架构这一点上则又是一样的。对于精英来说，随着其自身实际境遇之"穷""达""顺""逆"的不同，他的参照对象会在家国天下连续体中游移，对于平民百姓来说，在不同的情境中也会选择小家、家族、村落共同体等不同的对象作为自我身份认同的参照——这类似于费孝通所说的"差序格局"，由此，

---

① 冯婷：《公私分殊与中国人的政治参与》，《中国政治》（人大复印）2007 年第 5 期；王小章：《中古城市与近代公民权的起源：韦伯城市社会学的遗产》，《社会学研究》2007 年第 3 期；刘泽华：《公与私：先秦的"立公灭私"与对社会的整合》，载王中江主编《新哲学》（第二辑），大象出版社，2004；刘畅：《中国公私观念研究综述》，载王中江主编《新哲学》（第二辑），大象出版社，2004；王中江：《中国哲学中的"公私之辨"》，《中州学刊》1995 年第 6 期；等等。

② 关键还在于，精英的数量是非常有限的。假如以考上秀才及以上功名者为"精英"（这个门槛已经非常低了），则每年能通过小试而由童生中秀才者不过每县七八个人而已。

③ 梁启超：《少年中国说》，中国画报出版社，2014，第 158～159 页。

无论是精英还是平民百姓，传统中国人的身份认同都具有游移性、不恒定性。第三，身份认同的游移性，或者说，形成身份认同的参照的不恒定性，意味着公私边界的模糊性、不确定性。精英固然一般地被看作"公"的化身，但是在相对的视野下，相对于"天下"，"国"就是"私"；平民百姓固然通常是"私"的身位，当在相对的视野下，相对于小家，地方就是"公"。第四，与公私边界的模糊性相应的是传统公私观所造成的心理行为取向上"尚公"之伦理与"谋私"之自然的分裂悖反。一方面，立公以灭私为前提，而这个前提事实上无法真正确立，因为，无论是作为个体自我之一部分，还是作为囊括了与个体自我有关的方方面面的范畴，"私"乃是个体生命所固有的有机构成部分，它无法被根绝，既然前提无法成立，那么"公"心也就无法在人们的心中真正扎根确立起来，相反，从个体"私心"看去，"公"乃是异己之物，是压抑甚至剥夺自己的力量；另一方面，就"私"的方面而言，则正如有学者指出的那样，由于在中国"'私'被置于恶的地位，成为一种恶势力和万恶之源，这样就出现了一个无法解决的悖论：'私'虽是客观存在，但在观念上是不合理的；人们在'私'中生活，但观念上却要不停地进行'斗私'、'灭私'；人们实际上不停地谋'私'，但却如'做贼'一样战战兢兢，不能得到应有的保障"①。

　　了解了传统中国人身份认同以及相应的道德伦理取向的上述特征之后，我们就能在总体上理解"新民""新人"概念所表征的转变了。第一，"新民"——尽管不一定轻视个人之独立自主——意味着现代国家观念的萌生并成为个体身份认同的关键因素，意味着要在国家与公民个人的关系中来确立自己的身份认同；"新人"——尽管并不表示拒绝个体对于国家、群体之责任——意味着作为人类之一分子，并与其他所有人类个体平等并立的独立个体，要在剥离了与所属的具体社群、组织（如宗族、地方性共

---

① 刘泽华：《公与私：先秦的"立公灭私"与对社会的整合》，载王中江主编《新哲学》（第二辑），第162页。

同体、帮会乃至国家等）之特定关系的、抽象而平等的独立个体之间关系中来认识和接受自身，也就是要在抽象的人类之个体与人类之个体的关系（而不是兄弟、朋友、父子、夫妇这种具体关系）中来认识和接受自己①。第二，与具有伸缩灵活性的家国天下连续体或费孝通所说的"差序格局"不同，国家与公民个人、人类个体与人类个体（平等而独立的个体之间）的身份认同参照框架，是恒常稳定的，这意味着由此形成的身份认同也是相对恒定明确而不是随着穷达顺逆、时势情境的变易而变易的——无论怎样，我都是国家中的一个"民"；无论怎样，我都是与其他所有人类个体一样的平等而又独立的一个人。第三，与上述第二点相联系，尽管"新民""新人"无疑首先出自少数敏感的先知先觉者的呼吁，但就这种呼吁是面向全体国人的，是吁请全体国人都在国家与公民个人、人类个体与人类个体这样恒定而普遍的参照架构（即对无论士农工商、官民贵贱的所有国人都适用的）中来确立自己的身份认同和相应的伦理而言，它们意味着要开启在普遍主义而非精英主义（特殊主义）观念下来重塑中国人的身份认同和相应的道德伦理精神。第四，联系到传统的公私观念，与个体自我有关的方方面面都被归入"私"的范畴而成为灭伐的对象，则"新人"对于"与其他所有人类个体平等并立之独立个体"的发现和肯定，意味着传统上被认为是在道德上负价值的、与个体自我相关的东西获得了正名，成为被承认的正当权利（rights），并将与义务一同进入与自我身份认同相联系的道德伦理意识。

---

① 作为独立个体的人，实际上也就是作为马克思所说的"类存在物"的人，他在认识、接受自身时把自己看作与其他同样作为"类存在物"的独立个体是平等并立的，"名叫彼得的人把自己当做人，只是由于他把名叫保罗的人看做是和自己相同的"［《马克思恩格斯文集》（第5卷），人民出版社，2009，第67页］。也就是说，自己和其他个体都是人类同等的成员。这就是以"人类社会"为自己理论立足点的马克思为什么说人类社会的"最高成就"是每一个个体的自由个性的原因，也是接受了近代西方自由思想的"新人"理念的倡导者为什么要强调新人是"人类中的一个人"的原因。进一步说，这种"人类中的一个人"的观念，实际上与现代性进程中"陌生人社会"的来临密切相关。在陌生人社会中，人与人之间彼此对对方的背景都一无所知时，剩下的所知，也就只有彼此相同相通的"人类性"了。

第二节　身份认同转变的结构性动力

"新民""新人"所表征的身份认同,相比于传统中国人之身份认同的根本特征,是在每个人的身份建构中现代国家的发现和作为人类平等一分子的独立个体的发现。前面曾指出,普遍的认同重塑,通常是在社会急剧变革的进程中发生的,随着过去传统的一系列社会关系的解体、式微,以及一系列新的社会关系的产生、确立、生长,社会成员的身份认同普遍地需要并必然地要经历一个转型重塑的过程。现代国家观念的产生,以及作为人类平等一分子的独立个体的发现,当然也不是什么"神启"的观念或忽然的"福至心灵",而是对近代社会巨变的回应。

在写于 1904 年的《说国家》一文中,陈独秀曾这样自陈:"我十年以前,在家读书的时候,天天只知道吃饭睡觉。就是发奋有为,也不过是念念文章,想骗几层功名,光耀门楣罢了。那知道国家是什么东西,和我有什么关系呢?到了甲午年,才听见人说有个什么日本国,把我们中国打败了。到了庚子年,又有什么英国、俄国、法国、德国、意国、美国、奥国、日本八国的联合军,把中国打败了。此时我才晓得,世界上的人,原来是分做一国一国的,此疆彼界,各不相下。我们中国,也是世界万国中之一国,我也是中国之一人。一国的盛衰荣辱,全国的人都是一样消受,我一个人如何能逃得出呢。我想到这里,不觉一身冷汗,十分惭愧。我生长二十多岁,才知道有个国家。"[①] 不论从新眼光看还是从旧眼光看,陈独秀无论如何都应该算是"精英"了,但是,即使如他者,也要到二十多岁"才知道有个国家",更遑论普通平民百姓。那么,为什么绝大多数传统中国人缺乏"国家"的观念呢?从观念的社会根源亦即观念社会学的角度分析,这与传统社会的结构与相应的政治安排无疑是密切相关的。正如我们在第四章中已经分析指出的,在传统中国,尽管由于治水以及抵御北方游

---

① 《陈独秀著作选》(第一卷),上海人民出版社,1993,第 55 页。

牧民族对农耕文明的侵扰都需要动员大规模的人力物力，很早就形成了不同于西方封建制的大一统的皇权官僚制国家。但是，一方面，由于以高度自给自足的农村经济为基础的传统简单社会不像现代复杂社会那样在日常管理和服务上对"有为政府"有诸多功能性需求，另一方面，也由于国家的治理手段受到经济上、组织上、技术上（如交通、通信、监控、武器等）的限制，从而，它渗透社会、干预个体的实际能力非常有限。因此，国家，不管是自觉还是不自觉，相对于地方社会而言，通常是"无为"的，地方社会实际上主要处于一种自治的状态。也就是说，国家对于地方社会的介入是非常有限而微弱的，相应的，地方社会成员对于国家的义务和权利也是微弱的——既没有获得多少国家的服务，也没有太多的义务，自然也没有参与国事的权利[1]。国家和地方社会成员的利害关系是不密切的："人民对于'天高皇帝远'的中央权力极少接触，履行了有限的义务之后，可以鼓腹而歌，帝力于我何有哉！"[2] 而且，即使是这种本身已经非常微弱的、不紧要的关系，也并不直接建立在地方社会成员和代表国家的政府之间，而是以地方社会中的头面人物即地主、绅士为中介，因此，对于传统社会中的普通百姓来说，通常只跟乡村内部的这些头面人物打交道，而不直接与政府打交道，自然地，长久以来在头脑中也就往往只有村庄、宗族的意识，而不太有国家、民族的概念。[3]

但是近代以来的一系列变化——所谓"三千年未有之变局"——开始改变这种状况。这种变化首先是"天朝"与外部世界不情愿的、被动的，甚至被迫的接触，这种接触一方面慢慢导致了"天朝天下"世界观的崩塌，另一方面则从反面刺激了民族国家意识的萌生，这一点，从前文所引的陈独秀的自陈就可以看出，他的国家概念是被列强的侵略、侵蚀刺激出

---

① 就对于国事（政治）的参与而言，即使中流精英实际上也几乎没有机会，"中国帝制时代官僚机构的狭窄性，使得文人当中只有很小一部分才能实际参与各级政府的运作"，"中流文人"（相当于举人一级）以下则基本上被排除在正式的政治过程之外（参见孔飞力《中国现代国家的起源》，陈兼、陈之宏译，生活·读书·新知三联书店，2013）。

② 《费孝通全集》（第5卷），第40页。

③ 这种情形，实际上在西方也是差不多的。参见托克维尔《论美国的民主》（下卷），第779页。

来的。当然，不独陈独秀，当时许多知识分子的国家意识都与列强侵略所导致的亡国灭种的危机有关，比如梁启超就说，自己曾经是保国、保种、保教之"三色旗帜"下的一名小卒，但"窃以为我辈自今以往，所当努力者，惟保国而已"。① 实际上，列强侵略所导致的亡国灭种之危机不仅刺激了知识分子的国家意识，而且也帮助唤醒了许多普通民众的国家意识。《辛丑条约》的巨额赔款所引发的一系列举动在一定程度上可以说明这一点：由于4.5亿两白银的天文赔款数额，而且利息逐年累计，越赔数量越大，当时一张影响力颇大的，也是中国最早的白话报纸《京话日报》于是出面搞了一个活动，为避免国家和百姓更大损失，主张通过国民募捐，全国四亿五千万人，每人出一块大洋，力争一次性筹齐赔款，以免支付太多利息，它的倡议得到了社会公众广泛的响应，从王公贵族到平民百姓，甚至到监狱里的犯人，都纷纷捐钱，一时募到了不少钱。② 可以想见，这些捐款人应该不会不知"国家是什么东西"，而且，这样的活动一定会进一步强化他们自己和触动其他人的国家意识的。

当然，触发中国人的国家意识的，不仅是"天朝"与外部世界被动接触的结果，还有内部所发生的变化——当然，这种内部的变化本身又是与外部的接触相关的。现代交通和通信就是触发民众对于"国家"之意识的重要因素。特别是《马关条约》后大规模的铁路建设，无论是其建设的方略（官办/民办/官民合办），还是建成后的影响（铁路的延伸对于近代文明的传播、铁路沿线中心城市的发展等）③，无论是成功举办，还是挫折失败，都在客观上大大拉近了"国家"与普通民众的关系，都使民众不能不意识到"国家"在自己生活中的存在。借用费孝通的话，在现代新的社会情势下，国家（政治权力）已不再，也不能继续"无为"了④。这实际上也体现在晚清的一系列改革中：在被迫签订《辛丑条约》之后的内忧外患情况下，晚清开启了所谓"十年新政"，其间推出的一系列新举措，特别

① 梁启超：《饮冰室合集·文集之九》，中华书局，1989，第50页。
② 杨奎松：《谈往阅今》，第22页。
③ 马勇：《清亡启示录》，中信出版社，2012，第87~94页。
④ 《费孝通全集》（第5卷），第37~38页。

是关乎经济和民生方面的改革，如新设商部，倡导商业，废科举、办学堂、派留学，颁布《钦定大清商律》《商会章程》《铁路简明章程》《奖励华商公司章程》《公司注册章程》《钦定学堂章程》《重订学堂章程》《奖励游学毕业生章程》等，所有这些，都大大强化了国家对于经济和社会生活的介入。

还有一个重要因素不能不提，如上面说到的《京话日报》这种面向普通大众的报刊的大量出现是一个催生人们国家意识的重要影响因素。美国人类学者本尼迪克特·安德森就曾分析指出报纸在形成作为"想象的共同体"的民族意识中的作用。① 早在1896年，梁启超也在《论报馆有益于国事》中明确指出，"中国受侮数十年"，症在上下内外闭塞不通，而"去塞求通，厥道非一，而报馆其导端也。无耳目，无喉舌，是曰废疾。今夫万国并立，犹比邻也，齐州以内，犹同室也。比邻之事，而吾不知，甚乃同室所为，不相问闻，则有耳目而无耳目；上有所措置，不能喻之民，下有所苦患，不能告之君，则有喉舌而无喉舌。其有助耳目、喉舌之用，而起天下之废疾者，则报馆之为也"②。在这种意识（当然也包括商业意识）的驱使下，清末民初的几十年间，大量报刊，特别是面向普通民众的通俗白话报刊，如《京话日报》《安徽白话报》《北京官话报》《江苏白话报》《湖南白话报》《湖南演说通俗报》《湖北白话报》《福建白话报》《江西白话报》《演义白话报》《平湖白话报》《无锡白话报》《通俗报》《女学报》《杭州白话报》《宁波白话报》《绍兴白话报》《湖州白话报》《伊犁白话报》等，纷纷出现。据蔡乐苏统计，从1897年到1918年所出的白话报刊有170多种，而胡全喜则认为，清末民初出版的白话报刊有370种以上。与这些报刊的纷纷出现相应，一些地方还出现了阅报会、阅报社等组织。③这些报刊在刊载白话小说、野史传奇、社会新闻等的同时，也传递大量国

---

① 本尼迪克特·安德森：《想象的共同体——民族主义的起源与散布》，吴叡人译，上海世纪出版集团，2005，第30~32页。
② 梁启超：《中国人的启蒙》，第104页。
③ 周棉、李新亮：《清末民初白话报刊的兴起、发展及影响》，《江苏大学学报》（社会科学版）2015年第3期。

家和国际层面的时事新闻，从而将"国家"带到了普通民众面前。当然，即使是通俗的白话报刊，按当时中国的文盲率，真正能阅读的人还是少之又少，但是，报刊所影响的，并不仅仅是那些直接阅读者，这些直接阅读者还会进行再传播，实际上，当时各地就有许多"讲报"的活动。①

正是在这一系列内外变化的影响作用下，大体在从清末到民初的二三十年里，"国家"的观念开始在原先只有村庄、宗族的意识，而不太有国家、民族的概念的一些（当然不会一下子就是"全体"）普通中国人中慢慢形成。这可以从1895年"公车上书"和1919年"五四"之情形的对比中明显看出：要求朝廷拒签《马关条约》的"公车上书"，虽然康有为、梁启超声称影响巨大，但实际上赴京会考的四千多名举子中，只有近1/4的人参加了集会，真正签名的更只有1/10的人，至于一般民众，则根本连反应都没有；但1919年的巴黎和会，却引发了从北京到全国各地城市、从学生知识分子到大量工商界人士和普通民众自发的上街游行示威。② 两相对比，中国人之国家意识的变化便可一目了然。

再来看作为人类平等一分子的独立个体的发现。这当然与"西学东渐"中近代西方自由思想的影响分不开，但更与清末民初之际中国社会自身的变化所导致的某种程度的"个体化"有关（当然，"西学东渐"本身也可以看作中国社会自身变化的一个方面）。齐美尔曾指出："如果社会学想用一种简明的方式表达现代与中世纪的对立，它可以做如下尝试。中世纪的人被束缚在一个居住区或者一处地产上，从属于封建同盟或者法人团体；他的个性与真实的利益群体或社交的利益圈融合在一起，这些利益群体的特征又体现在直接构成这些群体的人们身上。现代摧毁了这种统一性。现代……使个性本身独立，给予它一种无与伦比的内在和外在的活动自由。"③

① 记得笔者少时，生产队（即"三级所有，队为基础"的"小队"）订有《人民日报》和《浙江日报》各一份。但大多"社员"还是不识字的，即使稍稍识得几个的，也不太能读报。于是报纸就放在一个在公社下的"竹器社"工作但住在我们小队的人那里。那是个单身汉，大概初中文化程度吧。每天晚饭之后，总有一些村民三三两两聚集到他那里，在聊天闲话中从他那里了解一些基本的"国家大事"。
② 杨奎松：《谈往阅今》，第19页。
③ 齐美尔：《金钱、性别、现代生活风格》，顾仁明译，学林出版社，2000，第1页。

齐美尔所描述的这种"现代"与"中世纪"的区别，实际上也就是"个体"从前现代的整体秩序中"脱嵌"而成为"分离自在之独立个体"的过程。对于这个由"脱嵌"而个体化的过程，许多社会理论家，如托克维尔、黑格尔、马克思、滕尼斯、涂尔干、韦伯一直到今天的社群主义者查尔斯·泰勒等，都以各自的语言做了分析描述。① 当然，他们所考察分析的主要是西方社会。但事实上，从清朝末年开始，中国社会也类似地开始经历传统社会的解体，个体从传统关系（亲族共同体、地方性共同体）中"脱嵌"而"个体化"的过程②，尽管中国传统社会的解体是在西方资本主义的侵略、侵蚀下被迫发生的，尽管中国发生的由"脱嵌"而个体化与当时西方发达资本主义社会相比有规模、程度上的巨大不同。实际上，从费孝通的《损蚀冲洗下的乡土》一文，特别是其中"回不了家的乡村子弟"一节中，我们就可以读出晚清特别是废科举以后中国社会开始慢慢发生"脱嵌"的信息。传统乡土社会是安土重迁的，绝大多数人一辈子生活在一个小小村落中，从而也深嵌或者说扎根于村落共同体的各种根深蒂固的关系中，即使个别通过科举而外出的人（实际上因其他缘故如经商而外出的人也一样），也依旧是"根上长出的枝条"，叶落终究要归根。但是近代以来，这种状况改变了，那些乡土社会培植出来而外出读书学习的乡村子弟"已经回不了家"——"在没有离乡之前，好像有一种力量在推他们出来，他们的父兄也为他们想尽办法实现离乡的梦，有的甚至为此卖了产业，借了债。大学毕业了，他们却发现这几年的离乡生活已经将他们和乡土的联系割断了"③。当然，费孝通是从乡土社会人才流失的角度来谈这个现象的，但从另一个角度看，那些"回不了家"的乡村子弟，不就是从乡村共同体中脱嵌游离出来而成了陌生的城市社会中那些相对独立而彼此孤离的个体吗？历史学学者杨奎松也指出，1905年废科举之后，"学而优则仕"不

① 王小章、冯婷：《积极公民身份与社会建设》，社会科学文献出版社，2017，第10~17页。
② 在《中国社会的个体化》中，人类学学者阎云翔考察分析了改革开放后中国社会开始的"个体化"进程。实际上，改革开放后才开始的这个个体化进程，可以说是因一系列事件——如1949年前的战争、1949年后以严格的户籍制度为基础的"人民公社"制和"单位制"等——而被中断、推延了的个体化进程的重新开始。
③ 《费孝通全集》（第5卷），第58页。

可能了，有志向、有能力的青年纷纷离开乡村进入城市或出洋留学，而且，乡村原有的士绅，凡有能力者也大多离开乡村进入城市，或转变为近代工商业者，或转变为近代知识分子，甚或成为新式军人。[①] 实际上，离开乡土进入城市的何止这些乡村上层社会成员，更有大量普通农民，他们在资本主义的侵蚀所导致的"乡村破产"[②] 而产生的推力以及因城市工商业的发展对于劳动力的需求而产生的拉力的作用下，开始纷纷进入城市谋生。因此，与清末民初乡土社会的"损蚀"相对应的，是城市人口的迅速增长。以上海为例，1895 年，上海人口尚不过 24 万人，而到 1919 年时，则已增长到 175 万人。[③] 当然，相对于中国庞大的人口总数，城市人口占比还是很小的，但是其巨大的绝对数量，则足以产生具有社会学意义的影响。而不同于乡土社会，现代城市社会在根本上是一个高流动性的、人与人之间相对疏离的陌生人社会，在这个社会中，每一个个体都必须更大程度地独自面对这个社会以及与自己一样作为个体的、不了解其背景的他人，必须更大程度地独自承担自己的命运，同时，这个社会的一些制度安排也往往多直接以个人为对象（比如工资是直接发给个人而不是给家庭的）。这些都潜移默化地使人意识到：我首先是一个独立的个体，而不是哪个共同体的附属品。

第三节　身份认同转变的道德意涵

近代以来，特别是清末民初中国社会本身所发生的一系列结构性、制度性的变革，一方面将"国家"日益带到了原先只有村庄、宗族的意识而不太有国家、民族的概念的国人面前，另一方面则也使越来越多的人脱离原本深嵌于其中的亲族和地方性共同体，成为与其他个体并立独行的人类个体。换言之，国家与公民个人、作为与其他所有人类个体平

---

① 杨奎松：《谈往阅今》，第 12 页。
② 王小章：《"乡土中国"及其终结：费孝通"乡土中国"理论再认识——兼谈整体社会形态视野下的新型城镇化》，《山东社会科学》2015 年第 2 期。
③ 杨奎松：《谈往阅今》，第 20 页。

等并立的个体与个体这两种社会关系，在清末民初的社会变革中慢慢生长起来，成为越来越多的人现实生活中必须要面对的关系。这是"新民""新人"所表征的身份认同之转变重塑的社会学基础，离开了这一基础，像莫名的"神启"或忽然的福至心灵一般的"新民""新人"观念是难以理解的。

而随着人们因置身于其中的社会关系的变革而发生的身份认同的重塑，作为调节和维系个体置身于其中的社会关系的伦理和道德意识也必然要相应地发生改变。"新人""新民"不仅意味着人们身份认同的重塑，也意味着道德意识的重塑。实际上，就认同不仅仅意味着主体对于自身之客观实际的身份地位的认知，而且意味着在价值和情感倾向上对这种身份地位的认可、接受而言，身份认同的转变本身即必然蕴含着主体道德意识的某种转换。质言之，以相对恒定而普遍的国家与公民个人、人类个体与人类个体的关系而不是以具有高度伸缩性的家国天下或费孝通所说的"差序格局"关系为确立身份认同的基本参考架构，本身即潜在地意味着，主体愿意在这种关系中来确定和抉择自身行为正当与否的标准，尽管认同的调整和伦理取向的调整未必同步。

前文已指出，相比于与传统中国人的身份认同相应的道德伦理取向，"新民""新人"的观念一方面表征着传统上被认为是道德上的负价值的、与个体自我相关的东西获得了正名，成为被承认的正当权利（rights），并将与义务一同进入国人的道德伦理意识。所谓与个体自我相关的东西获得了正当性，意味着原先被贬入"私"的范畴而遭随意挞伐的东西成了不可任意侵犯的东西，意味着要明确群－己、人－己的边界（"群"当然有各种不同性质、不同形式的"群"，不过，对于"新民"来说，所对应的无疑首先是"国"，因此，群－己关系中首要的是国－己关系）。进一步具体而明确地说，"新民""新人"观念的道德意涵，实际上也就是要在明确国与己、人与己的边界的基础上确立调节和规范国家与个人、个体与个体的一般性伦理规则和道德精神，一言以蔽之，就是要树立现代"公共道德"，而对于国家与个人之关系和个人与个人之关系的规范，则成为现代公共道德之两端。前者，借用涂尔干的概念，可称为"公民道德"；后者，则相应地可以称为"社会公德"①。

国家与个人之间应该是一种怎样的关系，个体作为国家之国民应该如何看待和处理自身与国家的关系，这是与"新人""新民"的讨论紧密联系的一个话题，尽管不同的人对此的认识并不完全一致，甚至同一个人在不同的时期也有不同的看法。比如梁启超，如前所述，在 1903 年游美之前，主要宣扬个人独立自由的权利，1903 年游美接受了伯伦知理的国家主义观念之后，转而强调国家意识，强调个体对国家的责任。不过，有一点梁启超始终没变，即"明政府（国家）与人民之权限为第一义"②，并且始终认为，只有兴民权，使人民真正成为国家的主体，才能培养出爱国的公民道德。③ 再如陈独秀，他比较一贯地认为，现代中国人要在"个体本位主义"的基础上，确立自觉的而非盲目的爱国心，"国家者，保障人民之权利，谋益人民之幸福者也。不此之务，其国也存之无所荣，亡之无所惜"④，"我们爱的是人民拿出爱国心抵抗被人压迫的国家，不是政府利用人民爱国心压迫别人的国家。我们爱的是国家为人民谋幸福的国家，不是人民为国家做牺牲的国家"⑤。而对于"保障人民权利、谋益人民幸福的国家"，作为现代国民应该"为国家惜名誉，为国家弭乱源，为国家增实力"⑥。如果说梁启超、陈独秀只能算是有代表性的个人，那么，清末民初的中小学教科书则无疑更为一般地体现了对于培育规范个人与国家之关系

---

① 涂尔干认为，"公民道德"要确定的是个体与作为"政治群体"的国家之间的关系，"公民道德所规定的主要义务，显然就是公民对国家应该履行的义务，反过来说，还有国家赋予个体的义务"，而国家则致力于"创造、组织和实现"公民个人权利（涂尔干：《职业伦理与公民道德》，第 52、65 页）。梁启超则把所谓现代"新伦理"分为"家族伦理"、"社会（人群）伦理"和"国家伦理"（梁启超：《中国人的启蒙》，第 31 页）。"家族伦理"属于私德范畴，"国家伦理"略等于涂尔干所说的"公民道德"，"社会（人群）伦理"即为"社会公德"。

② 梁启超：《中国人的启蒙》，第 78 页。

③ 宋志明、许静：《近代启蒙哲学与新人的发现——康有为、谭嗣同、严复、梁启超思想合论》，载陈亮主编《旧邦维新：新民·新人研究 30 年文集》，中国发展出版社，2018，第 327 页。

④ 《陈独秀著作选》（第一卷），第 166~167、118 页。

⑤ 《陈独秀著作选》（第二卷），上海人民出版社，1993，第 24 页。

⑥ 《陈独秀著作选》（第一卷），第 207 页。

的公民道德的重视。1904 年，商务印书馆出版了《最新修身教科书》，民国建立后又出版了《共和国教科书新修身》。在 1912 年初版，到 1917 年已印到 218 版的初小第八册《新修身》课本中，就有"守法律""服兵役""纳税""教育""选举""平等""自由""好国民""尊重名誉"等内容，其中既有属于"权利"的内容，也有属于"义务"的内容。1923年，商务印书馆出版了一套《新法公民教科书》，1924 年，又出版了包括高小 4 册、初中 4 册的《新学制公民教科书》，从小学高年级开始到中学，对于公民的权利、义务等观念，对于政体、议会、政府、选举等概念，做了清晰的解释，从而从教材名称到内容，现代意义的公民课代替了依旧具有某种传统气息的修身课。① 针对高小学生的《新学制公民教科书》第三册讲的是现代政治制度和运行的知识，其中"好政府"一课强烈地传达出对于不同于传统臣民乃至奴隶性格的现代公民德性的倡导，"好官吏、好法律，都是好政府的原动力。但最重要的原动力还是好人民。好人民应该做些什么事情呢？好人民应当做的事情就是：对于政治事务要时时关心，时时监督。在选举的时候，人民固然要认真选举；选举以后，也要随时监督国会和政府。国会和政府一举一动都有人民监督着，国会就不敢决议违背民意的法律，政府也不敢做出违背民意的事情。这样一来，自然会产生好官吏和好法律。所以，人民想要有好政府，不必希望别人，只要自己对于政治事务，肯时时关心和监督就是了"②。

与国家与个人之间应该是一种怎样的关系这一问题一同成为与"新人""新民"的讨论紧密联系的一个话题的是"社会公德"问题。从根本上说，社会公德所要调节的，即是我们一再指出作为现代道德所要面对的基础性事实的"陌生人关系"。而"陌生人关系"，固然包含着彼此生疏、不了解、不相知的含义，但更主要的是指在双方之直接或间接的关系中，一方对于另一方来说不是作为具体的、活生生的、具有完整人格的人而存在，而是作为抽象的、符号化的、概念化或单一功能性的对象而存在。换

---

① 傅国涌：《新学记：中国现代教育起源 11 讲》，东方出版社，2018，第 183～184 页。
② 傅国涌：《新学记：中国现代教育起源 11 讲》，第 185 页。

言之，所谓"陌生人关系"，不是通常容易误解的那样彼此之间没有关系，而是一种不同于熟人之间关系但彼此之间依旧存在相互影响的陌生人之间的关系。① 而所谓现代社会之独立的人类个体与人类个体的关系，落实、体现于实际的社会生活，实际上就是这样一种抽象的陌生人关系，因为当人与人之间彼此对对方的背景都一无所知时，剩下的所知，也就只有彼此相同相通的"人类性"了。当这样一种关系取代传统上安土重迁的乡土社会中的熟人关系而成为社会生活中的一种基本关系后，也就需要一种新的特定道德来调节。这种道德，就是社会公德。比如，我们会将在公园里随地大小便、顺手折花、踩踏草坪等视作没有公德，就是因为这种行为实际上妨碍、影响了可能到公园里来的其他人，尽管这"其他人"是抽象的，你根本不知道是谁，何时会来。而一个一直生活在熟人社会中，习惯于从"维系着私人的道德"② 出发来看待自己行为的人，当他甫入陌生人社会时，是不太容易想到自己的行为对于那些陌生而抽象的他人所可能带来的影响的，因而，在抽象的陌生人关系代替熟人关系而成为日常社会生活中的常态时，免不了出现公共秩序、社会生活中的尴尬、窘困、矛盾、冲突，出现社会公德方面的问题。现在回头去看，如果暂时撇开民族情感的因素，那么，当年上海租界公园禁止华人入内，很大程度上就是由社会公德问题所引起的。不少资料表明，诸如外滩公园等在开初并没有禁止华人进入的规定，只是因为进入公园的华人"多不顾公德，恒有践踏花草之事"，"任意涕唾，任意坐卧，甚而至于大小便亦不择方向"，而后才有了不准华人入内的规定。③ 当时不少人也曾对此从公德的角度进行过批评反思，如杨昌济就一方面感慨"上海西洋人公园门首榜曰：'华人不许入'，又云'犬不许入'，此真莫大之奇辱"，另一方面则又反思："平心而论，华人如此不洁，如此不讲公德，实无入公园之资格"。④ 当然，所谓"华人与狗不得入内"是一个比较极端、比较刺激人神经的事件，但实际上，许

---

① 王小章、孙慧慧：《道德的转型：迈向现代公德社会》，《山东社会科学》2018 年第 9 期。
② 《费孝通全集》（第 6 卷），第 131 页。
③ 王彬彬：《"华人与狗不得入内"的公德教训》，《随笔》2015 年第 3 期。
④ 王彬彬：《"华人与狗不得入内"的公德教训》，《随笔》2015 年第 3 期。

多诸如此类的事件，则正是当时为什么关于中国人公德缺失的问题会成为与"新人""新民"的讨论紧密相连而为梁启超、严复、陈独秀、鲁迅、杨昌济、梁漱溟、费孝通等所共同关注的一个话题的原因。而在中国社会被迫而艰难的转型、过渡过程中那种表现为抽象的陌生人关系的独立个体－个体关系的萌生，并日益取代熟人关系而成为日常社会生活中的常态，则是诸如此类的社会公德事件频频发生的原因。新的社会关系需要新的道德伦理。如同国家与个人关系在实际生活中的拉近呼唤一种兼顾权利与义务并努力实现两者平衡的现代"公民道德"，表现为抽象的陌生人关系的独立个体－个体关系，则要求一种现代的"社会公德"。

最后，在本章结束之际，笔者想再顺便提一下近年来颇受关注的新"村（乡）规民约"的问题。在当今的乡村治理中，作为强化"德治"的一个重要方面，"村（乡）规民约"在各地都被赋予了重要的角色，也吸引了不少研究乡村治理的学者的目光。笔者对此也有所关注。笔者的基本观点是，一方面，在关乎基本趋势的判断上，与本章所表述的基本观点一致，认为，随着在社会发展进程中传统上作为封闭或相对封闭的地方性共同体的村落与外部大社会之联系的日益紧密，随着"村民"越来越深广地融入外部世界，作为"地方性伦理"的"村（乡）规民约"必然逐渐走向式微而成为明日黄花，因此，与其将注意力更多地放在"村（乡）规民约"上，不如更多地放在如何培育和建设公民道德和社会公德上。但另一方面，笔者也不全然否定在今天这个转型过渡阶段"村（乡）规民约"在改善当今乡村治理中可能起到的积极作用，特别是"村（乡）规民约"这种看似传统的形式，可以用来"接引"现代的公共道德，换言之，当"村（乡）规民约"的"旧瓶"装上公共道德的"新酒"，它便可以成为把"村民"培育成现代"公民"的一种有效手段。而实际上，笔者通过调查也发现，大多数新制定的所谓"村（乡）规民约"，其具体内容中许多都属于现代公民道德与社会公德的范畴。①

---

① 王小章、冯婷：《从"乡规民约"到公民道德——从国家－地方社群－个人关系看道德的现代转型》，《浙江社会科学》2019 年第 1 期；王小章、吴达宇：《以村规民约"接引"现代公民道德——基于浙江省 Q 市的考察》，《浙江社会科学》2022 年第 11 期。

第六章

道德内容的转型：义务与责任

第五章指出，道德主体身份认同的转变必然蕴含着主体道德意识的转换，各主体将在相对恒定而普遍的国家－公民个人、人类个体－人类个体关系中而不是在具有高度伸缩性的家国天下格局中来确定和抉择自身行为正当与否的标准。规范国家－公民个人关系的道德构成公民道德，规范人类个体－人类个体关系的道德构成社会公德，两者共同形成现代社会的公共道德或曰公德。而进一步需要回答的问题是：这种由公民道德与社会公德构成公共道德之具体的基本内涵是什么？它们相比于传统上对于国与民、人与人之关系的道德要求有什么变化？本章即来讨论这些问题。

第一节　作为基本道德内涵的义务与责任

当代美国道德哲学家托马斯·斯坎伦说，道德问题的核心是"我们彼此负有什么义务"（what we owe to each other）[①]，而英国社会学家齐格蒙·鲍曼则认同并汲取法国伦理学家伊曼努尔·列维纳斯（Emmanuel

---

[①]　参见艾里克斯·弗罗伊弗《道德哲学十一讲：世界一流伦理学家说三大道德困惑》，刘丹译，新华出版社，2015，第177页。

Levinas）的立场和观点，认为道德的本质是行为者个体在"与他人相处"的背景中"对他人负责"，责任是行为者作为道德主体的本质体现。在通常不那么严格的言语中，我们往往在几乎等同的意义上使用"义务"和"责任"这两个词，就它们都意味着个人行为的"必须"而不是"可以"而言，这样一种不那么严格的使用应该说没什么大问题。但是，在严格的意义上，笔者以为，"义务"和"责任"是两个不同的范畴，是应该加以区别的，可以认为它们是构成道德之基本内涵的两个方面。"义务"和"责任"之区别的根本在于，它们各自的前提和基础是不同的。义务的规范性前提在于行动者所享有的权利（或者说"权利"与"义务"互为规范性前提），其事实性根基则在于人与人彼此之间在生存与发展需求之满足上的相互依赖性，即我的正常生活依赖于他人以某种方式行动，如同他人的正常生活依赖于我以相应的方式行动；而责任的规范性前提是能够容纳行动者自由意志的行动自由，而其事实性根基则在于行为者之行为（包括"不作为"）的结果与影响，即行为者要对其自觉自主的选择和采取的行动所导致的客观结果和发生的影响承担责任。"义务"通常表现为道德主体间基于"互惠"或"互换"的相互间的、双向的承诺，这种承诺可以是"君子之诺"（通常表现在"互惠"的合作关系中，比如我接受了对方的某种帮助或礼物，虽然对方并不要求我立字保证何时给他以相应的帮助或礼物作为回馈，但我的接受，本身就隐含着在他需要时给予回馈的承诺），也可以是契约式的承诺（通常表现在"互换"的合作关系中，如在契约中对双方义务的规定），但无论承诺的形式如何，这种承诺都是相互的。实际上，权利作为义务的规范性前提，本身就说明了这一点。但"责任"不同，如上所说，责任意味着行动者要自觉地、不加推诿地承担自身行为的后果，要对他的行为的客观结果和所产生的实际影响特别是对他人的影响承担责任。按照鲍曼的说法，道德意味着"对他人负责"，这种"对他人负责"与契约性的义务没有任何联系，与对互惠性收益的计算也没有共通之处，它不预期、不指望他人用对等的责任来报答我的责任，因此，对他人负责纯粹"是我的事，而且只属于我。'主体间的关系是一种不对称的关系……如果我为了他人而死，那我不是为着互惠而对他负责。互惠是他的事'"①。也就是说，在"与他人相处"这种主体间关系中，无条件地承诺"对他人负责"，而不以他人履行对等的责任为条件或期待（因而这种主体间关系是"不对称"的），这就是道德责任的本质。

义务之成为"必须"的客观事实基础是社会成员之间的相互依赖，而这种相互依赖则源自一个更基本的事实，那就是，无论在何种社会形态下，个体基本上无法仅仅依靠自身而正常地生存和发展，不可能完全依靠自身应对其一生中可能遇到的各种危机、风险，无法完全凭一己之力去获得和维持正常的人生，因此，从根本上讲，每一个人，都是依赖于"他人"的，无论这个"他人"是作为个体，还是作为整体。这不仅仅在"三年不能免于父母之怀"的幼年时是如此，而且整个一生中都是如此；不仅在传统社会如此，在今天的现代社会也是如此。许多人认为，在从传统社会向现代社会的转型变迁中，在现代性的发展推进过程中，作为个体的人日益摆脱了外在的依赖而越来越多地获得了独立。齐美尔就曾说："如果社会学想用一种简明的方式表达现代与中世纪的对立，它可以做如下尝试。中世纪的人被束缚在一个居住区或者一处地产上，从属于封建同盟或者法人团体；他的个性与真实的利益群体或社交的利益圈融合在一起，这些利益群体的特征又体现在直接构成这些群体的人们身上。现代摧毁了这种统一性。现代……使个性本身独立，给予它一种无与伦比的内在和外在的活动自由。"② 但事实上，只要你向在这个社会中来来往往的芸芸众生瞥上一眼，你就可以感悟到他们当中实际上没有一个人能够完全离开这个社会中其他人所提供的各种服务而完全独自生存和发展，没有一个人能真正彻底干净地离开这个社会而遗世独立，因此，没有一个人是在完全摆脱对他人的依赖的意义上而"独立"的。所谓"现代使个性本身独立"，并非指个体不再需要依赖，而是指摆脱某种特定形态的依赖，也即表现为人身依附或准人身依附（attachment）的、对于个体来说没有选择的单向和直接

① 鲍曼：《现代性与大屠杀》，第 239 页。
② 齐美尔：《金钱、性别、现代生活风格》，第 1 页。

的依赖。由于从根本上社会中的所有个人都是这样具有依赖性的，因而，依赖必然是相互的。任何一个个人离开了作为个体或作为整体的"他人"的帮助、支持、保护就无法正常地生存、生活，意味着他必须能够获得"他人"的这种帮助、支持和保护，用现代的话来说，这就是"权利"。反过来，任何"他人"，如果离开了所有其他个人以特定的行动提供的帮助、支持、保护同样也无法生存和发展，因此这些其他个体也必须以相应的行动确保"他人"能够获得这些帮助、支持、保护，用现代的话来说，这就是"义务"。而这，也就是"权利"要作为"义务"的规范性前提，或者，"权利"与"义务"互为规范性前提的来由。当然，从社会学的角度来说，需要进一步考察和分析的是，由于社会结构形态的不同，人与人之间的这种相互间的依赖在广度、深度、形态上是不同的，因而，权利与义务的关系，或者就本章的主题而言，道德义务的内涵、形态，必然随着社会的变迁而变迁。

从伦理因果性方面来讲，只有当行为真正出自行为者的自由意志时，行为者才需要对其行为负责；而自由意志的行使，需要行为者有一个可以不受内部和外部强制（内部强制如精神病患、外部强制如刀枪加身、铁窗囚禁或不可抗的自然阻力等）的自由行动空间，因此，自由是责任的规范性前提。也正因此，自康德以还的哲人在思考人类道德问题时几乎都免不了要思索探讨人的自由问题。那么，人究竟是不是自由的呢？英国政治哲学家、观念史家以赛亚·伯林认为，在人类历史上，有三种关于"历史不可避免性"的观念，即目的论观念、超验实在论观念和自近代以来大行其道的科学主义认为的社会发展受恒定不变的客观规律决定的观念。所有这些观念之共同的理念，就是相信历史的进程受统一的法则或规律支配，相信历史发展进程之"不可避免性"，历史进程中的所有事件、因素，都是统一的、不变的历史模式中不可更改也不可能或缺的环节，人们做他们所做、想他们所想，无非社会整体结构不可避免的演进的一种"功能"。"每件事物都因为历史机器自身的推动而成为其现在的样子，也就是说，它们是受阶级、种族、文化、历史、理性、生命力、进步、时代精神这些东西推动的。我们这种被给定的生活组织是我们无法创造也无法改变的，它，也只有它，最终对一切事物负责。"① 由此，认为个体或群体因行事的方式正确或错误而应该受到赞扬或谴责的观点，是错误的，是幼稚的，是个体或群体妄自尊大的表现。也就是说，人在历史进程中是没有选择自由的，而取消了个人的选择自由，也就是取消了人在历史进程中的道德责任。以赛亚·伯林不认同这种观念，他认为："我们无法改变的东西，或者我们无法像我们设想的那样改变太多的东西，不应该作为反对或赞成我们作为自由的道德主体的证据。"② 笔者认同以赛亚·伯林的这个观念。当然，问题的关键在于，为什么历史进程中那"无法改变的东西"不能"作为反对或赞成我们作为自由的道德主体的证据"，不能使人免于道德的评判？实际上，存在着两种"不可避免性"或者说"必然性"。一种是指历史发展之所有其他的可能性均已被排除这种意义上的"不可避免性"，即由状态A只能"不可避免地"进入唯一的状态B，没有其他可能，由状态B只能"不可避免地"进入唯一状态C，也没有其他可能，这可以说是一种"肯定的必然性"，即"如果有什么，就必然导致唯一的什么"的历史必然性；另一种是指对于某一事物的出现和存在来说那些不可缺少的条件都须具备这一意义上的"不可避免性"，即如果要出现或存在X，就"不可避免地"必须具备什么什么条件，缺乏这种条件或这种条件不充分，X就"不可避免地"不能出现或继续存在，这是一种"否定的必然性"，即"如果缺乏什么，就必然没有什么"的必然性。第一种意义上的"不可避免性"无疑与自由选择不相容，这种"不可避免性"实际上排除了人在历史进程中的任何主体性自由和价值选择的可能性，从而也取消了人的道德责任。但第二种意义上的"不可避免性"则不同，这种"不可避免性"实际上是社会和人们的行动在既有的历史条件下向某个特定的方向或目标发展的现实可能性，但是，它并不意味着社会或人们的行动只能别无选择地迈向这个方向或目标。举个例子来说，你要在某个地方种植小麦，这个地方必须具备某些土壤的、水文的、气候的条件，不具备这些条件，你必然种不好小

---

① 以赛亚·伯林：《自由论》，胡传胜译，译林出版社，2003，第114页。
② 以赛亚·伯林：《自由论》，第139页。

麦，但是，这并不意味着具备了这些条件，你就只能种植小麦，你也可以种植蔬菜、花木，当然也可以什么都不种。显然，第二种"不可避免性"或"必然性"是更加符合实际、更加真实的。这种"必然性"既以其对"不可缺少的条件"的承认为社会科学、历史科学明确了地盘，肯定、维护了社会科学、历史科学作为"客观科学"的意义，同时也为人作为历史的主体的自由行动留下了空间，揭示了为何历史进程中那"无法改变的东西"不能"作为反对或赞成我们作为自由的道德主体的证据"，不能使人免于道德价值的评判。①

　　人是受必然性制约的，但同时还是自由的，还具有按照自己的自由意志自主选择行动的自由空间。而这种自主选择的行动，必然带来相应的结果和影响，因此，作为道德的主体，它就必须对自己的行为后果承担相应的道德责任。在第一章说到韦伯倡导"责任伦理"（在上帝已从这个世界中隐退从而不再掌管与个人行为相应的结果的伦理非理性的世界中，行为者必须对其自主选择的行为所产生的可预期的结果和影响承担责任）时，笔者曾指出，行为所产生的结果和影响既包括对行为者自身所产生的，也包括对他人所产生的，不过，所谓行为者要对行为对自身所产生的后果负责，不过是意味着没有人为你负责，无论你愿不愿，你都得承受这种后果，因此，"责任伦理"之真正实质性的意涵，主要乃在于行为者必须对他人负责，而这也正是鲍曼的立场。还必须指出的是，这里所说的"自主选择的行动"，包括他在可以行动、可以作为的情况下选择不行动、不作为，这种不行动、不作为同样会产生相应的后果，因此，诸如"渎职罪"等也就成为个体承担责任的形式。

　　当然，同样从社会学的角度来说，需要进一步考察和分析的是，由于在不同形态的社会中，个人的自由是不一样的，个人行为所产生的结果和影响的广度、深度、复杂度也是不一样的，因此，个体的道德责任也必然随着社会的变迁而变迁。

---

① 参见王小章《历史能不能假设？——读以赛亚·伯林有感》，《读书》2022 年第 9 期。

第二节　义务的变化

如上所述，义务的客观事实基础是社会成员之间的相互依赖。这种相互依赖，就其内容而言，可以分为积极的相互依赖和消极的相互依赖。前者指的是，你的需求依赖于别人的服务，如同别人的需求依赖于你的服务；后者指的是，你的正常生活依赖于别人的自我克制，即不去做某些特定的事，如同别人的正常生活依赖于你的自我克制。前者产生积极义务，即必须为别人做些什么的义务，后者产生消极义务，即一定不能做什么以免妨碍、干扰别人的义务。而就相互依赖的形式而言，则可分为直接依赖和间接依赖。在前者那里，社会成员之间或个体与其直接所属的具体社群之间的相互依赖是直接发生的，即你生活中所不可避免地会遇到的各种可能的问题能不能得到有效解决，你的生活能不能正常地展开和继续，直接取决于你的左邻右舍、你所属的具体社群届时是不是能够直接提供给你所需要的帮助或配合；在后者那里，相互依赖性则不再直接发生在具体的社会成员之间或社会成员与其直接所属的具体社群之间，而是借助于某种中介（比如市场组织、国家机构）来发生。在不同形态的社会中，质言之，在传统小共同体熟人社会中和在现代陌生人大社会中，人与人之间相互依赖的内容和形式都不相同，由此，也就形成了道德义务的相应变化。

在传统封闭或相对封闭的小共同体熟人社会中，由于正反两个方面的条件或者说原因，人们之间不仅消极的相互依赖是直接的（这在任何社会中都是一样的，比如，你想要安静，就直接取决于你周围的人不喧哗；你想要环境卫生也直接取决于你周围的人不随地吐痰、不乱扔垃圾；等等），而且积极的相互依赖也基本上是直接的，因而，无论是积极义务还是消极义务，都直接存在、发生于人与人之间的直接交往中。所谓正反两方面的条件或原因，关涉的是传统小共同体熟人社会的内部"整合"与外部"链合"的问题。① 具体一点说，一方面，在传统社会条件下，由于没有足够发达的市场经济，没有足够便捷的交通、通信手段等，一个个小共同体社会处于一种封闭或相对封闭的状态，与外部的"链合"程度很低，因而，人们生活中各种必需的服务很难从外部世界获得，而只能依赖于共同体内部成员来提供，农忙时农事活动上的互帮互助，架屋盖房、婚丧嫁娶中的左帮右衬，无不如此。这构成了传统小共同体社会内部直接的相互依赖的反面的条件或者说原因，即由于外部世界依靠不上，所以只能直接依靠内部成员的相互支持和帮衬。另一方面，传统小共同体社会封闭性高、"链合"度低的另一面，就是社会成员长久地，甚至世世代代地生活在同一个熟悉得不能再熟悉的社群之中，其亲缘的、地缘的（同一个村坊）、业缘的（同样的谋生方式）多种联系纽带造就了这种社会高度的内部"整合"或凝聚，也即不仅在客观上相互依赖，而且在心理情感上有较高的相互认同甚至依恋，因而相对能够急人所急，在共同体内其他成员需要帮助时愿意给予帮助，至少在对方向你提出要求时，你会感到情面上难以拒却，而不像拒绝一个不相干的陌生人那样觉得理所当然。这是传统小共同体社会中人们的道德义务通常直接存在、发生于人与人之间的直接关系和交往中的正面条件或者说原因。当然，上述这正、反两个方面的条件或原因，本身是相互联系的，这种联系，简单地说，就是在传统社会中，之所以会"远亲不如近邻"，原因就在于"远水救不了近火"。

但是，现代社会的结构形态和运行方式根本性地改变了上述正、反两方面的条件。如前面我们一再指出的，现代社会是一个陌生人大社会，在这个社会中，人们固然依旧会居住在一个个地域性的居民区（社区）之中，但是，由于现代交通手段、通信技术，特别是市场的不断拓展和无孔不入的渗透等，人们与外部世界的联系越来越便捷、越来越紧密，也即与外部世界的"链合"度越来越高。而这个与外部世界"链合"度不断提升的过程的另一面，则是个体与居住于其中的"社区"之关系日益疏离淡漠

① 参见冯钢《整合与链合——法人团体在当代社区发展中的地位》，《社会学研究》2002年第4期。

的过程。这种疏离和淡漠，既是客观事实上的，也是心理情感上的。就客观事实而言，与外部世界的"链合"度越高，个人越能从外部世界获得他所需要的各种服务，那么，他对左邻右舍、对社区内部成员的直接依赖就越低；从心理情感上讲，个人与外部世界的联系越紧密，参与、投入外部世界的程度越高、越深入，则对社区内部事务的关心、参与、投入也就越有限（实际上，对于社区的依赖度越来越低意味着社区对他的重要性越来越低，值得他关心、参与的事务也越来越少），相应的，他与社区在心理情感上也就越来越淡漠。实际上，从社会学关注现代（城市）社区开始，一直到今天，贯穿其中的一个主调，就是认为作为地域性人类生活单元的社区在人们的生活中越来越失去它的重要性，因而将不可避免、无可挽回地走向衰落和终结。① 质言之，在现代社会，作为地域性生活单元的社区内部人与人之间的关系，不再是传统小共同体熟人社会那种"出入相守，守望相助"的直接互惠关系，而是越来越趋同于外部大社会中那种陌生人关系，或者说，对于个人来说，"社区关系"越来越显得不过是其在这个世界中各种相互交织的关系中的一种，而越来越不具备可以给其以特殊支持的特殊意义。

社会的这种变化，对于当今社会成员的道德义务意味着什么呢？在此必须再次强调，所谓"陌生人关系"，固然包含着彼此生疏、不了解、不相知的含义，但绝不意味着彼此之间没有关系，而是指在双方的关系中，一方对于另一方来说不是作为具体的、活生生的、具有完整人格的人而存在的，而是作为抽象的、符号化的、概念化或单一功能性的对象而存在的（就此而言，两个市场主体之间的关系实际上也是一种陌生人关系）。美国法学家劳伦斯·弗里德曼这样刻画现代"陌生人社会"："我们打开包装和罐子吃下陌生人在遥远的地方制造和加工的食品；我们不知道这些加工者的名字或者他们的任何情况。我们搬进陌生人的——我们希望是精巧地建造的房子；我们生活中的很多时间是被'锁'在危险的飞快运转的机器里面，如小汽车、公交车、火车、电梯、飞机等里面度过……因此我们的生

---

① 参见王小章、王志强《从"社区"到"脱域的共同体"——现代性视野下的社区和社区建设》，《学术论坛》2003 年第 6 期。

活也掌握在那些制造和运转机器的陌生人手中。"① 换言之，所谓"陌生人关系"，绝不是彼此之间没有关系，而是一种不同于熟人之间关系但彼此之间依旧存在相互影响、相互依赖的关系，这种相互依赖的突出特点，就是只有消极的相互依赖才是直接发生在具体的人与人之间的，而积极的相互依赖则不再（至少很少）直接发生在具体的社会成员之间。举例来说，教师的正常生活无疑依赖于农民所生产的粮食、工人所建造的房子……，而这些农民、工人……及其孩子要获得教育无疑也依赖于教师，但是，教师和这些农民、工人等可能并没什么直接的联系。在这里，相互依赖是通过第三方中介而发生的，因此个体的依赖在直接表现形式上呈现为对第三方中介的依赖。而最基本的第三方中介，就是市场与国家（state）。

与现代社会中人与人之间相互依赖性的这种变化相联系，现代社会成员的道德义务也就自然地发生了相应的转变。第一，需要直接在社会成员之间履行的，主要是消极的义务，即不能做什么以免影响、妨碍、干扰别人正常生活的义务。在相互不知对方底细的陌生人之间，最典型、最普遍的情感显然不是如"爱""敬""慕"等那样的能直接引发针对对方的积极行动的强烈的情感，甚至连一般的"亲近"都不是，而是彼此之间的淡漠、疏离以及可能的疑忌，在这种情感基调下，道德规范如果再像熟人社会中那样坚持要求一方一定要帮助另一方，甚至不惜损伤自己也要成就对方，显然是不合情理的，这样的道德要求，会造成道德的"可实践性"方面的问题，或者说，会带来罗尔斯所说的"承诺的负担"——"必须为了别人享受的较大利益而默认对自己自由的损害，这种默认是他们在实际的环境里可能承受不了的一项负担"②。而一种因"可实践性"低而难以贯彻

① 弗里德曼：《选择的共和国：法律、权威与文化》，高鸿钧等译，清华大学出版社，2005，第86页。
② 罗尔斯：《正义论》，何怀宏、何包钢、廖申白译，中国社会科学出版社，1988，第169页。实际上，早在一百多年前，鲁迅就曾在《我们现在怎样做父亲》中说过在精神实质上与罗尔斯这段话大体一样的话，"历来都竭力表彰'五世同堂'，便足见实际上同居的为难；拼命的劝孝，也足见事实上孝子的缺少。而其原因，便全在一意提倡虚伪道德，蔑视了真的人情"［参见《鲁迅全集》（第1卷），人民文学出版社，2005，第143～144页］。

落实到人们实际行动的道德规则对于道德的损害要超过没有这种规则，因为它会在无形中导致人们减少对道德的敬重，就像一条无法真正严格执行的法规会导致人们对法律本身的轻慢。因此，道德必须注重自身的"可实践性"。而从一种道德若要有效地规范、约束人们的欲望和行为，其本身必须顺应而不能背离"人之常情"的角度来说，调节人们日常社会行为的道德规范就应顺应陌生人社会中人与人之间关系的变化，让道德义务集中于"消极义务"。实际上，这在理论上不过是密尔著名的"伤害原则"在公共道德上的体现。"消极义务"构成了现代社会之底线性的"社会公德"，至于以某种积极的行为直接去帮助别人，则由于社会成员之间不再存在（至少是大大降低了）直接的相互依赖，不能也不应作为义务去要求于个体，而只能作为个体可以自由选择的权利加以提倡。如果谁将这种"权利"当作"义务"来要求于个体，就构成了"道德绑架"。①

第二，成员之间直接互帮互助的积极义务的消除或大大的缩减，并不意味着社会成员所要履行的积极义务的消除或缩减，因为，从根本上讲，成员之间积极的相互依赖依旧存在，只不过借助于第三方中介来实现罢了，与此相应，公民道德所要求于成员的积极义务也不直接发生在成员与成员之间，而是发生在成员与中介之间。首先是他对于市场的义务，即他作为市场行为的主体，在有权通过市场获取他所必需的各种服务的同时，必须以自己合格的职业行为向市场提供合格的商品和服务，以便其他社会成员也能过通过市场满足各自的需求。其次是他对国家的义务，由于个人通过市场获取他所必需的服务时必须遵循"用者付费"的原则，而人们的能力不同、机遇不同，并且还有各种不可预期的因素的影响，因而他们的付费能力也不同，甚至，即使同一个人在不同的时候其付费能力也不同（实际上，市场那近乎丛林法则的运行机制在以自身的方式满足社会成员的需求的同时又时时不断地在造就着付不起费的乃至没法获得基本生存资源的贫困者），因而，不能保证每一个人在其一生当中都能通过市场获得

① 王小章：《"道德绑架"从哪来，何时休》，《人民论坛》2017年第14期。

他所必需的服务。当然，一些慈善组织、慈善活动可以提供一些帮助，但是这种帮助不是稳定可靠的，且力量有限①，而陌生人社会中人与人之间关系的疏离淡漠决定了陷入困境的个体不可能指望其他陌生人能给予支持。于是，在现代社会，来自国家的保护和帮扶就变得必不可少并越来越重要，或者说，个体越来越依赖于国家的保护和支持。甚至也许可以这么说，在现代社会，正是因为陌生人关系的疏离淡漠阻碍了从根本上讲始终是相互依赖的人们之间直接相互提供对方所需的帮助支持，才必须要国家这个公共中介机构来更多地提供这些帮助和支持②。而之所以说国家只是"中介"，是因为实际上国家原本是空的，对它来说，所谓给社会成员（公民）提供保护和支持，从根本上讲不过是"取之于民，用之于民"而已。因此，如果说公民有权利获得国家的支持和保护，那么，他对于国家必须承担其公民义务，③ 如"纳税"的义务。这种义务，构成了现代社会之"公民道德"的重要内涵。

概括地说，由于积极依赖的形态从直接依赖到间接依赖的转变，在现代社会，社会成员的积极义务主要转向了市场、国家等中介机构，而在日

---

① 王小章：《市场与社会之间的社会政策——从贫困成为"社会问题"说起》，《山东社会科学》2021 年第 1 期；王小章：《安全与独立之间：现代社会的依赖与保护——观察社会政策的一种视角》，《浙江社会科学》2021 年第 6 期。

② 对此，托克维尔就提示过，参见托克维尔《论美国的民主》（下卷），第 845 页。

③ 这里需要说明一下，说现代社会个体越来越依赖于国家的保护和支持，因而现代社会成员对国家需要承担相应的义务，并不意味着在传统社会国家与个人之间不存在这种保护和义务的联系，当然不是这样的。但这种联系有个程度上的巨大区别。在传统社会，国家对个体（家庭）提供的直接保护和支持是有限的，相应的，个体对国家的义务事实上也是有限的。比如，在传统社会国家（朝廷）一般会负责赈灾，但不会像负责赈灾一样负责扶贫，因为，济贫扶弱的事主要由一个个亲缘性、地缘性的小共同体自行解决。而赈灾之所以要国家承担，是因为所谓灾害不会只是降临到一家一户一村一庄，也即灾害来临时，那些小共同体本身都失去了自救的能力，于是便需要由国家出手。而在现代社会，随着这些小共同体本身的疏离解体，它们已经不可能再为贫弱者提供所需的保障和支持，于是，像扶贫这样的事情，也只能由国家来负责，当然，相应的，个体对国家的义务也就增加了。不仅如此，传统社会是一个简单社会，维持人们"不饥不寒"的所谓正常的温饱生活之所需也非常有限，因此，国家大可以"无为"，但现代社会是一个复杂社会，维持人们正常生活（生存和发展）之所需也大大增多了，于是，正如费孝通所说，"现代生活中我们必须动用政治权力才能完成许多有关人民福利之事"［《费孝通全集》（第 5 卷），第 37 页］，相应的，人们对国家的义务也就要进一步提升。

常社会公共生活之人与人之间的直接关系和交往中，作为义务而存在的主要是消极义务，即不去做某些事情、某些行为，以免干扰、妨碍别人的正常生活的义务，以尊重每个人（包括自己）不受无端干扰的权利。值得一提的是，道德义务的这种转变，与我们在城市社区（陌生人社区）调查中所获得的有关人际期待和人际容忍的发现是一致的。我们的调查发现，第一，在陌生人关系中，人们对别人的期待主要表现为一种消极的而不是积极的期待，即主要期待别人不要做什么以免影响、干扰、妨碍自己，如不要把车停在人行道上，不要在楼道里乱放杂物，不要乱扔垃圾，不要在晚间、中午等休息时间弄出噪声，不要公物私用等，而不是期待别人帮助自己；第二，与第一点相联系，在陌生人关系中，人们一般能容忍、接受、理解别人不帮助或拒绝帮助自己，但是对于别人直接、间接地影响、干扰、妨碍自己的行为，则通常不太容忍；第三，在陌生人关系中，人们对于那些直接或间接影响、干扰别人（包括自己）的行为，具有较强的干预倾向，但这种倾向一般不表现为对于这种行为的直接制止，而是求助于有关部门（这一点与第四章所说的道德的正式化或律则化是一致的）。①

在本节的最后，还需要说明的是，说在日常的社会生活和交往中，调节规范陌生人社会之人与人之间关系的道德应强调和突出消极的义务，主要是着眼于为维持一种平和的现代社会生活基本秩序确立一条"道德底线"，而并不意味着这种道德否定、贬抑积极帮助他人的行为。对"消极义务"的强调和突出只是意味着，不应将帮助别人当作一种对于个人来说没有选择余地的"义务"，而应将它理解为个人可以自主选择的"权利"，如前所述，把"权利"当"义务"来要求，就是道德绑架，而任何道德绑架，都不可能绑架出真正的善意和高尚。但与此同时，任何社会都应该鼓励那些帮助别人的行为，鼓励慈善、公益行为，对于完全无私的，甚至牺牲自己以成就别人的利他行为，更应该尊崇和景仰。但这种行为之所以值得尊崇和景仰，恰恰是因为它超越了常人之常情，也超越了"义务"。

---

① 王小章、孙慧慧：《道德的转型：迈向现代公德社会》，《山东社会科学》2018年第9期。

第三节　责任的困惑

　　责任的伦理前提是行为主体的自由，责任的事实基础是行为所产生的客观结果和影响，责任意味着行为者要对自己自主选择的行为所产生的客观结果和影响承担责任。在社会学家关于道德责任的言说中，韦伯的"责任伦理"颇具代表性，引起人们的广泛关注和深刻的共鸣。在第一章论及韦伯谈到的这个问题时，笔者曾指出，韦伯的"价值中立""价值自由"与"责任伦理"实际上是有内在联系的，前者意味着赋予个体以价值和行动选择的自由，后者意味着个体必须对自主选择的行动结果负责，因而必须在这个伦理非理性的世界上保持清明的头脑，对行动的结果有相对准确的预见。实际上，著名的韦伯研究者、《韦伯全集》的编辑者施路赫特也指出："一项行动，若是期望在责任伦理的角度上获得道德的地位，就必须同时满足两项条件。首先，该行动必须产生于道德信念；其次，它必须反映出这样一种事实：自身深陷于伦理上属于非理性的世界的泥沼之中，从而对善可以导致恶这一洞见深表赞同。换句话说，这种行动必须从道德信念的角度证明自己的正当性，而且还要从对可预见后果的估价方面证明自身的正当性。"[1] 前者乃"信念价值"，后者乃"效果价值"。"信念价值"须容得下个人自身之道德信念的自由空间，而"效果价值"则要求行动者对于行动之可能结果的理性预见。质言之，个人道德责任的履行和担当，需要具备对两个方面的明确意识。而之所以这一节以"责任的困惑"为标题，是因为在现代社会这两个方面都面临着某种困窘。

　　如前所述，人是受必然性制约的，但同时还具有按照自己的自由意志自主选择行动的自由空间，因而依然是道德的主体。但，这只是在一般的、抽象的历史哲学的层面上而言。落实到现实具体的行为情境，在不同

---

[1] 施路赫特：《信念与责任——马克斯·韦伯论伦理》，李康译，载李猛编《韦伯：法律与价值》，第313页。

的社会形态和组织制度下，人们行动的自由度、选择自主度是不同的。当然，通常认为，在现代社会中，人们脱离了传统封闭的小共同体社会的束缚，摆脱了各种传统教条、礼俗等的禁锢，从而获得了越来越多的自由。韦伯本人对于"责任伦理"的倡导，即联系着他对现代个体在价值选择上的自主性的认识。但这只是事情的一个方面，甚至是比较表面的一个方面，事情的另一个方面，则是韦伯以"铁的牢笼"这一著名的比喻所揭示的现代社会非人格化的理性铁律、科层制度对人的自由、自主性的毫不容情的宰制，那些深深制约着现代经济秩序的机器生产的技术和经济条件，"以不可抗拒的力量决定着降生于这一机制之中的每一个人的生活，而且不仅仅是那些直接参与经济获利的人的生活"，并且，这种决定性作用可能会"一直持续到人类烧光最后一吨煤的时刻"，① 现代人身不由己地被绑到这架理性机器上，不得不随着它的节律一再地重复它所要求的行动。② 对此，后来像卢卡奇、法兰克福学派的许多思想家、激进冲突论者米尔斯等都做过充分的分析揭示。在现代性向纵深推进的过程中，理性组织或者说科层体制越来越庞大，而个人的实质理性则没有增加。相反，对于个人来说，本着工具合理性原则组织起来的社会秩序并不是增进使用自身理性意志的自由的手段，而是剥夺个体理性思考的机会和作为自由人行动的能力的"软暴力"。在这种"软暴力"面前，个人只能让自己的意志、愿望、行为屈就于环境，只能被动适应。"个人的这种适应，以及它对环境和他自身的作用不仅使他丧失机会，也必然使他丧失运用（实质）理性的能力与意志；同时还影响到他作为一个自由人行动的机会和能力。真的，无论

---

① 韦伯：《新教伦理与资本主义精神》，第 142 页。

② 值得一提的是，当代知名社会批判理论家、德国耶拿大学社会学系主任、埃尔福特大学韦伯学院社会文化研究所所长哈特穆特·罗萨从其"社会加速批判理论"的视角出发指出，生活在当今这个加速社会中的人们总是没有办法去做那些他们真正想做的事情，因为，生活中各个领域的"要事清单"年年增长，而这些所谓的"要事"，实际上并不是他们真正想做的。于是，当今社会中的人们陷入一种"我们所做的事（即便是我们自愿做的事）并不是我们真的想做的事的状态"。进而，今日社会中的主体"倾向于'遗忘'自己'真正'想做的是什么、想成为什么样的人。我们所有人都被'要事清单'的工作所支配着"（参见哈特穆特·罗萨《新异化的诞生：社会加速批判理论大纲》，上海人民出版社，2018，第 127～133 页）。

是自由的价值，还是理性的价值，他似乎都不明了。"① 质言之，在这种对于理性机制的被动适应中，个体在失去自由、自主性的同时，也失去了作为道德主体的责任意识，而沦为"快乐的机器人"②，进而孕育形成一种有组织、合规范地不负责任的社会和文化氛围。或者，就像鲍曼以另一种视角、另一种语言所描绘的情形：只有完整的人、独特的即不可替代的人，才是道德的主体，而现代社会的理性组织则使每一个行动者都成为某项特定任务的完成者，这个任务完成者只是可替代的角色，他在任何一种特定的任务中都不是一个完整的人，因为任务的完成只需要、只选取行动者的某种技能、某种特性，且不容许其他技能、其他特征掺入，即现代各种任务取向的理性组织在将人工具化的同时，将人割裂破碎化，从而不复成为具有完整人格的道德主体。"现代行动已从伦理情操强加的限制下解放出来了。做事的现代方式并不要求动用情感与信仰，相反，伦理情操的缄默与冷淡是它的先决条件，是它令人震惊的有效性的最重要条件。"③ 而如果说还有什么"道德"或"责任"，那么，"纪律是唯一的责任，它排除了所有其他责任，详细地说明一个人对其组织的职责的伦理准则取代了那些可用来处理成员们的行为的道德问题，换句话说，现代组织是做那些不受道德约束的事情的一种方式。……处于官僚主义行为轨道里的人不再是负责的道德主体，他们的道德自主性被剥夺了，并且被训练成了不执行（或相信）他们的道德判断的人"④。

上述鲍曼关于现代理性组织把完整的人割裂、破碎化的分析，实际上已经涉及现代社会中个人履行道德责任时面临的另一个困境，那就是精细的社会分工所造成的越来越高度的社会复杂性使得行动者已经越来越难以清晰地预见自己行为所造成的结果和影响。这里必须首先说明，随着"风险社会"的来临，今天我们已越来越深切地认识到，相对于人类有限的理性认知和行动能力，我们置身于其中的这个世界太复杂了，因此，从根本上，我们很难认清、预见、把握我们的行为，特别是那些试图按照我们设

---

① 赖特·米尔斯：《社会学的想象力》，第 184 页。
② 赖特·米尔斯：《社会学的想象力》，第 185 页。
③ 鲍曼：《生活在碎片之中——论后现代道德》，第 225 页。
④ 鲍曼：《生活在碎片之中——论后现代道德》，第 304 页。

计、描绘出来的美好的理性蓝图来大规模改造世界的行动所可能带来的结果和影响；在很大程度上，今日"风险社会"之"风险"，乃是人类各种试图以自身的理性控制、改造世界，使之符合自己的目的大型现代社会工程的各种意外后果或者说副作用累积而成的结果，或者说，是"理性的致命自负"的产物。① 不过，这也只是在一般意义上而言，当进入具体的行为情境，特别是作为道德责任主体的个体层面的行为情境时，则在不同的社会形态和社会运行方式下，人们对于自身行为结果和影响的预见性是相当不同的。在相对简单的行为情境中，人们一般比较容易认清自身行为的结果及其影响。比如，不好好打理耕种自家的田地，就必然没有好的收成，从而导致一家人受冻挨饿；位于灌溉渠道上游的田地的主人如果只顾自己或不把渠道维护好，就会直接影响下游人家的田地得到灌溉水源；而当一个人数有限的小共同体商议某件公共事务时，个人就比较容易看清自己的参与与否以及自己的具体意见对于结果的影响；等等。在这种情形下，人们一般比较容易自发地形成自觉的责任意识。一般来说，在分工不发达从而自身的行为与其他人、与外部世界的联系极其有限的传统简单社会中，往往多为这种情形。但在分工越来越发达精细从而个人的行为与他人、与外部世界的联系也越来越深广的现代复杂社会中，情况发生了根本性的改变。在现代社会中，个人行为的最终结果，特别是其发生的影响并不直接而明确地呈现在行为者面前，而是推延至有相当距离的时空之内，因而，他也就难以清楚而真切地认识感知其行为的结果和影响，相应的，也难以从对于后果的切身感受中自发地形成对自身行为后果的责任意识。笔者曾在一篇讨论"垃圾分类"的文章中分析指出，垃圾分类遭遇的就是这种情形："尽管在总体上很多人都能明白垃圾与环境的关系，也可能都能意识到垃圾围城的严重性，但是，在具体的现实生活中，个体却很难真切明确地认识感知自己在垃圾分类上的行为表现所最终造成的结果与影响：他既不会直接而清楚地体认到自己良好的垃圾分类行为的积极效应，也不会直接而清楚地体认到他在垃圾分类上的不良表现所造成的消极后

---

① 参见王小章《风险时代的社会建设》，《浙江社会科学》2010 年第 3 期。

果——这种后果与他的行为之间的距离太远，关系也太弱了——相反，他要为垃圾分类所付出的时间、精力则是他所能明确感受到的。在这种情况下，要想个体自发地形成对于垃圾分类的责任意识并进而积极主动地将这种责任意识贯彻到实际行动中，就比较困难。"① 实际上，在现代社会，远不止像垃圾分类这类事务面临着这种情形，还有其他严重得多的事情，比如大屠杀，同样如此。就像我们在第二章中援引鲍曼的分析所指出的，精细而复杂的分工，使每一个行动者在最终可能对他人产生严重后果的一个整体行动中只承担一个专门的、细微的环节，从而根本不会去想，也根本无法看清自己的行为对他人将产生怎样的影响，"每位行动者只能做一种特定的、不受外界影响的工作并且产生一种没有原定目标、没有关于其未来用途的信息的对象"，没有哪一个人承担的行为"决定"着整体行动的最终结果，"而只是与最终结果保留着一种脆弱的逻辑联系——参与者们可能问心无愧地声称那是只在回顾时才易于察觉的一种联系"。② 也就是说，精细而复杂的分工形成了一个复杂的互动系统，在这个复杂的系统中，人们"自然而然地看不见因果关系"③。此外，现代社会的"远距离行动"的技术，则轻易地将"行为的有碍观瞻或者道德上丑陋的结果'放远'到行动者看不到"的远方，而只要看不到行为的结果，行为者就无力承担责任，不仅无力承担，而且根本想不到承担，"只要不能把所见到的一切清楚地与自己清白无辜或芝麻点大小的动作，如扣动扳机或拉开引线等联系起来，道德的冲突就不可能出现，或者只会哑然地出现"④。

如何应对现代社会中这种"责任的困窘"？鉴于在现代复杂社会中人们越来越难以清楚地意识到、预见到自己的行为将产生的结果和影响，个体也越来越难以自发地形成责任意识并进而积极主动地将这种责任意识贯彻到实际行动中，现代社会的一些制度安排常常倾向于对个体的行为做出

---

① 王小章、冯婷：《垃圾分类的道德社会学省思》，《济南大学学报》（社会科学版）2021 年第 1 期。
② 鲍曼：《生活在碎片之中——论后现代道德》，第 223～224 页。
③ 鲍曼：《现代性与大屠杀》，第 36 页。
④ 鲍曼：《现代性与大屠杀》，第 36、253 页。

某种程度的强制性要求和规定，这与前面第四章所说的道德的"正式化或者说"律则化"是相通的。不过，一旦运用"强制性"手段，那么，从另一方面讲，就影响了个体作为自由自主的"道德主体"的意义，甚至还有可能导致"平庸的恶"或者说"恶的社会性生产"。看来很难找到简单明了地化解这种"责任的困窘"的途径。我们所能想到的，也就是在像前面第四章的结尾处所说的努力保持使个体作为道德主体的自由，特别是在对外在强制性规范和力量的理性质疑、反思的同时，一方面努力培育和刺激每一个个体具备阿伦特所说的"思维"能力或者韦伯所说的"清明"的头脑（这种"思维"能力或"清明"的头脑，不仅能使个体对自己所扮演的角色保持自觉自省，警觉自身行为的道德意涵，而且能够使个体尽可能洞察复杂世界的因果关系），另一方面，鉴于在这个复杂的社会中难以清楚地预见一个行为将可能产生的结果和影响，每一个行动者（当然首先是那些"位高权重者"）须时刻不忘提醒自己，在采取行动时必须努力保持"理性的自制"而不是"理性的自负"，保持"审慎"的态度——面对今天这个复杂的社会，"审慎"是个体之道德责任意识的一个极端重要的表达方式。毫无疑问，对于"责任的困窘"，我们所提的是一种非常无力的因应方式，而"无力"所体现的则是"无奈"，或者说，是"困窘"之所以为"困窘"的原因。

附录3

从"乡规民约"到公民道德

——从国家－地方社群－个人关系看道德的现代转型*

摘　要：作为一种"地方性伦理"，传统的"乡（村）规民约"

---

* 本文原刊于《浙江社会科学》2019年第1期，作者为王小章、冯婷。本文和附录4可以看作第三、四、五章的共同附录。

之形成、存在、内涵与作用都是与一种特定的社会结构、特定的国家 – 地方社群 – 个人关系紧密联系在一起的，随着现代化进程中社会结构之不可逆转的转型，"乡（村）规民约"也必然逐渐走向式微而成为明日黄花。不过，社会的结构性变革在使"乡（村）规民约"从总体上走向式微、终结的同时，也在催生、呼唤着一种新的道德，这种新道德，就是公民道德。公民道德所调节的，是作为越来越直接投身于外部公共社会中的一员、作为国家之公民的个体与其他公民、与国家的关系。

关键词：乡规民约；公民道德；社会结构转型

在当今的乡村治理中，作为强化"德治"的一个重要方面，"乡（村）规民约"在各地都被赋予了重要的角色，也受到了不少研究乡村治理的学者的关注。笔者并不全然否定"乡（村）规民约"在当今乡村治理中可能起到的积极作用，但是，就像法国社会学家涂尔干指出的那样，一种道德必须与特定的社会结构形态相匹配、相适应才能有效地发挥其作用，社会成员对一种特定的道德规范的认同与否受制于社会成员本身所处的社会结构形态，社会结构形态的变化必然带动社会成员思想意识的变化，从而使得原有的道德对人们行为的约束力下降而失去有效性。[①] 着眼于在社会现代化过程中社会整体结构的转型，特别是国家、地方社群（如村庄）、个人之关系的转变，笔者认为，与其将注意力更多地放在"乡（村）规民约"上，不如更多地放在如何培育和建设公民道德上。或者说，着眼于社会结构的现代转型，"乡（村）规民约"本身应该连通并纳入公民道德。

一

在现代社会兴起以前，传统中国和西方（主要是欧洲）在总体外观形

[①] 参见王小章《经典社会理论与现代性》，第 163～165 页。

态上是相当不同的。在欧洲的封建制下，政治－社会治理被分散到特权（贵族）阶层的不同部分中，由各享有特权、在其领地内"可以自行审理案件，自己募兵和养兵，自己收税，甚至常常自己制定和解释法律"① 的大小贵族领主在各自的领域内按其自身的意愿和利益进行，而不是由某个统一的代理机构在一个明确划分出来的、凌驾于其他领域之上的公共领域中，根据某个普遍的、包容一切的政治组织的意志来实施。而在中国，由于治水以及抵御北方游牧民族对农耕文明的侵扰都需要动员大规模的人力物力，因而很早就形成了大一统的皇权官僚制国家，所谓"普天之下，莫非王土，率土之滨，莫非王臣"。不过，在这种显著的不同外观之下，在现代社会以前，中西方国家形态实际上存在着一个重要的共同特征，那就是，一方面，由于以高度自给自足的农村经济为基础的传统简单社会不像现代复杂社会那样对"有为政府"有诸多功能性需求，另一方面，也由于国家的治理手段受到经济上、组织上、技术上（如交通、通信、监控、武器等）的限制，从而，它渗透社会、干预个体的实际能力是非常有限的，因此，国家，特别是中央政府，不管是自觉还是不自觉，相对于地方社会而言，通常是"无为"的，地方社会实际上主要处于一种自治的状态。"超于地方性的权力没有积极加以动用的需要。这不但在中国如此，在西洋也如此。"② 在西方，如上所述，治理主要是分散到一个个地方小共同体中来实现的；而在中国，则"皇权不下县"，除了徭役、赋税以及严重治安事件（如命案、剿匪）会体现出国家意志和权力，其余如修桥铺路、扶贫济困、解决纠纷等基本日常治理同样主要由地方性共同体内部治理解决。对此，费孝通关于中国传统上之"双轨政治"的阐述可以说是一个很好的描述："一、中国传统政治结构是有着中央集权和地方自治的两层。二、中央所做的事是极有限的，地方上的公益不受中央干涉，由自治团体管理。三、表面上，我们只看见自上而下的政治轨道执行政府命令，但是事实上，一到政令和人民接触时，在差人和乡约的特殊机构中，转入了自

---

① 托克维尔：《论美国的民主》，第 854 页。
② 《费孝通全集》（第 5 卷），第 37 ~ 38 页。

下而上的政治轨道，这轨道并不在政府之内，但是其效力却很大的，就是中国政治中极重要的人物——绅士。绅士可以从一切社会关系：亲戚、同乡、同年等等，把压力透到上层，一直可以到皇帝本人。四、自治团体是由当地人民具体需要中发生的，而且享有着地方人民所授予的权力，不受中央干涉。于是人民对于'天高皇帝远'的中央权力极少接触，履行了有限的义务之后，可以鼓腹而歌，帝力于我何有哉！"① 换言之，在传统中国，国家－地方社群－个人（村民）呈现这样一种关系状态：第一，国家对于地方社会（村落）的治理干预是非常有限而微弱的，相应的，地方社会成员（村民）对于国家的义务和权利也是小而弱的，也就是说，国家和地方社会成员（村民）的（利害）关系是不密切的；第二，即使是这种本身已经不太紧要的关系，也并不直接建立发生在地方社会成员（村民）和代表国家的政府之间，而是以地方社会中的头面人物即地主、绅士为中介，因此，对于传统社会中的普通村民来说，通常只跟乡村内部的这些头面人物打交道，而不直接与政府打交道，因而，长久以来实际上在头脑中只有村庄、宗族的概念，而没有国家、民族的概念；② 第三，地方社会是高度自治的社群，而主导自治的则是地主、乡绅等地方上的头面人物。

正是这样一种国家、地方社会、个人（村民）的关系设定了传统社会"乡（村）规民约"——有时是成文的，但更多时候是不成文但不言而喻的"约定俗成"——之存在和作用的基本条件。或者说，传统的"乡（村）规民约"正是在这样一种国家－地方社会－个人（村民）关系的约束下存在和发挥作用的。首先，从内涵上看，作为约束和引导地方社会内部成员之社会行为的基本规范，传统的"乡（村）规民约"主要是一种从乡村自身社会生活需求中产生的内生的"地方性伦理"，它在一定程度上代替国家的政策法律以正式或非正式的方式规定了乡（村）民们的基本社会义务。而义务有两种类型：一种是积极的义务，即必须做什么的义务；

---

① 《费孝通全集》（第 5 卷），第 40 页。
② 杨奎松：《谈往阅今》，第 24～25 页。

另一种是消极的义务，即不可做什么的义务。由于传统"无为主义"的国家对于地方社会（村落）的治理干预非常有限，既无力直接有效地约束人们的行为，也无力有效地提供必要的服务，同时也由于在传统社会中交通、通信技术以及市场的不发达，传统农村社区难以从外部世界获得必要的服务，而只能依靠内部共同体来自行解决个人和社会生活中必然面临的各种需要和问题，因此，在传统乡村社会内部，成员之间存在着密切而直接的相互依赖，由于这种密切而直接的相互依赖（从根本上讲，一切道德义务都源自社会生活中的相互依赖性），传统乡（村）规民约所要求于乡（村）民相互之间之道德义务既是消极义务和积极义务并重的，即在强调哪些事情是伤天害理、伤风败俗的因而不能做的同时，也强调社群内部成员之间扶贫济困、互帮互助，乃至积极参与修桥铺路等社区公共事务的积极义务，并且，乡（村）民们在履行这些义务时，无论消极义务还是积极义务都是相互之间直接履行，而不假手于第三方中介。乡（村）民们对道德义务，特别是积极义务的履行实际上弥补了国家的"无为"。当然，也可以说，正因为乡（村）民们对于积极义务的履行，才使得国家可以"无为"。而无论是对消极义务还是积极义务的违背，都会被视作对这个地方社群的挑战或威胁。

其次，从功能上看，传统的"乡（村）规民约"作为法国社会学家涂尔干所说的"集体意识"维系了地方社会内部的整合和基本的社会生活秩序，这当然是不言而喻的。但必须指出的是，传统"乡（村）规民约"的功能不仅如此，它还维系着地方社会与国家之间的联系。这是因为，一方面，宗法制度是传统"乡（村）规民约"的基础，甚至可以说是其核心，而宗法制度的本质意涵，则是忠孝一体，家国同构；另一方面，传统国家与地方社会成员的权利义务关系虽然小而弱，但毕竟存在，这种小而弱但毕竟存在的权利义务关系在实际运行中并不是在国家与个人之间直接产生并生效的，而是以"乡（村）规民约"的形式转化为个体与地方共同体之间的权利义务关系，再由地方共同体通过其头面人物与国家（官府）打交道而履行和实现的。这样，传统的"乡（村）规民约"通过强调忠孝一体、家国同构的宗法制度，通过将国家与个体之间的权利义务关系转化为乡（村）民对地方共同体的权利义务关系，发挥着帮助维系中国传统社会之大一统格局的作用。"乡（村）规民约"虽然是一种"地方性伦理"，但在国家的政治和社会治理上却具有全局性的意义。

最后，从发挥功效的条件看，传统"乡（村）规民约"之所以能有效地发挥作用，与以下这些条件是分不开的：第一，国家无力渗透介入地方社会，普通地方社会成员很少接触外部世界（包括国家官府），这是传统"乡（村）规民约"不受干扰而得以存在和发挥作用的结构性前提；第二，在聚族而居、安土重迁、极少流动性的传统社会，地方社会是一个关系密切、凝聚力高的熟人社会，这是传统"乡（村）规民约"得以有效发挥作用所必需的"道德舆论场"成为可能的前提；第三，传统封闭的地方社会难以从外部获得必要的服务，而只能依靠内部来自行解决个人和社会生活中必然面临的各种问题，这使得它的成员处于一种紧密而直接的相互依赖关系之中，这种依赖的相互性是传统"乡（村）规民约"所要求的各种义务，特别是积极的义务得以被自觉履行的前提。总之，稳定、内聚、相对封闭的地方性熟人社群是传统"乡（村）规民约"得以产生、形成并发挥功效的基本条件。

二

但是，在社会现代化的进程中，传统上这种使"乡（村）规民约"得以产生、形成并发挥功效的，作为地方性熟人社群的村落社会发生了巨大而深刻的变化，实际上处于一种难以逆转的慢慢解体过程之中，[①] 而与这一慢慢解体的过程同步，国家、地方社群（村庄）、个人（村民）间的关系形态也随之深刻地改变了。

由于在社会的现代转型过程中多种因素的作用，当今的乡村社会已经不复是稳定、内聚、封闭的熟人共同体，传统形态的熟人社群从总体上正

---

① 关于作为地域性社会生活共同体的"社区"在现代化进程中慢慢解体过程之更一般的分析叙述，参见王小章、陈宗仕《社会学思维》，浙江大学出版社，2018，第103～109页。

在并且将继续无可奈何地走向终结。第一，市场机制（特别是劳动力市场）的作用，加上改革开放以来国家为个体（村民）松绑的各种政策法规（包括改革之初使农村剩余劳动力得以解放出来的联产承包责任制、允许农民进城务工的政策规定以及党的十八大以来推动农民工市民化的一系列举措等①），大大提升加剧了包括乡村社会在内的我国整体社会的流动性，"安土重迁"早已是明日黄花，乡村社会也已不再是过去那种稳定的熟人社会。目前，一方面无论是经济发达地区还是不发达地区，都存在不少所谓"空心村"（不发达地区主要是由于男女青壮年劳动力纷纷外出打工，发达地区则主要是由于年轻人迁居城镇），另一方面，特别是在经济相对发达的农村，则多有外来务工的陌生人口超过本地人口的村庄。而"撤村并村（居）"②等举措也在深刻地改变着传统农村生活的熟人社会关系。乡村社会关系的陌生化、疏离化趋势，不可避免地动摇了传统熟人共同体下那种"出入相守，守望相助"的互帮互助的情感基础。第二，由于发达的市场网络，加上现代发达的交通、信息技术，如今的农村居民已非常容易从外部世界获得必要的资源和服务，以解决其生活中所面临的各种问题，由此导致的结果便是他们对于内部的依赖性大大降低，而这必然和上述的流动性、陌生化一道，影响、妨碍传统乡村社会的那种内聚性。换言之，在传统社会，之所以"远亲不如近邻"，在很大程度上是由于"远水救不

---

① 参见王小章、冯婷《从身份壁垒到市场性门槛：农民工政策40年》，《浙江社会科学》2018年第1期。

② 对于"撤村并村（居）"，许多人，特别是那些对传统乡村深怀乡愁式的眷念、留恋的人，有不少不同的看法。但是，笔者以为，在社会现代化的进程中政府通过"撤村并村（居）"对在传统自给自足的自然经济以及交通、通信等很不发达的基础上形成的村庄聚落进行必要的改造、重组，使之转变为适合并便于居住者参与和共享现代文明（包括参与市场、参与社会公共生活、共享高质量的公共服务等）的现代社区，是必须的，也是必然的。在这个改造重组的过程中，居住的适度集聚以及与此相联系的某些分散的小村落的消失也是必然的，这既是农村经济的产业化使然，也是公共服务得以高效而集约供给的需要，而现代便利的交通以及通信技术的发展则为这种集聚提供了现实可能。当然，在这个过程中，一些真正具有历史文化价值的村落可以作为文化遗产而予以保留，但必须注意，这些村落只是作为"传统文化"而成为"保护"的对象，而作为"文化传统"的分散小农村居形态则无论如何都不可能继续下去了。这就仿佛我们可以欣赏而且有必要保护作为艺术品的书法，但毛笔书写在今天无论如何已不可能成为主要的书写手段。

了近火"或"远水解不了近渴",而当现代市场和技术已使"远水"变得近在眼前时,就势必会影响到那原本亲于远亲的近邻关系。第三,上述第一、二点实际上表明,如今的村庄已远非封闭的社群。无论是作为整体的村庄,还是村民个体,都与外部世界发生着日益紧密的经济、政治、社会、文化等各种各样的接触互动,从而也受着各种各样的影响,村落已不是一个单纯、简单的共同体,而已成为日趋多元、复杂的社群。

显而易见,乡村社会的上述变化,既是乡村社会内部关系(包括村庄与村民的关系和村民之间的关系)的变化,也是乡村社会及其居民与外部大社会之间关系的变化。总的来说,前者在现代化的进程中变得日益淡薄、松散,从而,无论是村民对于其他村民,还是作为整体的乡村社会对于个体成员,影响力都是日益薄弱——当然不是完全没有。与此相反,后者则变得日益紧密深广,随着现代化的推进,乡村社会及其成员与外部大社会已越来越不能分隔,已越来越融入外部大社会,并作为一个有机的分子而活动于其中。而这两个方面,又共同改变了国家与乡村社会及个体(村民)之间的关系。当乡村社会内部关系变得日益疏离,乡村社会内部力量的影响力日益淡薄,则原本可以按相关习俗内部自行解决的问题,包括基本生活秩序的维持、必要的公共生活设施的提供、对贫弱者的扶助等,以及在今天日益多元复杂的现代社会生活中新产生的问题,都只能更多地仰仗外部力量的介入,而首要的外部力量无疑就是国家(政府)的力量。同样,当乡村社会及其成员越来越融入外部大社会,并作为一个有机的分子活动于其中,则其行为的影响以及遭遇的问题也就逾越了乡村社会的边界,必须也必然要受到外部世界力量的调节和干预,这外部世界的力量最重要的同样无疑是国家(政府)的力量。也就是说,相比于传统社会,从功能需求上讲,今天那已经深深卷入大社会系统的乡村社会及其成员与国家(政府)之间的关系必然是更加紧密。就像费孝通在《乡土重建》中肯定的那样,在今天,"无为主义"的国家(政府)已经难以为继,政府权能的增加是必然之势。① 而在功能需求上拉近乡村社会及其成

---

① 《费孝通全集》(第5卷),第37、135页。

员与国家（政府）之间的关系的同时，现代国家在经济、组织、技术等治理手段上的发展也使它有能力远远地突破传统上"皇权不下县"的限制而深深地进入乡村社会，或者说包括乡村社会在内的整个社会的底部或"基层"。而这种"深深地进入"实际上也意味着，作为乡村社会成员的"村民"们，他们不仅在功能需求、利害关系上与国家（政府）的关系不可避免地比以前更加紧密，而且，在与国家（政府）发生关系的形式上，也已经可以不必再像他们的前辈那样需要通过乡村社会中的头面人物的中介，而可以直接地联系互动，就像他们与外部世界的联系一样。

三

不可逆转的现代化进程所带来的上述深刻而巨大的社会结构性变革，不可能不给同样作为社会现象的道德带来深刻的影响。

这可以从消极和积极两个方面来看。从消极的角度，如上所述，传统的"乡（村）规民约"是在传统的国家－地方社会（村庄）－个人（村民）关系的约束下存在和发挥作用的，当这种传统的关系形态在现代化进程中渐趋式微解体时，传统形态的"乡（村）规民约"也就不能不随之渐趋失灵而走向终结。前文指出，作为一种内生的"地方性伦理"，传统的"乡（村）规民约"一定程度上代替了国家的政策法律，以正式或非正式的方式从积极和消极两个方面规定了乡（村）民们的基本社会义务，但是，当现代国家有能力突破传统上"皇权不下县"的限制而深深地进入"基层"乡村社会（而乡村社会本身的复杂化、多元化也需要国家权力更多的介入和干预），当今天的村民们能够通过发达的市场、便捷的通信和交通轻易地从外部获得必需的生活资源和服务，当乡村社会关系的陌生化、疏离化动摇了人们彼此之间直接履行义务的情感基础，则直接发生于乡村社会内部关系中的道德义务也必然难以像以前那样维持下去。一方面，消极的义务规定必然将更多由国家的法令而不是乡（村）规民约来体现（从而，传统社会以"无讼"为尚的"礼治秩序"也将逐步让位于法治秩序）；另一方面，成员之间直接互帮互助的积极义务也必将随着他们彼此之间直接依赖性的减弱以及情感的淡漠而缩减（当然，这并不意味着义务总量的缩减，而只意味着义务履行直接对象和履行方式的改变），并且也将越来越多地通过国家（政府）——如通过纳税——来间接地履行。显而易见，这两个方面的一个共同的结果，就是釜底抽薪般地"蚕食""掏空"，至少是压缩了作为地方性伦理的"乡（村）规民约"的实质内涵。而当"乡（村）规民约"的实质性内涵被"蚕食"、"掏空"或压缩时，则其在乡村社会治理中发挥的作用也必将日益弱化——或许，也可以反过来说，正是由于在社会的现代转型过程中，已经越来越作为大社会之有机分子的乡村社会已经不再像以前那样，对于作为地方性伦理的"乡（村）规民约"有诸多的功能需求，才导致了后者自然的式微。

肯定有人会问，在今天的乡村社会治理中，就完全没有"乡（村）规民约"生存和发挥作用的空间吗？即使传统的"乡（村）规民约"式微没落了，有没有可能生长出与新的结构条件相适应的新的"乡（村）规民约"呢？如本文开头所说，笔者并不全然否定"乡（村）规民约"在当今乡村治理中可能起到的积极作用，毕竟社会再现代化，也不可能完全消灭所有地方性的特殊民情，而在尚处于现代转型过程中的我国就更是如此。但是，只要承认在现代化的进程中乡村社会本身的日益陌生化、多元化、复杂化是客观的趋势，只要承认国家（政府）进入社会基层之能力（不等于"权力"）的强化是客观事实，只要看到乡村社会及其成员之融入外部大社会是不可逆的进程，一言以蔽之，只要肯定现代化的进程会无可回避地推动包括乡村在内的整体社会的一体化，那么，"乡（村）规民约"即使还以某种形式继续存在，它所发挥的作用也只能是拾遗补阙的作用，而绝不可能发挥"一定程度上代替国家的政策法律"或塑造"礼治秩序"的作用。就历史发展的总体趋势而言，作为一种在国家的政治和社会治理上具有全局性意义的道德形态（地方性伦理）之载体的"乡（村）规民约"必将逐渐走向终结。

但是，"乡（村）规民约"在新的历史条件下会不可避免地走向式微和终结，并不意味着道德的式微和终结。作为马克思所说的意识形态的一个重要方面，一种特定的道德当作为其生存和作用之基础的社会结构性条件依旧存在时，是很难人为地加以清除的，就像当这种结构性条件在历史的变迁过程中已不复存在时，是无法被人为地复活的。但是，新的结构性条件在使旧道德失灵、消亡或徒剩躯壳的同时，往往也会为一种新的道德的形成提供动力和土壤。这就涉及前述现代化进程所带来的社会结构性变革对于道德的积极影响了：它在使"乡（村）规民约"从总体上走向式微、终结的同时，也在催生着一种新的道德；就此而言，它带动的是一种道德的转型。此时，我们要做的，不是如何使旧道德借尸还魂，不是如何复活和重建"乡（村）规民约"这种旧的伦理形式，而是如何自觉地顺应新的结构条件而建设新道德，以维护、促进新社会结构条件下之正常有序的社会生活。

这种催生、呼吁着某种新形态的道德的结构条件是什么？不是别的，就是前面所指出的，在作为狭隘的小共同体的乡村社会内部关系变得日益淡薄、松散的同时，乡村社会及其作为个体的乡村社会成员——当然不仅仅是乡村社会成员，而是全体社会成员——与外部大社会、与国家（政府）的交往、利害关系已变得越来越紧密，越来越直接。个体越来越成为直接投身于外部公共社会中的一员，成为国家的公民，则必然产生一个他们如何在这个外部大世界中恰当而得体地行动，如何与这个从根本上讲是"陌生人社会"① 中的人们得当地相处，如何处理应对与国家的关系的问题；乡村社会本身越来越融入外部大社会（以及内部关系的陌生化、疏离化），则其成员与它的关系以及成员之间的关系也必将会越来越多地被纳入并越来越服从于外部大社会中的关系逻辑。所有这些，都意味着必然需要一种具有新的内涵和新的形式的新伦理新道德来引导和调节这种关系。

---

① 需要说明的是，所谓"陌生人"，固然包含着彼此生疏、不了解、不相知的含义，但更主要的是指在双方之直接或间接的关系中，一方对于另一方来说不是作为具体的、活生生的、具有完整人格的人而存在的，而是作为抽象的、符号化的、概念化或单一功能性的对象而存在的（就此而言，两个市场主体之间的关系实际上也是一种陌生人关系）。换言之，所谓"陌生人关系"，绝不是通常容易误解的那样彼此之间没有关系，而是一种不同于熟人之间关系但彼此之间依旧存在相互影响的陌生人之间的关系。当这样一种关系取代熟人关系而成为社会生活中的一种基本关系后，也就需要一种新的、与维系熟人关系的道德有所不同的特定道德来调节。

这种新道德，就是公民道德。

四

公民道德要规范的是作为直接投身于外部公共社会中的一员，作为国家之公民的个体的行为，以使其能够妥善而得当地处理和应对与外部世界人们的关系、与国家的关系（当然，如上所述，随着乡村社会本身越来越融入外部大社会以及本身内部关系的陌生化、疏离化，其内部关系也必将会越来越多地被纳入并越来越服从于外部大社会中的关系逻辑）。作为行为规范和准则，公民道德无疑同样要规定个体必须履行的某些必要的社会义务。而义务，如前所说，源于人们之间的相互依赖性。积极的义务源于你的需求依赖于别人的服务，如同别人的需求依赖于你的服务；消极的义务源于你的正常生活依赖于别人的自我克制，即不去做某些特定的事，如同别人的正常生活依赖于你的自我克制。在这一点上，公民道德对于个体的义务要求与"乡（村）规民约"对于个体的义务要求并没有本质的区别，它们都源于一个事实：在总体上，谁也无法离开他人而独自正常地生活、发展。但是，在不同的社会结构形态下，质言之，在传统封闭、稳定、简单、同质的乡村熟人社会中与在现代开放、流动、复杂、异质的陌生人社会中，这种相互依赖性的表现形态是不一样的。在前者那里，这种相互依赖性是直接发生在具体成员之间的，不仅与消极义务联系的相互依赖是如此，而且，与积极义务联系的相互依赖也是如此，也就是说，你生活中所不可避免地会遇到的各种可能的问题能不能得到有效解决，直接取决于你的左邻右舍到时是不是直接提供给你帮助。但是，在后者那里，依赖的直接性主要只体现在与消极义务相联系的相互依赖中（比如，你能否安宁地睡个午觉依赖于在这个时刻你的住所的附近有没有人大声放音乐跳广场舞），至于与积极义务相联系的相互依赖性则不再直接发生（至少是很少直接发生）在具体的社会成员之间。举例来说，教师的正常生活无疑依赖于农民所生产的粮食、工人所建造的房子……，而这些农民、工人……及其孩子要获得教育无疑也依赖于教师，但是，教师和这些农民、工人等可能并没什么直接的联系。在这里，相互依赖是通过第三方中介而发生的，因此个体的依赖在直接表现形式上呈现为对第三方中介的依赖，而最基本的第三方中介，就是国家与市场。

与相互依赖性的这种变化相联系，现代公民道德对于社会成员的义务要求也自然地发生了相应的调整变化。第一，需要直接在社会成员之间履行的，主要是消极的义务，即不能做什么，以免影响、妨碍、干扰别人正常生活的义务；至于以某种积极的行为直接去帮助别人，则由于社会成员之间不再存在（至少是大大降低了）直接的相互依赖，因而不能也不应作为义务去要求于个体，而只能作为个体可以自由选择的权利加以提倡。如果谁将这种"权利"当作"义务"来要求于个体，就构成了"道德绑架"。① 第二，成员之间直接互帮互助的积极义务的消除或大大的缩减并不意味着社会成员所要履行的积极义务的消除或缩减，因为，从根本上讲，成员之间积极的相互依赖依旧存在，只不过借助于第三方中介来实现罢了，与此相应，公民道德所要求于成员的积极义务也不直接发生在成员与成员之间，而是在成员与中介之间，他必须向国家履行各种义务② （如纳税），以便包括自己在内的每一个公民能够获得国家提供的保护和服务；他必须以自己合格的职业行为向市场提供合格的商品和服务，以便包括自己在内的全体社会成员能通过市场满足各自的需求。一言以蔽之，在现代新的结构条件下，传统上直接发生于成员之间的积极义务在现代公民道德中纷纷转化成了成员对于中介机构的义务。

当然，无论是积极的义务还是消极的义务，最终都体现为行为规范，或者是规定人必须怎么做，或者是禁止人怎么做。规范又必然伴随制裁。没有对违背规范者的制裁或制裁的可能，规范往往停留于外在的事实，而难以内化于心灵而成为人的道德。而一旦论及制裁，则又可以进一步看到，社会结构的现代转型不仅使道德的内涵和形式发生了变化，而且也在

---

① 王小章：《"道德绑架"从哪来，何时休》，《人民论坛》2017 年第 14 期。
② 在此必须指出的是，按照现代社会的基本价值观念，公民能够获得国家提供的保护和服务的权利是公民向国家尽义务的伦理前提，而公民向国家尽义务则是国家能够为公民提供有效保护和服务的事实前提。

很大程度上改变了确保道德义务得以实现，使外在的伦理规范转化为内在的道德意识和精神的制裁方式。如前所述，使传统"乡（村）规民约"得以有效发挥作用的制裁，主要是通过"道德舆论场"（俗话所谓的"戳脊梁骨"）来实施的，但这种"道德舆论场"往往在一个相对封闭、关系密切、凝聚力高的熟人社会中才最有可能。但是，现代公民道德发生并要作用于其中的现代社会显然不是这样的社会，从根本上讲，这是一个"陌生人社会"，在这个社会中，"舆论得不到个体之间频繁联系的有效保证，它也不可能对个体行动实行充分的控制，舆论既缺乏稳定性，也缺乏权威性"①。当舆论的作用在现代社会条件下日趋弱化的时候②，对违背道德规范、不能履行道德义务的个体的制裁只能更多地托付给一些相对比较正式的组织机构。涂尔干所说的职业团体（"法团"）自然属于这种机构③，而国家（通过其各级、各类政府机构）更在这种机构中发挥着重要作用。在现代社会之公民道德的建设和培育上，各种正式的组织机构，特别是国家，必须扮演更加积极而重要的角色。

最后还有两个问题需要说明一下。第一，也许有人会问，当公民道德所要求于公民的某些义务表现为对国家的义务，当某些道德制裁需要国家通过其相关机构来实施时，公民道德与法律的区别在哪里？我们认为，这实际上表明，在现代社会中，公民道德和法律是存在交叉重叠的——偷税漏税固然是违背法律的，同样也是违背公民道德的——后者可谓前者的起点，但前者的涵盖则要比后者更为宽泛。这恐怕也就是作为道德社会学最

---

① 涂尔干：《职业伦理与公民道德》，第 12 页。

② 有人可能会提到"现代舆论"即由现代传媒形塑的舆论的作用，但实际上，这种"现代舆论"本身就是下文所说的"正式的组织机构"的产物。

③ 需要指出的是，涂尔干将职业伦理与公民道德区分了开来。公民道德要确定的是个人与国家的关系，它"所规定的主要义务……是公民对国家应该履行的义务"（涂尔干：《职业伦理与公民道德》，第 52 页），而职业团体的道德意义主要是对于职业伦理而言的。这在很大程度上是因为涂尔干在谈职业伦理时主要着眼于其对于职业群体内部整合团结的功能，而实际上，人们的职业行为不能仅仅从这种行为与职业体系或群体内部的关系来看，更要从这种行为与外部对象的关系来看。比如，制假售假不能仅仅从从业者与同业者的关系来看，更要从这种行为与整体社会的关系来看。而着眼于后一种关系，我们认为，职业道德本身应该被纳入公民道德，并且，相比于职业团体，更需要国家机构来调节。

重要奠基人的涂尔干为什么在《职业伦理与公民道德》的一开始便将道德与法律联系起来并称"道德和法律事实"，进而又将"道德和法律事实"简单合称为"道德事实"①的原因，同样，这恐怕也是人们为什么常常将"法律意识"看作"第一项公民美德"②的原因。第二，也许还会有人会问，本文在阐释公民道德的内涵时主要限于公民的道德义务，难道公民道德仅仅止于公民履行道德义务吗？确实，道德义务只是公民应该恪守的道德底线，履行了义务只意味着你是一个合格的公民，而唯有超越于义务之上的行动，才可能成就一个真正的"好公民"。不过，对于社会的正常运行和社会生活的基本秩序来说，公民道德义务毕竟是最基本的保障，也正因此，"我们彼此负有什么义务"③才会被人看作伦理学的"根本问题"。当然，对于正处在转型之中的当今中国社会来说，公民道德义务意识的培育就更是公民道德建设的当务之急了。

附录4

以村规民约"接引"现代公民道德

——基于浙江省 Q 市的考察*

摘　要：现代化进程推动了乡村社会的转型，这个转型既改变了乡村社会内部的社会关系，也改变了乡村社会和外部大社会、与国家的关系。社会关系的这种改变，一方面引发了作为"地方性伦理"的村规民约的日渐式微，另一方面则呼唤着培育与确立现代公民道德，

---

① 涂尔干：《职业伦理与公民道德》，第 3～4 页。
② 奥特弗利德·赫费：《经济公民、国家公民和世界公民——全球化时代中的政治伦理学》，沈国琴、尤岗岗、励洁丹译，上海译文出版社，2010，第 78 页。
③ 埃里克斯·弗罗伊弗：《道德哲学十一讲：世界一流伦理学家说三大道德困惑》，第 175～190 页。
* 本文原刊于《浙江社会科学》2022 年第 11 期，作者为王小章、吴达宇。

以规范约束人们的行为，适应现代社会生活。由于存在文化堕距，现代公民道德的确立需要一个过程。通过对浙江省 Q 市多个村庄之"村规民约"的考察，本文发现在现代化进程中，传统上作为地方性伦理的村规民约的内容虽然大多已成为明日黄花，但是村规民约的形式可以被用来并且事实上也确实在发挥"接引"现代公民道德的作用。换言之，当"村规民约"的"旧瓶"装上公民道德的"新酒"，它便可以成为把"村民"培育成现代"公民"的一个有效手段。

关键词：公民道德；村规民约；乡村社会

现代化进程带来了乡村社会结构转型。笔者曾经撰文认为，传统的村规民约之所以能发挥治理功能，主要是由于传统中国"皇权不下县"的治理格局，也即费孝通所说的"双轨政治"格局，在这样一种治理格局之下，传统中国的国家、地方社群、个人的关系呈现出如下状态：其一，所谓"天高皇帝远"，国家与地方社会成员的关系并不密切；其二，国家与地方社会成员的联系主要以地方社会中的头面人物如地主与乡绅为中介；其三，地方社会呈现高度自治状态，自治的主导群体则是本地的地主和乡绅。① 乡村社会的现代转型使得国家、地方社群、个人的关系发生了转变：其一，国家与地方社群及其成员的关系逐渐密切化，且地方社群成员与国家间的联系不必再需要地方社会中的头面人物作为中介，而可以直接地联系互动；其二，地方社群内部成员之间直接的相互依赖大大降低，社群开始陌生化，与此同时，社群及其个体成员与外部世界的联系日益紧密，并且越来越多地直接投身于外部世界之陌生人大社会的生活。质言之，村庄已不复是传统上那种封闭的自守、自足、自治的社群，个体也不复只是村庄的一员，而是已经逐步地融进外部大社会，融进现代国家体制。国家、地方社群、个人的关系秩序的转变使得作为地方性伦理的村规民约的作用空间越来越小，从而逐步走向式微，代之而起的是对规范约束人们的行为

---

① 《费孝通全集》（第 5 卷），第 34 ~ 44 页。

使之适应现代社会公共生活的公民道德的需要。①

基于以上分析和认识，笔者曾认为，虽然村规民约在今天不能说已完全失去意义，但是作为一种地方性伦理，它总体上走向式微和消亡是不可避免的，因此对于大力倡导制定村规民约的意义，并不看好。但是，近来对浙江省 Q 市所做的关于村规民约运行状况的一个调查，却使笔者在一定程度上改变了这种看法。虽然笔者依然认为，随着社会结构和社会生活形态的变迁，从"村规民约"走向"公民道德"的基本趋势不可避免，但是，由于"文化堕距"的影响，现代公民道德的确立必然需要一个过程，在这个过程中，传统村规民约的内容虽然必将成为明日黄花，但是村规民约的形式却可以用来接引现代公民道德。

一 从"地方性伦理"到"普遍性道德"：村规民约的内容

Q 市位于浙江省西部，市内多山，交通不便，发展困难，经济社会发展在浙江省一直属于相对落后的地区，其农村更是如此。不过，近年来，通过新农村建设，Q 市农村的经济社会发展大有起色，公路国道、省道纵横境内，连通原先孤立隔绝的各个乡村；城镇化率也大幅提高，至 2021 年已达 58.1%。这表明 Q 市的乡村开始走出封闭隔绝的状态，与外部大社会有了紧密的联系和互动。随着这种联系和互动的与日俱增，许多村庄内部的社会关系和社会生活状态开始慢慢地发生变化：原先内部联系紧密、互动频繁、内聚力很强的"熟人社会关系"开始一点点松动，而开始向"陌生人社会"或"半陌生人社会"关系转变；社会关系的变化，以及在与外界的接触互动中不断涌进的各种异质性因素不断侵蚀瓦解着原本处于"熟人社会"的人们的价值观念、道德习俗和行为习惯，但是，由于"文化堕距"的存在，在传统的价值观念、道德习俗、行为习惯渐行渐远的同时，能够生成和维系新的社会关系形态下之社会生活秩序的伦理精神、道德意

---

① 王小章、冯婷：《从"乡规民约"到公民道德——从国家－地方社群－个人关系看道德的现代转型》，《浙江社会科学》2019 年第 1 期。

识却并没有自发地同步到来，于是，不少地方便出现各种程度不同、形式各异的"道德失序"与"行为失范"。有鉴于此，2020 年，Q 市在全市范围内发起"千村修约"工程，期望实现村规民约的"德治"功能，重塑乡村社会生活良好秩序。出于对转型社会之"道德转型"的关切，笔者实地考察了 Q 市各县区多个村庄之"村规民约"的修订运行情况。这次考察让我们对"村规民约"有了一个新的认识，虽然新制定的"村规民约"在形式上表现为一种"地方性伦理"（只对一村之村民有约束作用），但其精神实质已大大不同于传统的"村规民约"，而更多地相通于作为普遍性伦理的现代社会的"公民道德"，即它更多地扮演了一个"接引使"的角色，以"村规民约"这样一种传统的形式"接引"现代公民道德进入处于向现代社会变迁转型中的乡村社会。

这种"接引"作用，首先体现在新制定的"村规民约"的内容上，其中又尤其体现在其内容中对于个人–国家关系、个人–个人关系以及个人–环境关系下之村民行为的规范。

（一）规范个人–国家关系之村规民约

市场的渗透、国家政权组织的发展、现代社会的技术进步带来的交通与通信的便利性，所有这些打破了乡村的封闭状态，使得国家与地方社群的交流互动逐渐频繁，与此同时，国家与生活于乡村的村民个体的联系也变得愈加密切，这就自然地产生了对于规范个人与国家关系的伦理准则的需要，而且这种伦理准则不能只是一种抽象的诸如"君父""子民"这样的观念，而应该是能够直接引导、约束个人行为以调节、平衡作为公民之个体与国家之间的权利义务关系的具体规范。笔者对 Q 市乡村的村规民约文本内容考察发现，与传统作为"地方性伦理"的村规民约仅规定个人–地方社群关系不同，当前村规民约的文本内容基本上包含了规范个人–国家关系的条文。不妨以"义务教育"为例，在 XY 村村规民约的第八章就写着："学龄儿童和青少年有依法接受教育的权利和义务。其法定监督人应保证子女接受九年＋三年义务教育。"又如 DL 村村规民约第五章写道："适龄儿童和青少年有依法接受教育的权利和义务，其父母或监护人应保证子女接受十二年制义务教育，并积极配合学校和社会做好被监护人的思想道德教育。任何组织和个人不得招用 16 周岁以下的人做工，违者责令其限期辞退，并报有关部门依法处理。"再如 HY 村村规民约第七章写道："第一，学龄儿童和青少年有依法接受教育的权利和义务。第二，学龄儿童法定监护人应保证子女接受十二年义务教育，并积极配合学校和社会做好子女的思想品德教育。第三，本村任何组织和个人一律不准招收十六周岁以下的人做工，违者责令限期辞退，并限期返校，情节严重，报有关部门依法处理。"义务教育制度在我国实施多年，对我国的人口素质提升产生了极大影响。在传统乡村社会，一方面简单的农业劳动对于人口素质没有特别的素质要求，另一方面正如费孝通所说，封闭、静态、简单的社会生活是不怎么需要文字的①，因此社会也就没有实行普遍教育的需要。但现代社会不同，一方面，现代经济活动大大提高了对于人口素质的要求，人口的整体素质与国家的现代化战略目标的实现紧密相关，另一方面，现代社会生活的高度复杂性已经使人们离开了文字几乎寸步难行，为了社会的正常运行发展和公民的正常生活，普及教育便成为必需之事，于是，才有了"义务教育"。"义务教育"之"义务"，既是国家的责任，即国家必须为现代义务教育提供充分的财政保障，也是个人（家庭）的义务，即个人必须接受一定年限的义务教育（或者说家长必须让孩子接受规定年限的义务教育）以确保其素质能符合社会发展和正常社会生活的基本要求。换言之，如今要不要接受基本的教育已不再纯粹是个人、家庭的"私事"，而是与国家的公共行为紧密关联的、具有明显的公共影响的事务，也即它不再仅仅是家庭内部的事，也是国家与个人（家庭）之间的事。由此，配合国家的义务教育政策，接受义务教育，便属于我国特定条件下的公民道德的范畴，"村规民约"中出现义务教育的内容，也就是对这种公民道德的承认与"接引"，这是伴随现代化而出现的"个人－国家"联系愈加紧密的结果。

---

① 《费孝通全集》（第 6 卷），第 113～114 页。

（二）规范个人－个人关系之村规民约

在现代化进程中，随着原先相当封闭的乡村与外部世界的联系互动日益加深，随着在这种联系互动中外部的各种异质性因素的不断涌入，村庄内部的社会关系和社会生活状态不可避免地开始发生变化，原先的"熟人社会关系"一点点松动，而慢慢向"陌生人社会"或"半陌生人社会"关系转变。与社会关系的这种客观的变化相应，传统上主要调节"熟人关系"的村规民约，现在在内容上开始出现顺应"陌生人社会""半陌生人社会"中之个人－个人关系的调整。在传统乡土熟人社会中，如费孝通所言，个人的社会关系维系着一种"差序格局"，与此相应的道德是一种"维系着私人的道德"，即在做出道德性行为时，"得看所施的对象和'自己'的关系而加以程度上的伸缩。……一定要问清了，对象是谁，和自己是什么关系之后，才能决定拿出什么标准来"①。这是一种特殊主义的伦理，这种伦理既施行于"熟人社会"，也唯有在"熟人社会"才有可能，因为，只有在"熟人社会"中，个人才能辨识判断出不同的人与自己的不同关系。而在"陌生人社会"中，置身于其中的人根本无法辨识"对象是谁，和自己是什么关系"，或者说，根本不存在与"自己"的特殊关系，任何一个人与任何另外一个人都处于一种同等的关系，于是也就无法选择采取特定的标准。因此，调节"陌生人社会"之人与人关系的准则，便只能为一种普遍主义的通则。这在我们所调研的那些村的村规民约中有鲜明的表现。如 XJ 村的村规民约第二章第一条："村民之间应团结友爱、邻里和睦、关系和谐，不打架斗殴、不酗酒闹事、不侮辱和诽谤他人、不搬弄是非、不容许村痞存在，如发生纠纷应及时上报村委调解处理。"又如 DT 村村规民约第五章："第一，做到文明有礼。杜绝在村内或出门在外随地吐痰、乱扔垃圾、不礼让斑马线等不文明行为；开车进村要减速慢行、不鸣笛，规范停放汽车、电瓶车、自行车，不将车辆停放在村道口、绿化带、消防通道；按规定文明饲养宠物，办理《养犬许可证》，按时带狗接

---

① 《费孝通全集》（第 6 卷），第 136 页。

种疫苗，定期接受养犬培训。村民出门遛狗时必须拴上牵引绳、系上犬牌，及时清理户外狗排泄物，不在公共场所放养家禽。第二，村民在日常生活中，不随地吐痰，拒绝食用野生动物，禁烟场所不抽烟，养成良好的文明习惯。做到遵守秩序、自觉排队，不乱丢烟头以及其他垃圾；文明出行，礼让行人，文明旅游，诚信经营，做文明人。"再如 GX 村村规民约第一章："村民应做到互尊互爱、互帮互助、互让互谅，共建和谐融洽的邻里关系，主动关心和帮助孤寡老人和残疾人员。与外来人员和谐相处，不欺生、不排外。"

从以上所引三个村的村规民约还可以看出一个特点，那就是，虽然也从正面对村民的行为提出要求（即"要怎样做"），但这些要求相对比较泛泛，而那些比较具体的、实质性的行为要求，则多为从负面来提出的（即"不要或不准怎样做"）。质言之，这些村规民约在调节个人与个人的关系时都比较强调村民的"消极义务"。而这也正是现代"公民道德"的基本特征，即在调节陌生社会中个人与个人的关系时，首先强调的是每个人都不能无端地干扰、妨碍别人的正常生活，而不是强调要主动地去帮助别人。这是因为，从自然情感上讲，要求一个人去帮助自己的朋友、亲人是合乎情理的，但这样要求一个陌生人就不太合乎情理，而从理论上讲，在现代社会，我们对于别人所具有的"积极义务"已经通过诸如向国家纳税这种形式履行了，因此，在个人与个人的日常直接或间接关系中，剩下的便主要只是"消极义务"。

（三）规范个人 – 环境关系之村规民约

现代化进程大大地改变了人与生活于其中的环境的关系，也对这种关系下个体的相关行为提出了新的要求。最典型的，如垃圾处理。从农业社会到工业社会，再到今天的消费社会，垃圾生产量的不断激增，构成了人类生活的一个极为显著而重要的特征。而在垃圾生产巨量增加的同时，人类生活于其中的环境对于垃圾的自然化解能力则每况愈下，特别是在已几乎完全被"人工化"城市环境中，这种自然化解能力实际上已趋近于零。于是，作为维系社会正常运行和人们正常生活的必需，现代社会必须对垃圾进行专门的处理；公民个体则必须以自身适当的行为（比如垃圾分类）与之配合，这已成为现代社会中公民的基本责任和义务，也即公民道德的一项重要内容。① 这在城市居民的意识中，当然已基本不成问题，虽然具体的行为要求随着"垃圾围城"之情势的变化还会变化。而随着农村现代化进程的不断推进，农村居民与其生活于其中的环境的关系也在不断改变，特别是随着居住的集中化，居住环境更加全面的人工化，垃圾的规范化处理同样渐渐地成为农村社会正常运行和人们正常生活的必需，这也就相应地要求一直以来生活在相当自然的环境中习惯于比较随意地处理垃圾的农村居民如今同样也必须以规范的方式来处理垃圾，也即以规范的方式处理垃圾同样已成为农村居民的基本公德。于是，在调查中我们看到，几乎所有村庄的村规民约都包含这方面的内容。如 DL 村村规民约的第六章："各农户家里以及门前屋后的卫生由各农户自行负责，打扫出来的垃圾按照有机垃圾和无机垃圾分别投放到不同的垃圾箱，村保洁员每天在上午 8 点之前和下午 4 点之后定时进行收集清运，其他时间一律不允许乱倒乱扔，真正做到垃圾不落地。"再如 DT 村村规民约第二章："提倡做到垃圾源头分类、定时投放。建筑废弃物严禁任意堆积，严禁进村垃圾箱，也严禁直接注入河流，必须就地回填机耕道、地势较低洼处；病死的猪、牛、鸡、鹅等家畜也严禁进村垃圾箱，必须依法进行深埋等处置，也不得扔进河流、水塘；蔬菜、果壳等生活废弃物和烂胡柚、烂柑橘也严禁进村垃圾箱，必须填埋在土里作有机肥处置。第四，保持道路、河道畅通，不得在道路上晒稻谷、畜禽粪便，随意堆放建筑材料和畜禽粪便。"还有 DK 村村规民约第二章："各农户家里以及门前屋后的卫生由各农户自行负责，打扫出来的垃圾按照会腐烂垃圾还田还地，不会腐烂垃圾分类后投放到垃圾箱，投放时间每天在上午 5 点之后至第二天早上 8 点之前，保洁员定时进行收集清运，其他时间一律不允许乱倒乱扔，做到垃圾不落地。各户对门前屋后进行绿化美化，保证花木不受损害。村保洁员的卫生工作和各农户

---

① 王小章、冯婷：《垃圾分类的道德社会学省思》，《济南大学学报》（社会科学版）2021 年第 1 期。

的卫生工作由村干部进行考核。"值得一提的是，除了规定规范化的垃圾处理方式，几乎所有的村规民约还都对违反垃圾处理规定的行为制定了明确的制裁方式，这足以表明今天的村规民约在引入适应现代社会生活的行为方式上之态度的认真。

二 从"约定俗成"到"反思性秩序"：村规民约的制定

伴随乡村社会的现代转型，当前村规民约的内容不再完全是传统意义上的"地方性伦理"，而更多地属于现代普遍性的公民道德范畴。与此相应，当前具体村规民约的产生形成也与传统村规民约不一样。传统的村规民约，名为"规""约"，实则主要是习传的约定俗成，也即德国社会学家滕尼斯所称的"共同领会""默认一致"，且这种"共同领会""默认一致"不是思想见解互不相同的人们在经历了沟通、商谈甚至吵闹后达成的一致，而是不言而喻、自然而然的，是先于所有的一致和分歧的，个体成员对于这种"共同领会"是没有选择、无所谓赞同或异议的，也即没有反思的。而要维持这样一种"共同领会""默认一致"，一个基本的前提就是人们必须长久地生活于闭塞、绝少流动、同质性、没有异质性因素刺激的熟人社会。而现代社会的情态显然恰恰与此相反，因此作为现代社会维持正常公共秩序所需的基本共识的公民道德，从根本上讲只能是各种不同意见经过碰撞、交流而达成一致的反思性产物。[1] 反思性是现代"公民道德"有别于传统之"约定俗成"的一个重要特征。[2] 在调查中，我们发现这种反思性同样体现在今日之村规民约的制定形成过程中。

今日之村规民约的制定形成都经历过了一个村民参与讨论、各种意见碰撞交流的过程。这突出地体现在制定村规民约的"六步法"中。所谓"六步法"，即村规民约制定的前期准备、动员宣传、组织起草、意见征求、表决通过和备案公布六个阶段。在前期准备阶段，成立专门的村规民

---

[1] 王小章：《从"道德代替法律"到"道德的律则化"——走向反思性的社会秩序》，《浙江学刊》2021年第1期。

[2] 涂尔干：《职业伦理与公民道德》，第95页。

约工作领导小组，分为督察组和审查组，督察组主要负责指导村规民约的制定要严格按照法定程序进行，审查组主要负责对村规民约制定的起草工作进行指导以及对后期村规民约备案工作进行合法性审查。在动员宣传阶段，鼓励村民积极参与村规民约的制定，让村民了解制定村规民约是为了保护村民利益，为了维护自身的正当利益，需要积极参与村规民约的制定，以合理合法的方式努力让自己的意见体现到村规民约中。在组织起草阶段，由村委会组建起草班子，起草班子成员有村委会成员以及选举出来的党员、村民。起草班子首先要立足本村现实起草村规民约，要考虑到本村经济状况、文化风俗、治安管理等方面，其次要充分体现村民意愿，解决与村民利益关系密切的问题，最后，审查组和督查组要负起审查监督的责任，保证村规民约的制定内容合理、程序合法。在意见征求阶段，采取召开村民代表会、院坝会等方法，深入田间地头、农户庭院广泛地征询群众意见，关注农户所提的建议，在村规民约的改稿、修稿中融入村民的合理建议。另外，做好村规民约的解释工作，耐心向村民解释和说明如此制定村规民约的缘由以及部分村民的意见予以采纳，部分未予采纳的原因，以便村民更好地理解村规民约并且乐于遵守执行。在表决通过阶段，表决前，由审查小组会同司法部门对村规民约草案进行合法性审查，如果审查发现内容与现行法律、政策相冲突，要立即进行修改并且向村民通报情况，如果审查通过，召开村民大会，村委会向村民说明村规民约制定过程，并且逐条进行解释，最后交付表决，符合《村民委员会组织法》规定的法定人数同意方可通过，通过后再与各户签订遵规守约承诺书。在备案公布阶段，只有各乡镇进行过合法性审查，村民会议表决通过的村规民约，才能张榜公布。

从以上制定村规民约的"六步法"可以看出，当前的村规民约显然并非滕尼斯所称的那种作为不言而喻的"共同领会""默认一致"的"约定俗成"，而是基于一种程序化的商议得出的共识。这些共识的形成是由于思维见解不同、利益关系不尽相同的村民们在经过了意见交锋、碰撞、妥协和谈判过程的产物，也即公共讨论所形成的反思性成果。就像 SY 村的 H 书记说的那样："村规民约的制定是要反复征询村民意见的。在村规民约制定过程中就某条村规民约有村民提出相关异议时，我们会在合适的时间召开村民代表会议，召集各户户主和村党员进行商讨，在不断探讨中修订出该条村规民约的最终版，然后发布公示。这样做最大的好处就是，可以大大提高村民和村干部遵守践行村规民约的自觉性，村委就能做到更好地依'约'治村。"所谓提高"遵守践行村规民约的自觉性"，换句话说，也就是，如果传统村规民约对于村民的约束力主要来自其不言而喻、不假思索的"天经地义"，那么，现在的"村规民约"的约束力，则恰恰主要来自经由公共讨论的反思性检验而获得的"正当性"，或者说，村民的认同与接受。如上所述，反思性是现代"公民道德"有别于传统之"约定俗成"的一个重要特征。而从另一个角度来说，村民参与村规民约制定过程中的公共讨论，实际上也可以看作在更宽泛的意义上对于公共事务的参与和公共关怀的表达，而积极主动的公共参与，则是公民美德的重要构成因素。托克维尔指出：现代社会的道德教育，从根本上讲是一种公民实践教育，现代社会所需要的公共精神、公民责任，最终只能在公民对于公共事务的实际参与中来培育。① 就此而言，村民之自觉参与村规民约的制定过程，一定意义上也是公共精神的体现。

三　从"传统型权威"到"法理型权威"：村规民约执行

　　新村规民约不同于传统村规民约的还表现在一个方面，即在它的执行、落实和维系上。传统村规民约作为"礼治秩序"的重要构成因素，它的执行、落实和维系，主要依靠两个方面：一是大家信服的人格化的道德权威，即由"致仕"或"乞骸骨"回乡的前官员、当地大家族的族长及德高望重的老人等构成"乡贤"群体，这些人在执行、维护村规民约中的作用，实际上构成了费孝通所说的"乡土中国"中之"长老统治"② 的重要方面，而这要求地方村落内部必须要有，而且要留得住这样一些有身份有

---

① 王小章：《"民主社会"与道德——托克维尔之情感进路的道德社会学》，《浙江学刊》2022 年第 3 期。
② 《费孝通全集》（第 6 卷），第 160～165 页。

人望的道德权威；二是依靠"道德舆论场"，即那些违背"村规民约"的村民个体会时时感受到，并且无法逃遁来自周围的有形无形的舆论压力。而这两个方面，显然都只有在封闭的熟人小社会中才有可能：唯有在封闭的熟人小社会中，才有可能孕育并留住上述这种人格化的道德权威；也唯有在这样封闭的熟人小社会中，个体才躲避不了舆论的压力，在"被戳脊梁骨"时才会有"如芒在背"或"丢脸"的感觉（"丢人"主要是丢在熟人面前）。但现代社会——包括现在的许多乡村社会——显然已不是传统上的这种封闭的熟人小社会，因此现代公民道德的执行、落实和维系，更多地需要依靠正式机构、组织的正式的制裁措施，这同样体现在现在新村规民约上。

与传统村规民约的执行维护主要依靠人格化的地方道德权威不同，新村规民约的执行主体是作为正式机构的村委会。村委会的权威，不同于传统道德权威之主要依赖于静态、封闭的熟人小社会在长期的历史中形成的礼俗传统，而主要来源于两个方面：一是获得普遍认可的正式程序，也即村民共同参与的村委会选举；二是来源于国家机构的正式赋权，也即《村民委员会组织法》赋予村委会作为正式的基层自治组织的合法自治权力。组织、引导村民共同制定"村规民约"，执行、落实、维护村规民约，正是村委会依规履行职责的一个重要方面。

在传统人格化的道德权威让位于作为正式机构的村委会的同时，村委会在执行、落实、维护村规民约时，特别是在对违规者进行制裁时，也不再像传统地方长老那样依凭经验、诉诸世故、揆诸人情、别之内外、度之个案特情，也不那么诉诸道德舆论（在一个日益陌生化、异质化、流动化的社会中，舆论，就像涂尔干说的那样，已越来越"得不到个体之间频繁联系的有效保证，也不可能对个体行动实行充分的控制，舆论既缺乏稳定性，也缺乏权威性"[1]。或者如托克维尔所说，"舆论抓不住把柄，它所谴责的对象可以立即隐藏起来，躲避它的指控"[2]），而是主要依据明确规定

---

[1]　涂尔干：《职业伦理与公民道德》，第 12 页。
[2]　托克维尔：《论美国的民主》（下卷），第 787 页。

的、普遍适用的正式制裁措施。在调查中，我们看到，几乎所有的"村规民约"在规定村民的行为准则时，都明确地书写了对于违规行为的制裁处罚方式。上面所述对于违背垃圾处理规定之行为的处罚是一个例子。其他则如，SY 村村规民约第十一章："本村社员遇国家征收土地，村集体公共事业使用土地（经党员、村民代表会议通过的），社员不配合拒领征地款的，从当年开始取消村、组待遇。直至领取征地款项为止。"又如 DL 村村规民约第二十章："对违反本《村规民约》有下列行为之一者，按以下办法处理：第一，偷盗财产、农作物、树木、家禽等，退还赃物并视情节处以赃物市场价的一到十倍赔偿。第二，损害村民和集体利益（包括水利、交通、供电、通信、广电、自来水、健身器材、路灯等公共设施），视认错态度和情节轻重，可按标的物的一到十倍进行赔偿。第三，擅自建房和未按批准的地点、面积建房的，责成自行拆除或由村里组织强制拆除恢复至原状（或规定的范围内），并没收建房保证金。第四，殴打他人造成伤害的，应赔偿受害者医药费、误工费以及村干部调解误工费。第五，因野外用火造成火灾损失的，当事人承担灭火开支和赔偿等责任。第六，违反禁止村范围内沿线焚烧随葬品与祭品的，责成清扫干净并处以 50—500 元的违约金。第七，在村里河道倾倒渣土、垃圾等废弃物的，责成立即清理并处以 100—1000 元的违约金。第八，违规使用农药和养殖家畜的，处以违约金。"还有如 YD 村村规民约第八章："为使本《村规民约》得到有效的施行，凡违反本《村规民约》拒不改正或拒绝接受处理的，可以按以下规定处理：第一，批评教育，并在党员大会、村民代表大会上通报批评；第二，暂缓参加村内各项承包活动；第三，暂缓建房审批；第四，暂缓办理证明手续；第五，违反村规民约将会影响社会征信，银行贷款受限。"

马克斯·韦伯曾将权威类型分为传统型权威、克里斯马型权威与法理型权威。传统型权威建基于传统力量的代际传递，克里斯马型权威建基于领袖的超人品质，法理型权威建则基于在价值合理、目的合理以及程序合理（形式合理）的基础上制定并实施的规则的合法性。总体而言，权威代表了人们对于统治秩序的内心服膺。服膺的理据不同，秩序的形态也就不同。新村规民约在执行、落实、维持之主体与方式、机制上相比于传统村规民约的上述不同，一定程度上既体现了维持乡村社会生活秩序之"权威"的变迁，借用韦伯的话来说，就是从传统型权威向"法理型权威"的变迁，也表明了乡村生活秩序形态的变迁，质言之，也就是费孝通所说的从以"传统"为基础的"礼治秩序"向以明确的"法则规范"为核心的"法治秩序"的过渡。①

综上所述，基于对 Q 市的考察，笔者发现，当前的"村规民约"尽管名义上的是"村规民约"，但实际上已大大不同于传统的"村规民约"。从内容上看，发生了从"地方性伦理"到"普遍性道德"的迭变；从制定的过程来看，不再是按照习传的约定俗成，而是经过公共讨论的反思性及成果；从执行落实状况来看，则表现出从"传统型权威"下的"礼治秩序"向"法理型权威"下的"法治秩序"的过渡。所有这三个方面都表明，伴随乡村社会在整体社会变迁格局中的现代转型，作为传统"地方性伦理"的村规民约虽然必然地逐渐成为明日黄花，但是，村规民约这种形式却可以被用来，并且事实上也确实在发挥"接引"与现代社会结构相适应的公民道德并使之在乡村社会扎根的作用。换言之，当"村规民约"的"旧瓶"装上公民道德的"新酒"，它便可以成为把"村民"培育成现代"公民"的一个有效手段。

---

① 《费孝通全集》（第 6 卷），第 146~151 页。

第七章
"人类命运共同体"与"世界公民"

在第三章，我们曾援引费孝通先生的话指出，今天，全球化已经在客观事实的意义上使全人类成为"祸福一体"的"命运共同体"，而为了使这个"命运共同体"不致走向"共同的悲剧（祸）"而是走向"共同的善好（福）"，为了使客观的"祸福一体"上升为伦理精神、情感上的"祸福同当"，即由"同命运"（the common fate）进一步上升到"共命运"（to share the common fate），我们必须去寻求确立一种与客观事实意义上的人类命运共同体相适应的规范性道德。在本章中，我们来对此进行进一步的分析和阐释。

第一节 "人类命运共同体"的双重意涵：马克思的启迪

党的十八大以来，在一系列重大场合，中国领导人一再地指出，今天的世界是一个"你中有我，我中有你"的"命运共同体"，一再地重申，要推动构建"人类命运共同体"。人类命运共同体，作为在这个全球化时代中国向世界提供的关于国与国、人与人之关系以及如何处理应对这种关系的核心理念，是一个兼具经验性事实判断和规范性价值取向双重意涵的概念。作为事实判断，"人类命运共同体"是对作为整体的人类在当今世界中休戚相关、福祸一体之客观关系，以及我们注定只能生存在这样一种关系中的科学判断；作为规范性的价值取向，"人类命运共同体"的理念表达了中国在这个休戚相关、福祸一体的人类世界面前的立场、担当和抉择。

实际上，关于"人类命运共同体"的思想，如果我们在马克思主义传统内追溯它的源头，那么，至少可以追溯到马克思关于"共同体"的思想以及他的"世界历史"理论。尤其值得注意的是，马克思有关这两个方面的思想，实际上分别对应着"人类命运共同体"这一理念的规范性和经验性这双重意涵，或者说，正是马克思的"共同体"思想和"世界历史"理论，首先启示我们必须从价值规范和经验事实两个层面来把握"人类命运共同体"的思想内涵。

确实，如同对于"社会"这个概念的使用一样，在马克思这里，"共同体"这个概念本身在不同的语境中至少具有两种不同的含义。一种是作为描述性（经验性）概念来使用，这时，它意指现代资本主义社会诞生之前之封建或更早时期的一种狭隘封闭的社会状态，这种社会状态的特点是，在社会内部不同领域之间，政治国家与市民社会混沌不分，或者说市民社会直接具有政治性质①；在个人与社会整体的关系上，个体只是"一定的狭隘人群的附属物"，只是"共同体的财产"②；而在与外部世界的关系上，则"共同体"与"共同体"之间处于一种基本隔绝的状态，商业的和其他的社会交往、联系极少。第二种作为规范性（评价性）的概念来使用，这时，它意指一种理想的"人类社会或社会化的人类"③的形态，也即"各个人在自己的联合中并通过这种联合获得自己的自由"④这样一种"自由人的联合体"的社会形态。如果说，作为描述性的概念，"共同体"的对立面是现代资本主义社会，那么，作为规范性概念，"共同体"（"真

---

① 马克思：《论犹太人问题》，载《马克思恩格斯文集》（第1卷），第44页。
② 马克思：《1857—1858年经济学手稿》，载《马克思恩格斯全集》（第46卷）（上册），第18、496页。
③ 马克思：《关于费尔巴哈的提纲》，载《马克思恩格斯文集》（第1卷），第506页。
④ 马克思、恩格斯：《德意志意识形态》，载《马克思恩格斯文集》（第1卷），第571页。

正的共同体")的对立面则是作为"一个阶级反对另一个阶级的联合"①的国家，特别是现代资产阶级政治国家。马克思批评现代资产阶级政治国家是"虚假的共同体""冒充的共同体"，原因在于：第一，这个政治国家是阶级冲突的产物，是"从控制阶级对立的需要中产生的"②，是"资产者为了在国内外相互保障各自的财产和利益所必然要采取的一种组织形式"③，也即如上所说，是"一个阶级反对另一个阶级的联合"；第二，与此相应，资产阶级政治国家声称所代表的"普遍利益"是虚假的，实际上是资产阶级的特殊利益，只不过是为了欺骗人民，维护其统治，而"把特殊利益说成是普遍利益"④，也即"意识形态"；第三，在这个政治国家下，个人作为政治共同体的成员和作为市民社会的成员处于全然分裂的状态，作为政治共同体的成员，即作为"公民"，个人把自己看作"类存在物"，看作"真正的人"，却"被剥夺了自己现实的个人生活"，是全然非现实的、抽象的，而作为市民社会的成员，他只作为"利己"的"私人"参与现实生活，把他人看作工具，也将自己降为工具，于是，"现实的人只有以利己的个体形式出现才可予以承认，真正的人只有以抽象的 *citoyen*［公民］形式出现才可予以承认"。⑤从马克思对于资产阶级政治国家这一虚假的、冒充的共同体的上述批判，我们可以反过来相应地领会，在马克思这里，作为规范性概念、作为价值目标的共同体的基本性质。第一，它是一个联合体，但不是"一个阶级反对另一个阶级的联合"，而是从阶级对立、阶级冲突中解放出来了的自由个体的自觉联合，在这个联合体中，"每个人的自由发展是一切人的自由发展的条件"⑥。第二，这种联合不再需要采取与社会相对立的"国家"这种形式，因为正是由于"特殊利益和共同利

① 马克思、恩格斯：《德意志意识形态》，载《马克思恩格斯文集》（第1卷），第571页。
② 恩格斯：《家庭、私有制和国家的起源》，载《马克思恩格斯文集》（第4卷），第191页。
③ 马克思、恩格斯：《德意志意识形态》，载《马克思恩格斯文集》（第1卷），第584页。
④ 马克思、恩格斯：《德意志意识形态》，载《马克思恩格斯文集》（第1卷），第553页。
⑤ 马克思：《论犹太人问题》，载《马克思恩格斯文集》（第1卷），第30～31、46页。
⑥ 马克思、恩格斯：《共产党宣言》，载《马克思恩格斯文集》（第2卷），第53页。

益之间的矛盾"，所谓的"共同利益"才采取"国家"这种形式①，而当建立在私有制基础之上的阶级对立终结之后，当"共同的社会生产能力"成为从属于全体自由人的共同的社会财富之后，这种特殊利益与共同（普遍）利益的矛盾也宣告终结了，"国家"也就随之消亡，作为人自身之固有力量的"社会"将把国家的力量收回自身。第三，与上述第二点相联系，在这个联合体中，个人作为政治共同体的成员和作为市民社会的成员处于全然分裂的状态也就宣告终结。换言之，在这个联合体中，"现实的个人把抽象的公民复归于自身，并且作为个人，在自己的经验生活、自己的个体劳动、自己的个体关系中间，成为类存在物"②。

显然，作为规范性概念、作为价值目标的真正的"共同体"，是马克思基于"人的解放"的价值承诺而提出的取代资本主义社会的替代性方案。正是这个共同体概念，在规范性的层面上关联着今日"人类命运共同体"的思想，或者说，为今日中国所提出的"人类命运共同体"思想提供了价值规范方面的思想资源。当然，作为唯物史观的创立者，马克思始终强调，作为价值目标的真正的"共同体"能否实现，取决于历史发展所提供的现实可能性以及置身于这种现实可能性中的历史主体（无产阶级）的现实行动，"无产阶级只有在世界历史意义上才能存在，就像共产主义——它的事业——只有作为'世界历史性的'存在才有可能实现一样"③。马克思把"共产主义"看作"消灭现存状况"、通向真正共同体的"现实的运动"，④ 之所以是"现实的"是因为，随着生产力在资本主义时代的巨大增长和高度发展，"世界历史性"作为经验的存在已经来临了。

在漫长的过往历史中，人类的一系列组成单元一直生活在建基于自然分工、自给自足的自然经济的各自闭锁、相互隔绝的传统小共同体

① 马克思、恩格斯：《德意志意识形态》，载《马克思恩格斯文集》（第1卷），第536~537页。
② 马克思：《论犹太人问题》，载《马克思恩格斯文集》（第1卷），第46页。
③ 马克思、恩格斯：《德意志意识形态》，载《马克思恩格斯文集》（第1卷），第539页。
④ 马克思、恩格斯：《德意志意识形态》，载《马克思恩格斯文集》（第1卷），第539页。

（即马克思作为描述性概念使用的"共同体"）中，所谓"鸡犬之声相闻，老死不相往来"。在这种状态下，作为整体的"人类"的观念事实上是非常淡漠的。打破这种格局的是现代资本主义经济的发展。资本主义使生产走出了家庭，从而终结了以经济上的自给自足为基础的家庭共同体以及由家庭所维系的地方性共同体的独立性，人类社会日益向着各组成部分相互依赖、谁也离不了谁的一体化方向发展，由地方而区域，由区域而国家，由国家而世界。对此，一些经典社会学家如涂尔干、滕尼斯、齐美尔等都从不同的角度进行了各种分析描述，但是，比这些经典社会学家更早并且也更明确透彻地揭示出这一进程的，无疑是马克思和恩格斯。

> 它（大工业）首次开创了世界历史，因为它使每个文明国家以及这些国家中的每一个人的需要的满足都依赖于整个世界，因为它消灭了各国以往自然形成的闭关自守的状态。它使自然科学从属于资本，并使分工丧失了自己自然形成的性质的最后一点假象。……大工业到处造成了社会各阶级间相同的关系，从而消灭了各民族的特殊性。最后，当每一民族的资产阶级还保持着它的特殊的民族利益的时候，大工业却创造了这样一个阶级，这个阶级在所有的民族中都具有同样的利益，在它那里民族独特性已经消灭，这是一个真正同整个旧世界脱离而同时又与之对立的阶级。[①]

资本主义大工业终结了以"地方志""民族志"表征的各地区、各民族或部落彼此封闭隔绝、互不关联的状态，开创一个全新的历史阶段，也就是"世界历史"的时代。在这个全新的历史阶段，每一个国家，国家中的每一个阶级、阶层、集团、个人，不管愿意还是不愿意，主动还是被动，都日益进入一种相互依赖的客观联系中，都日益成为沃勒斯坦所说的以某些发达资本主义国家为核心的"世界体系"的一部分。康德曾呼吁当

---

① 马克思、恩格斯：《德意志意识形态》，载《马克思恩格斯文集》（第 1 卷），第 566～567 页。

时的历史学家去写一部"世界公民观点"下的"普遍历史",① 而在马克思的笔下,真正在现实世界中开启这部世界历史的,是现代资本主义经济、现代大工业的担纲者资产阶级,"不断扩大产品销路的需要,驱使资产阶级奔走于全球各地。它必须到处落户,到处开发,到处建立联系。资产阶级,由于开拓了世界市场,使一切国家的生产和消费都成为世界性的了","它迫使一切民族——如果它们不想灭亡的话——采用资产阶级的生产方式",而物质生产和消费的世界性,进一步带动了精神生产和政治的世界性,带动了世界的文学、世界的政治的形成。一句话,资产阶级"按照自己的面貌为自己创造出一个世界"。②

总之,资产阶级生产方式结束了各地、各民族自给自足、闭关自守的状态,取而代之的为各方面的互相往来和互相依赖,与此同时,它还在历史上首次造就一个在"世界历史的意义上"存在的阶级即无产阶级,从而为共产主义成为"现实的运动"提供了必要的现实前提。如果说,马克思在规范性意义上使用的"共同体"概念为"人类命运共同体"思想提供了价值规范方面的思想资源,那么,他关于"世界历史"的思想则在经验事实的层面上联系着"人类命运共同体"这一判断。马克思与"人类命运共同体"思想的关联,进而,马克思可以为我们今天构建"人类命运共同体"提供的启示,是双重的。而从上面的陈述可知,在马克思这里,规范性的理念与经验性的判断是彼此联系的,这种联系就在于,向作为价值目标的真正的共同体的迈进只有在具备了世界历史性的经验现实条件下,才有现实可能性,而共产主义就是立足于这种现实可能性而迈向价值目标的"现实的运动"。

当然,作为"运动",就意味着它不是一种静止的状态,而是一个不断向前推进的动态过程。同时,把"共产主义"看作"消灭现存状况"、迈向真正共同体的"现实的运动",也意味着,"真正的共同体"不会随着

① 康德:《世界公民观点之下的普遍历史观念》,载何兆武主编《历史理论和史学理论——近代西方史学著作选》,商务印书馆,2021,第95~114页。
② 马克思、恩格斯:《共产党宣言》,载《马克思恩格斯文集》(第2卷),第35~36页。

"世界历史"时代的到来而自动地到来①，它还需要作为历史主体的人立足于历史提供的现实可能性而在特定的伦理精神的支配下采取现实的行动。

第二节 从事实到规范："人类命运共同体"的伦理精神

马克思把"共产主义"看作"消灭现存状况"、迈向真正共同体的"现实的运动"。之所以是"现实的"，是因为资产阶级生产方式开启了使这一运动具有现实可能性的"世界历史"时代。但是，必须指出，资产阶级生产方式只是"开启"而非"完成"了"世界历史"。"世界历史性"本身就是一个不断向纵深发展的历史进程，这一点我们从全球化的今天回过头去看就会更加清楚（由此，我们也就能理解马克思为什么要特别强调共产主义作为"现实运动"的特性：迈向"真正共同体"的进程只能随着"世界历史性"本身的不断向纵深发展而一步步推进）。而从这样一种历史进程的角度看，则今日的全球化可以看作"世界历史性"向前推进发展的一个新的阶段（当然，绝不是最后阶段），在这个阶段，阶级分化、与社会分离的国家虽然依旧存在，但权力运作、经济活动、信息流通乃至人们的日常生活等都已大大摆脱了奠基于早期现代化时期的现代民族－国家体系的结构约束和规范控制。同样从这样一种历史进程的角度看，构建"人类命运共同体"也就是马克思所说的"运动"的一个阶段，或者说，迈向"真正的共同体"的一个历史环节，这个环节的历史任务，还不是终结阶

---

① 在此值得指出的是，往往有一些人将马克思看作历史决定论者，这是错误的。马克思的唯物史观强调必然性，但这种必然性不是指历史发展之所有其他的可能性均已被排除这种意义上的必然性，而是指对于某一事物的出现和存在来说所必需的条件都必须具备这一意义上的必然性，即如果要出现或存在 X，需要具备什么条件，缺乏这种条件或这种条件不充分，X 就不可能出现或继续存在。这种历史必然性实际上是社会在既有的历史条件下向某个特定的方向或目标发展的现实可能性，但是，它并不意味着社会只能别无选择迈向这个方向或目标。在既有的历史条件所提供的多种现实可能性中，社会最终向哪个方向发展，还取决于作为历史主体的人的伦理抉择和实际行动（参见王小章《历史能不能假设？——读以赛亚·伯林有感》，《读书》2022 年第 9 期）。

级、终结国家，而是立足于当今世界福祸一体的客观现实来重构国与国、人与人的关系，由客观上的"同命运"（the common fate）进一步上升到主观精神上的"共命运"（to share the common fate）。而说到"主观精神"，也就意味着，这个环节的成功与否，除了取决于"世界历史性"发展到这个阶段所提供的现实可能性，还取决于置身于这个阶段的、作为历史主体的当代人的伦理抉择以及在这种伦理下所采取的行动。

我们知道，马克思并没有以"人类命运共同体"来看待当时的世界，而只是从其阶级分析的角度出发肯定了一点，即由资本主义大工业所创造的无产阶级，在客观上已成为一个"同整个旧世界脱离而同时又与之对立的"，"在所有的民族中都具有同样的利益"，从而"在它那里民族独特性已经消灭"的阶级，即在客观上已成为一个"命运共同体"（但也只是在客观上而已，就主观而言，当无产阶级尚未发展成长为"自为的阶级"时，其也还不是真正意义上的"共同体"）。至于资产阶级和无产阶级之间，就像在当时那个由处于核心地位的发达资本主义国家所主宰——在马克思、恩格斯看来，实际也就是由这些国家的统治阶级即资产阶级主宰——的世界体系中各个民族国家之间的关系一样，则根本不是"人类命运共同体"。这是因为，尽管就真实的利益关系而言，资产者的利益实际上依赖于无产者，即建基在对无产者之雇佣劳动的剩余价值的榨取上，但是，资产阶级凭借着对资产阶级国家的控制与支配，从而通过国家实现了对无产者的有效的、单方面的控制，而尚未自觉联合起来的无产者对于这种控制缺乏真正有效的反制手段，从而不得不接受这种控制。与此相同，在当时的世界体系中，处于核心地位的发达资本主义国家一方面出于自身的利益考量迫使所有的民族都不由自主地卷入资本主义世界体系中；另一方面又凭借其强大的经济、军事实力，有效地控制乃至征服了广大落后、贫弱的民族，这些落后、贫弱的民族同样缺乏有力、有效的反制手段，从而不得不忍气吞声接受不平等的关系，不得不在这种不平等的关系下接受核心资本主义国家的掠夺。换言之，尽管在马克思、恩格斯的时代，"过去那种地方的和民族的自给自足和闭关自守的状态"已"被各民族的各方面的互相往来和各方面的互相依赖所代替了"，但这种"互相往来""互相依赖"是建立在地位不平等、利益不均衡、一方控制一方被控制的"殖民帝国体系"基础上的,在这种关系下,处于核心地位的发达资本主义国家在全世界范围内展开大肆掠夺的同时,又能够比较有效地置身于风险之外,将风险、成本、灾难转嫁给广大落后、贫弱的民族。

但是,今天的世界已大大不同了。一方面,现代化的持续推进和发展,已经使经济的全球化在广度和深度上都进入了以往任何时候都无可比拟的时代。在今天的全球化状态下,尽管发达和不发达的区别犹在,但是发达的一方想要对不发达的一方施加单方面的控制已经难乎其难,这从今天国际经济关系中不时出现的各种经济制裁和反制裁的情形就可以清楚地看出。另一方面,同时对于"人类命运共同体"的形成尤为重要的是,正如社会学家贝克、吉登斯、鲍曼等指出的,现代化的持续发展已经导致当今世界进入了"全球风险社会",在现代性的这个阶段,工业化社会道路上所产生和累积起来的不曾预见到的威胁和副作用已开始占据主导地位,社会、政治、经济和个人的风险,已越来越多地脱离工业社会中在民族-国家框架内建立起来的监督制度和保护制度。这种开始占据主导地位的威胁和副作用之最典型的表征,无疑就是全球生态危机、毁灭性武器以及今日无孔不入的网络风险。实际上,早在20世纪50年代,面对人类面临的核战争威胁,爱因斯坦就曾忧心忡忡地说:虽然不知道第三次世界大战究竟会用什么武器,但第四次世界大战用的肯定是木棍和石头!如果说,"命运"这个词隐含着一种比较强烈的"悲剧的可能性"的意涵,那么,"人类命运共同体"一词在今天则在表达对于共赢、共同的繁荣和善好的愿景的同时,显然也在警示着一种共同悲剧的可能性。可以理解,这也正是为什么中国领导人在谈到"人类命运共同体"时,包括在党的十九大报告中阐述"坚持和平发展道路,推动构建人类命运共同体"时,要一再地强调全球性共同风险、"没有哪个国家能够独自应对人类面临的各种挑战,也没有哪个国家能够退回到自我封闭的孤岛"的原因。在今天这个全球"风险社会"中,已没有哪个国家、哪个民族、哪个群体,甚至哪个个体能确定地置身于风险之外,或者说,一旦"悲剧的可能性"真的演变为现实,已没有哪个人类个体能确保自己可以置身事外。

全球时代的到来，特别是全球风险社会的来临，意味着今日的世界，或者说"世界历史性"的发展，已无可阻挡、无可避免地进入了一种"命运共同体"的状态。但必须看到，那还只是一种客观事实意义上的命运共同体，只是客观事实上的"祸福一体"，而不是伦理精神、情感上的"祸福同当"。这一点和传统的小共同体（差不多就是马克思作为描述性概念来使用的"共同体"）很不同。在分析说明传统共同体（gemeinschaft）与现代社会（gesellschaft）的区别时，德国社会学家滕尼斯指出，传统共同体的存在基于一种所有成员的共同理解（verständniss）。这种"共同理解"与通常所谓的"共识"（consensus）不同，"共识"是指思想见解互不相同的人们达成的一致，它往往是谈判和妥协的结果，是经历了争吵、对抗的结果，而"共同体"所依赖的共同理解则先于所有的一致和分歧，它是不证自明、不言而喻、自然而然的，这种共同理解不是共同体的终点与结局，而是起点与开端。也就是说，传统共同体在本质上，并且从一开始就是一个"精神共同体"，作为这个精神共同体构成部分的成员，对于那种"共同理解"是没有选择、无所谓赞同或异议的，也即没有反思的。人类学家罗伯特·雷德菲尔德也认同滕尼斯的观点，并且进一步解释指出，这样一种共同体必然是独特的、小的、自给自足的。独特，意味着与他者的清晰分离；小，意味着共同体内部成员之间交流互动的全面性、经常性；自给自足，意味着共同体与"他者"之分离隔绝的全面性，打破这种分离的机会少之又少。缺乏这三位一体的特性或者说前提，基于上述那种没有反思的"共同理解"的精神共同体，是不可能维持的[①]，或者反过来说，就像本尼迪克特·安德森指出的，"所有比成员之间有着面对面接触的原始村落更大（或许连这种村落也包括在内）的一切共同体都是想象的"[②]。但"人类命运共同体"显然不具备上述那种三位一体的前提，显然远远超越了"成员之间有着面对面接触"的范围。实际上，从上面叙述可知，"人类命运共同体"正是从小的、独特的、自给自足的传统共同体的解体

---

① 鲍曼：《共同体》，第5~9页。
② 本尼迪克特·安德森：《想象的共同体——民族主义的起源与散布》，吴叡人译，上海世纪出版集团，2005，第6页。

而迈向大的、普遍联系的、相互依赖的现代大社会起步的，这也就是所谓的"脱嵌"的过程。与现代性之发生、演进并行的"脱嵌"过程，一方面是一个个体从各种前现代的传统关系（亲族共同体、地方性共同体）中脱离出来而"个体化"的过程，即作为分离自在之独立个体进入高流动性的、人与人之间相对疏离的陌生人社会的过程；另一方面这个"脱嵌"的过程也是一个一步步进入并扩展"抽象而客观"的相互联系、相互依赖关系的过程（比如因专业分工而形成的相互依赖，这种相互依赖在当今全球分工体系下已扩展至全球范围）。抽象，意味着这种相互联系、相互依赖不是与某个具体的、活生生的个体之间的带有人际情感的联系和依赖，而是非人格化的角色或功能性的联系与依赖；客观，意味着这种相互联系、相互依赖并不是"想象的"，而是客观事实，是一种真实的"祸福一体"状态。正是这种"祸福一体"，构成了今天所谓的"命运共同体"，但它又是"陌生人"的"命运共同体"。因此，它显然不是也不可能作为传统意义上那种心灵相契的精神共同体，它也不是安德森所说的"想象的共同体"，而是作为客观事实意义上的共同体，作为外部限定意义上的"命运"的共同体而出现和存在的。"命运"一词，通常意味着某种外来的、无法躲避的"限定"，或者说"注定"——"命运的力量源于人类生存状况的必然性和不可改变性这一事实"[①]。也就是说，"人类命运共同体"之所以为"共同体"，首先在于不管你承认还是不承认、愿意还是不愿意，不管你多么特殊、与众不同，你的命运都不可能与"他者"分离隔绝，而是"注定"与所有的"他者"客观地牵连在一起，一荣俱荣、一损俱损、休戚相关、祸福一体，你根本无法摆脱这种一体性。而且，需要特别指出的是，这种一体性，不仅仅是指在正面的意义上你的利益依赖于他人，更在于在反面的意义上你不可能在面对任何全球性的事态时置身事外、独善其身。

但是，说"人类命运共同体"首先是在一种无关乎主观认同和选择的外部客观事实意义上的共同体，并不意味着我们只需停留在这种客观性

[①]　安德鲁·甘布尔：《政治和命运》，胡晓进、罗珊珍、翟艳芳、孙倩译，江苏人民出版社，2003，第 10 页。

中，而无须为这个命运共同体寻求和注入伦理精神的内涵。恰恰相反，正因为今日之所谓"人类命运共同体"一开始只是一种基于事实上之利害相关、祸福一体的"客观的"共同体，缺乏传统共同体那种心灵与精神的交融相契，若要使今日之人类在客观的休戚相关、祸福一体的基础上，进一步真正成为如"共同体"这个词所通常给人的那些美好感觉（如温馨、安全、友爱、相互理解、彼此依靠等）意义上的"共同体"，也即向着马克思在规范性意义上所说的"真正的共同体"的方向发展，就必须由客观上的"同命运"上升为主观精神上的"共命运"，为此我们必须更加努力、更加自觉地为这个命运共同体寻求和注入一种合乎人类共同发展需要的伦理精神。尤其重要的是，如上所述，在今天这个世界中，作为客观意义上的"人类命运共同体"，不仅仅在正面的意义上意指走向一种共同的"福祉"、共同的"善好"的现实可能性，也在反面的意义上意指走向一种共同的"灾祸"、共同的"悲剧"的现实可能性。而究竟是彼此携手走向共同的"善好"，还是相互扭缠着走向共同的"悲剧"，则取决于当今各国、各民族在精神伦理上的抉择。换言之，一种合乎人类共同发展，至少是共同生存之需要的伦理精神是作为客观事实的"人类命运共同体"向着规范性意义上的、作为价值目标的"人类命运共同体"迈进的中介。如果人类不能选择并推动形成这样一种共同的伦理精神，那么，人类命运共同体的"命运"，作为一种"共同悲剧的可能性"，演变为共同悲剧之现实的概率必然会大大提升。

应该说，这种合乎人类共同生存、共同发展之需要的伦理精神本身并不复杂，概括地说，就是合作共赢的意识、责任共担的精神、开放包容的胸怀。也即，在这个祸福一体、命运相连的世界中，各国、各民族必须以"合作"代替"对抗"，以"责任共担"代替"责任逃避"，以"开放包容"代替"自我中心"。问题的关键在于，如何将这种伦理精神真正注入这个人类命运共同体中，使之切实地成为各国、各民族、命运共同体中的每一个个体所普遍认同、秉持和恪守的共同伦理准则，并且成为他们在面对各种全球性的问题、风险、危机时据以做出反应选择的优先原则。也许有人会认为，对于理智的人来说，从"祸福一体"到"祸福同当"应该是极其自然、顺理成章的事。但事实并不尽然。同舟并不一定共济，也有可能将老弱病残推下水而独自轻舟逃生；同忧并不一定互助，也有可能各自高筑围墙，将祸患挡在外头，甚至设法将祸水引向对方。从"祸福一体"到"祸福同当"还需要一系列条件。这里要克服的困难在于以下几个方面。

其一，尽管在今天这个全球风险社会中，人类的命运在客观上已经无可逃避地联系在一起，但是，这种客观的命运一体性并不一定会成为人们主观上的自觉意识（就像马克思当年所指出的，一个"自在的阶级"并没有意识到其客观的共同阶级利益），而对于人们的行动选择和决定来说，重要的不是客观事实是什么，而是他们如何觉知、认识客观事实，因此，客观上的"同命运"，并不一定会生发出主观自觉的"共命运"的精神和行为反应。要由"同命运"上升为"共命运"，首先必须唤醒各国、各民族，特别是其领导决策者，对于人类作为整体在命运上之休戚相关的一体性的自觉意识。可以认为，中国领导人在一系列重大国际场合一次次地重申和强调"人类命运共同体"观念，实际上就是在呼吁、在努力唤醒这种自觉意识。①

其二，要使上述那种合乎人类共同生存、共同发展之需要的伦理精神

---

① 值得指出的是，对于唤醒每个人对于人类作为整体在命运上之休戚相关的一体性的自觉意识而言，明确的权利边界和权利意识是非常关键的。社会心理学家道奇（M. Deutsch）做过一个关于合作的实验。他把学习心理学课程的学生分为十个组，五人一组。每两个组一对，分别给他们两个问题去解决。对其中一个组说，他们将作为一个整体来评分，即大家得到一个统一的小组分，然后与其他组比得分高低；而对另一组则说，他们每个人都将按个人的表现分别评分，每个成员分数不同，只有一个最高分。实验的结果可想而知，前者普遍地表现出更强的相互依赖感和更高更强的合作精神，而后者则相反，倾向于相互竞争、提防甚至拆台。有人可能会说，这不就说明了和衷共济的合作需要每个人放开一己的得失或权利吗？实际上恰恰相反，这个实验恰恰表明：第一，对于自身利益（得分）的关切是选择合作还是不合作的出发点，对小组成员之间是否"同命运"（按小组还是按个人评分）的认知则是选择合作还是选择不合作的依据；第二，由事先明确告知的评分规则所确定的权利边界，则是每个人判断自己和小组其他成员是否"同命运"的前提，试想，如果事先不告知评分规则，个体又如何判断自己与其他成员的关系，进而又如何做出合作还是不合作的选择呢？（参见王小章《"陌生社会"命运共同体的建构与"权利边界"》，《探索与争鸣》2022年第5期）实际上，个体与个体之间是如此，群体与群体之间也是如此。

真正切实地成为各国、各民族普遍认同、秉持和恪守的共同伦理准则，意味着各国、各民族必须改变、放弃长久以来在处理国际关系时某些习惯性的思维和行为方式，而这些思维和行为方式，也即上述那些要被"代替"的思维和行为方式，在各国、各民族中是如此的根深蒂固、深入骨髓，以致几乎已成为它们本能性的、不假思索的反应。比如，国际关系中的对抗思维。马克斯·韦伯就曾直截了当地认为，为了生存而进行的斗争永不会止息，"我们能传给后代的并不是和平及人间乐园，而是为保存和提高我们民族的族类素质的永恒斗争"①。而亨廷顿之"文明冲突论"在某种意义上就是这种思维在当代的延续和表达。而考诸近代以来的国际关系，尽管先后经历了从威斯特伐利亚体系到维也纳体系到凡尔赛－华盛顿体系，再到雅尔塔体系的演变，但基于利益冲突、零和格局、弱肉强食之基本信念的对抗思维始终贯穿其中。再如，在世界性的危机、风险面前企图独自逃生、置身事外、逃避责任乃至以邻为壑的反应以及各种形形色色的文化原教旨主义下自我中心、唯我独尊的心态等。唯有克服、改变、放弃长久以来的这些习惯性的、根深蒂固的思维和行为方式，发展合乎人类共同生存、共同发展之需要的合作精神、责任意识、包容胸怀才有可能扎根于今天这个人类命运共同体。

而无论是为了改变过去的思维和行为方式，还是为了真正确立今天的人类命运共同体所需的伦理精神，一个首要的前提是，各国、各民族，特别是其领导决策者，必须在深切体认人类命运之一体性的基础上，如中国领导人一再呼吁的那样，在采取任何可能产生全球性效应的单方面的行动之前，相互之间展开平等、理性的沟通、对话、协商。事实上，在谈到有史以来人类第一次"每个国家都成了其他国家的几乎紧挨着的近邻，每个人都能感受到地球另一面发生的事件对他们的冲击"时，20世纪杰出的政治哲学家阿伦特就曾指出，今日人类的"这种共同的、实际的现在，并非建立在一个共同的过去之上，也无法保证一个共同的未来"，但是，"如果所有国家新的普遍近邻关系要有一个更具希望的前景，而不是处在一

---

① 韦伯：《民族国家与经济政策》，第89～93页。

种不断增长的相互仇视或彼此相反对的普遍烦躁中，那么，就必须发生一种相互理解的进程和不断变得深广的自我净化"。而作为这种相互理解的前提条件，人类需要一种"放弃"："不是对自身传统和民族过去的放弃，而是对传统和过去总是声称自身所具有的那种强制性权威和普遍效力的放弃。……传统在剥落掉其权威性的外壳之后，过去所包含的伟大内涵就被自由地、'有启发性地'置于彼此之间的沟通中，并接受它们与当下的、活生生的哲学思考之间的沟通的检验。"① "放弃"即意味着不再自我中心、唯我独尊，进一步，意味着不再把自身所拥有、所希望拥有的一切权益都看成是不证自明、理所当然的。只有在这样的前提下，长久以来的那种习惯性的、根深蒂固的思维和行为方式才有可能接受不停地质询，诸如在哪些方面合作、如何合作、责任如何分担，以及在命运共同体下必须共同承认什么、应该尊重什么、可以容忍什么、如何对待人类普遍价值和特定民族文化等问题，才能进入平等而开放的沟通、对话、协商之中。换言之，如果说，作为传统小共同体之基础的"共同理解"是不证自明、不言而喻、无所谓赞同或异议、没有反思的，那么，今日之人类命运共体所需的伦理精神只能是反思性的沟通、对话的结果，并且还只能在这种不断的反思性的沟通、对话中维系。

第三节　从国家到公民：激活
"世界公民"精神

为了"人类命运共同体"有一个"更具希望的前景"，为了人类迈向共同的善好，而不是共同的悲剧，各国、各民族必须在持续不断的反思性沟通、对话中，坚持合作共济、共担责任、相互包容。作为事涉不同国家、不同民族间关系的行动，这当然首先与各国、各民族之领导者、决策

---

① 汉娜·阿伦特：《黑暗时代的人们》，王凌云译，江苏教育出版社，2006，第74～76页。

者有关，领袖们的品格、眼界、抉择无疑至关重要。但这并不意味着这个"人类命运共同体"的未来命运只需或只能交托于领袖们，恰恰相反，在今天这个每一个人类个体的命运都日益现实地紧密联系在一起、某国领导人的一个错误决策越来越可能给世界各地的人们带来灾难性影响的全球化时代，人类作为整体的命运也已越来越现实地与每一个普通公民的行动选择联系在一起。在此意义上，可以说，"人类命运共同体"使得"世界公民"的观念真正地具有了现实意义。

长久以来，"世界公民"的观念一直是关于公民身份、关于人类共同体思想传统中的一个乌托邦想象。它隐含于奥古斯丁关于"上帝之城"的观念中；它是康德"永久和平"观念的有机部分；它也是歌德试图超越当时正在出现的德意志军国主义之狭隘观念的"世界社会"思想的有机部分……但是，一直以来，支撑"世界公民"观念的，主要是一种要么系于对上帝的信仰、要么诉诸人类"普遍的同情心"或普遍的天赋人权的普遍主义的道德信念，而缺乏使这种观念转化为行动实践的足够的现实驱力，因而，尽管这种观念对于唤醒作为人类之分子的组织和个人对于世界整体的关心和责任是有意义的，但却始终停留于乌托邦的想象层面，未能转变为现实实践。但是，今天的情形已大大不同了。作为客观历史进程的全球化浪潮已经使人类每一个分子的命运都彼此紧密地联系在了一起，人类已在现实生存的客观处境上成为名副其实的"命运共同体"。由此，今天支撑"世界公民"观念的也已不仅仅只是某种属于主观价值范畴的普遍主义的道德信念，而更有源于现实情势的客观驱力。这种源于现实形势的客观驱力包括以下几个方面。

第一，如前所述，在今天这个全球"风险社会"中，已没有哪个地方、哪个民族、哪个群体、哪个个体能确定地置身于风险之外，于是，即使从关心自己的安全和利益出发，人们也应该关心如何管控、应对这些四处弥散的风险。从责任的角度说，在这个紧密关联的一体化世界中，虽然我们无法完全弄清每一个人的行为作为一个因子如何相互作用而导致最终的风险性结果，但是这最终的风险性结果无论如何都是这些因子共同作用的产物，因此，也就没有哪个人或群体可以置身于参与管控、应对风险的责任之外；从义务的角度来说，同样在这紧密联系的一体化世界中，在能否有效管控、应对风险上，所有的人在总体上都是相互依赖的，管控应对得成功是大家的"福"，否则，是大家的"祸"，因此，也就没有一个人可以置身于这种义务之外；当然，我们也可以反过来从权利的角度说，既然在今天，某个国家的某个政治或经济决策已越来越可能影响到世界各地的人们，那么，也就没有任何理由可以将这些受影响的人们排除在以不同的形式关注、参与这种决策的权利之外。

第二，同样如前所说，在这个全球化时代，形形色色的风险已越来越脱离工业社会中在民族国家的框架内建立起来的监督制度和保护制度。用鲍曼的话说，自现代国家开始形成以来一直在民族国家内维系着的"权力与政治的亲密关系"已趋于解体，"很多从前对于现代国家来说可以令其行为行之有效的权力，都逐渐转移到了从政治上无法控制的（从很多方面来说也是超越领土范围的）全球空间。然而，政治，作为一种决定方向和目的的行为方式，却不能有效地作用于全球范围，因为它仍然如从前一般只是局部性的。刚刚获得解放的权力因为缺乏政治的约束，产生了一种完全的甚至从原则上说是无法驯服的不确定性"①。也就是说，囿于民族国家之视域的政治已经无法完全有效地把控、治理那些超越民族国家的新权力及其作用所带来的风险了。既然如此，那么，如果想要实现有效的治理，就必然需要一种新的政治形式以及与这种新的政治形式相适应的新的政治行动主体，也即作为"世界公民"的行动主体。

实际上，面对全球"风险社会"的来临，许多学者，如吉登斯、鲍曼、贝克等，都曾将人类管控风险、掌握自己命运的希望寄托在"重塑政治"上。吉登斯对各种新社会运动寄予厚望②，鲍曼寄希望于在"全球依存的世界中"的人们从"旁观者"转变为"行动者"③，贝克则对传统中央政府之外的各种亚群体和个人的"亚政治"寄予厚望④。而所有这些学

① 鲍曼：《流动的时代——生活于充满不确定性的年代》，第2页。
② 安东尼·吉登斯：《现代性的后果》，田禾译，译林出版社，2000，第139~142页。
③ 鲍曼：《被围困的社会》，郇建立译，江苏人民出版社，2005，第210~233页。
④ 乌尔里希·贝克：《风险社会》，第225~292页。

者所寄予厚望的政治，都有一个共同的特征，那就是，都是一种在最广泛的意义上允许、鼓励、动员各种力量积极参与的政治。而之所以要鼓励、允许、动员各种力量积极参与，根本原因就在于，在现代化持续推进和发展到今天这个阶段，在到处都可能出现不可预料的"副作用"并且迅速向全球弥散的情况下，已没有什么置身局外的"他者"存在了①——一个"没有他者"的世界，也就是每一个人都无可逃避地置身于"命运共同体"中的世界——相应的，也就再不可能把应对管控这些风险的权责仅仅交托给某种单一的、局部范围的力量如民族国家政府了，相反，任何产生弥散性影响的决策和举措都应该接受尽可能多的方面的质询和监控。而这种有效的质询和监控，无疑依赖于每一个"人类命运共同体"中的成员作为"世界公民"主动积极地承诺和履行其责任、义务和权利。

当然，必须指出，说在"人类命运共同体"下没有"他者"存在，并不是要每一个人类分子都彻底摒弃对地方性、民族、国家的归属与忠诚，"同时作为英格兰人、不列颠人和欧洲人并且拥有某种世界公民的整体感的个体公民，有可能会把上述身份中的某一种作为自己的主要归属，但这并不会妨碍他们也承认其他身份"②。以为世界公民的意识必然、必须要求摒弃民族－国家公民身份的观念，与那种要求个体将民族－国家作为唯一的、排他性的归属和忠诚对象的"排外式民族主义"是同样错误的，以这样的方式来构建世界公民也必然归于失败③。还需要指出的是，同上述问题相联系，与世界公民身份的观念纠缠在一起的还有一个世界（全球）政府（国家）的问题，从奥古斯丁的"上帝之城"到康德的"国家共同体"④都涉及这个问题，并且一直到今天"世界国家与世界公民间的关系也还是一个完全有待探讨的、尚无具体定论的问题"⑤。确实，一些人从公

① 安东尼·吉登斯：《现代性的后果》，第137页。
② 安东尼·吉登斯：《第三条道路——社会民主主义的复兴》，郑戈译，北京大学出版社、生活·读书·新知三联书店，2000，第135页。
③ 雅克·布道编著《构建世界共同体——全球化与共同善》，万俊人、姜玲译，江苏教育出版社，2006，第111页。
④ 康德：《世界公民观点之下的普遍历史观念》，载《康德历史理性批判文集》，第18页。
⑤ 马丁·阿尔布劳：《全球时代》，高祥泽、冯玲译，商务印书馆，2001，第280页。

民身份总是一个明确的政治实体（民族－国家）内的公民权的传统观念出发，而反对世界公民权的观念①，因为，在世界政治中并没有民族－国家的对应物。但是在此要说明的是，在今天这个全球化的时代之所以肯定、强调"世界公民"的观念，并不是要为世界政府做准备（尽管一些全球性制度的确立和发展是必要的），而是为了强化这样一种认识：我们每一个人在归属于地方、归属于民族－国家的同时，还都归属于一个人类命运共同体，而这个"命运共同体"的"命运"与我们每一个人出于全球性的关怀而采取的行动紧密相关，而这种行动，从其目前的呈现现实看，与其说是通过"世界（全球）国家（政府）"，不如说，主要是通过"世界社会"。总之，我们是"世界公民"，因为，"共同的命运"只能通过共同的参与和权责承担来主动掌握和塑造；因为，"在这个迅速全球化的世界中，我们都是相互依赖的，因而没有人能够独自掌握自己的命运。存在着每个个体都要面对但又不能独自对付和解决的任务。……如果说在这个个体的世界上存在着共同体的话，那它只可能是（而且必须是）一个用相互的、共同的关心编织起来的共同体；只可能是一个由做人的平等权利，和对根据这一权利行动的平等能力的关注与责任编织起来的共同体"②。换言之，"世界命运握在各国人民手中，人类前途系于各国人民的抉择"。如果说，构建"人类命运共同体"是今天立足于当今世界的客观现实而迈向马克思所说的"真正的共同体"的一个环节，那么，作为"世界社会"的一分子，今天我们每一个人出于对人类命运的关怀而切实地行使自己的权责，则就是马克思所说的"现实的个人把抽象的公民复归于自身"的一个历史环节。

① 安德鲁·林克莱特：《世界公民权》，载恩靳·伊辛、布雷恩·特纳主编《公民权研究手册》，王小章译，浙江人民出版社，2007，第434～437页。
② 鲍曼：《共同体》，第185～186页。

图书在版编目（CIP）数据

道德的转型：道德社会学的探索／王小章著．--
北京：社会科学文献出版社，2023.6
ISBN 978 - 7 - 5228 - 1790 - 3

Ⅰ.①道…　Ⅱ.①王…　Ⅲ.①道德社会学 - 研究
Ⅳ.①B82 - 052

中国国家版本馆 CIP 数据核字（2023）第 088298 号

道德的转型：道德社会学的探索

著　　者／王小章

出 版 人／王利民
责任编辑／孟宁宁
文稿编辑／尚莉丽
责任印制／王京美

出　　版／社会科学文献出版社·群学出版分社（010）59367002
　　　　　地址：北京市北三环中路甲29号院华龙大厦　邮编：100029
　　　　　网址：www.ssap.com.cn
发　　行／社会科学文献出版社（010）59367028
印　　装／三河市尚艺印装有限公司

规　　格／开　本：787mm × 1092mm　1/16
　　　　　印　张：16.5　字　数：253 千字
版　　次／2023 年 6 月第 1 版　2023 年 6 月第 1 次印刷
书　　号／ISBN 978 - 7 - 5228 - 1790 - 3
定　　价／118.00 元

读者服务电话：4008918866